수산자원학

저자 장충식

해광출판사

머 리 말

세계 2차 대전 전까지만 하여도 많은 사람들은 바다 속의 수산자원은 무궁무진하다고 여겨 오로지 잡기만 하면 된다고 생각하였는데, 1970년대에 들어 각국에서 200해리 경제수역이 선포되면서 수산자원의 자국화 정책은 본격화되었다. 그리하여 원양어업의 강국이라고 자처하던 우리나라도 입어료를 내지 않고서 또는 국제기구들의 감시와 규제를 받지 않고서 자유롭게 조업할 수 있는 어장들은 점차 사라지게 되었다.

우리나라 연근해어업의 생산량도 150만톤 정도를 꾸준히 유지하여 오던 것이 1990년대부터 점차 줄어들어 최근에는 100만톤도 못되는 실정이다. "세계 4대 어장에 속하는 우리나라 연근해의 수산자원을 어떻게 관리하여야 지속적인 최대생산량을 올릴 수 있는가, 업종간의 분쟁이 날로 심해지고 있는 상황에서 어떻게 하는 것이 합리적이며 좋은 해결책인가"를 늘 생각해오다가 다소나마 보탬이 되고자 학문연구에 발을 디딘지 30년이 되어서야 이 책을 집필하게 되었다.

대학 4학년 때에 일본에서 수산자원학 분야로 박사학위를 받고 오신 양식학과 강용주 교수님으로부터 강의를 들으면서 이 분야에 관심을 갖게 되었고, 그 당시 열심히 노트정리를 해두었던 것을 갖고서 1984년부터 본 대학에서 이 과목을 맡아 지금까지 강의를 하면서 조금씩 보충을 하여 이 책을 집필하게 되었다. 이 책의 출판은 많은 분들의 도움이 있어 가능하였는데, 수중음향을 이용한 자원량 추정에 관한 자료를 제공하여 주신 전남대학교 황두진 교수님, 그림 및 표 작성에서부터 편집과 교정에 이르기까지 많은 도움을 준 석사과정의 고은혜 양, 박사과정의 김보연 군, 일어 원서번역을 도와준 박사과정의 조윤형 군, 그리고 강용주 교수님과 이 책을 집필하는데 많은 도움이 된 수산자원학을 먼저 집필하신 김기주 교수님, 김용술 교수님께 깊은 감사를 드립니다.

저자 장 충 식 씀

차　　례

제 1장 수산자원의 정의와 특성 ······ 13

1. 수산자원의 정의 ······ 13
   1) 수산자원학이 탄생된 배경 ······ 13
   2) 수산자원의 뜻 ······ 14
   3) 수산자원학(Fishery resources)의 정의 ······ 15

2. 수산자원의 특성 ······ 16

제 2장 수산자원의 단위집단 ······ 19

1. 단위 개체군 ······ 19

2. 계군의 속성 ······ 21
   1) 출생 ······ 21
   2) 사망 ······ 22
   3) 이입과 이출 ······ 22
   4) 연령조성 ······ 23
   5) 체장조성 ······ 25
   6) 성비 ······ 27
   7) 유전자조성 ······ 28

3. 계군의 구별 ······ 29
   1) 형태적인 방법 ······ 29
   2) 생태적인 방법 ······ 32
   3) 생화학적 및 유전학적인 방법 ······ 34
   4) 어황의 분석에 의한 방법 ······ 35
   5) 표지방류에 의한 방법 ······ 35

제 3장 개체군의 분포와 회유 ······ 37

1. 분포의 원리 ······ 37
   1) 수온 ······ 37
   2) 염분 ······ 38
   3) 수심 ······ 38
   4) 먹이생물 ······ 39

2. 회유 ······ 39
   1) 유기회유(Larval migration) ······ 40
   2) 성육회유(Adult migration) ······ 41
   3) 색이회유(Feeding migration) ······ 41
   4) 산란회유(Spawning migration) ······ 42

3. 분포와 회유의 조사방법 ······ 42
   1) 어획량 자료를 사용하는 방법 ······ 42
   2) 표지방류에 의한 방법 ······ 44
   3) 음향탐지기를 사용하는 방법 ······ 44

제 4장 수산자원의 변동 ······ 45

1. 개체군의 크기 ······ 45
   1) 기하급수적 증대(Thomas Robert Malthus) ······ 45
   2) 로지스틱 증대(Logistic) ······ 51

2. 개체군의 크기 변동 ······ 53

3. 자원량의 변동 요소 ······ 55

제 5장 가입과 어구의 선택성 ······ 57

1. 가입 ······ 57

1) 재생산력 ········ 57
2) 성숙과 산란 ········ 58
3) 초기감소(감모) ········ 63
4) 가입 ········ 64

2. 어구의 선택성 ········ 72
1) 트롤어구의 선택성 ········ 72
2) 자망어구의 선택성 ········ 80

제 6장 연령과 성장 ········ 89

1. 연령사정 ········ 89
1) 연령형질 ········ 89
2) 연령사정 방법 ········ 92
3) 연령사정 절차 ········ 94
4) 연령결정 ········ 96
5) 일주륜 ········ 97

2. 성장 ········ 97
1) 성장의 뜻 ········ 97
2) 성장에 관여하는 요인 ········ 99
3) 성장과정 ········ 101
4) 성장양식 ········ 103

3. Bertalanffy 성장식 ········ 109
1) 논리적 근거와 유도과정 ········ 109
2) 매개변수 추정방법 ········ 112

제 7장 사망과 생존 ········ 114

1. 전사망계수와 생존율 ········ 114
1) 사망률과 생존율 ········ 114
2) 전사망계수(전감소계수) ········ 115

3) 전사망계수 추정 ········· 118
4) 생존율 추정 ········· 119

2. 자연사망과 어획사망 ········· 120
1) 자연사망의 요인 ········· 121
2) 성장에 따른 자연사망률의 변화 ········· 122
3) 수명 및 성장과 자연사망과의 관계 ········· 123
4) 자연사망계수와 어획사망계수 ········· 123
5) 어획사망계수 추정 ········· 124

제 8장 수산자원과 어획 ········· 128

1. 어획의 영향 ········· 128
1) 처녀자원 ········· 128
2) 자원의 크기와 자연증가량 ········· 129
3) 어획에 대한 자원의 양적 반응 ········· 131
4) 어획에 대한 자원의 질적 반응 ········· 133

2. 수산자원의 자기조절 기구 ········· 139

제 9장 수산자원의 적정 이용 ········· 142

1. 적정어획 ········· 142
1) 최대잉여생산 이론(잉여 자연생산의 이론) ········· 143
2) 가입량 최대이용 이론(가입량 유효이용의 이론) ········· 148
3) 최대잉여재생산 이론(잉여 재생산 이론) ········· 153
4) 경제적인 이론 ········· 155

2. 남획과 그 징후 ········· 158
1) 남획의 정의 ········· 158
2) 남획의 징후 ········· 159

제 10장 수산자원량 추정 ······ 163

1. 직접 조사법 ······ 163
   1) 목시법(目視法) ······ 163
   2) 부분관찰법 ······ 164
   3) 방형구법 ······ 165
   4) 라인 트랜섹트(Line transect)법 ······ 165

2. 간접 조사법 ······ 166
   1) 표지재포법 ······ 166
   2) 총산란량 산정법 ······ 167
   3) 어획통계법 ······ 168

3. 어탐법(수중음향을 이용한 자원량 추정) ······ 170
   1) 어군탐지기의 기초 ······ 171
   2) 어류의 음향산란 ······ 173
   3) 계량어군탐지기 ······ 177
   4) 음향조사의 실제와 문제점 ······ 180

4. 잠재적생산량 추정법(Gulland가 1970년에 주장) ······ 184
   1) 어획량 추세로부터 외삽하는 방법 ······ 184
   2) 알려진 해역의 단위면적당생산량 추정치를 해당 해역에 외삽하는 방법 ······ 184
   3) 어업자원의 상태를 검토하고 잠재지속적생산량을 추정하여 합치는 방법 ······ 185
   4) 기초생산량 추정치로부터 연속되는 영양단계의 생산량을 추정하는 방법 ······ 185

제 11장 수산자원의 관리 ······ 186

1. 관리의 목적과 의의 ······ 186
2. 관리 방법 ······ 187
   1) 가입 관리 ······ 188
   2) 성장 관리 ······ 190
   3) 자연사망 관리 ······ 190
   4) 어업 관리 ······ 191

5) 환경 관리 ········· 195

제 12장 수산자원 관리의 목표 ········· 196

1. 자원관리 이상과 목표로서의 MSY ········· 196

2. 자원관리 목표로서의 MEY ········· 199

3. 자원관리 목표로서의 OY ········· 199

4. 자원관리 목표로서의 ABC ········· 200

5. 자원관리의 실제적 기준으로서의 TAC ········· 201
1) TAC의 개념과 필요성 ········· 201
2) TAC 어업관리의 특징과 운영방향 ········· 203
3) 우리나라의 TAC 어업관리 현황 ········· 204
4) TAC 추정방법 ········· 207
5) TAC 제도의 문제점 ········· 209
6) TAC의 배분과 할당 ········· 210

제 13장 수산자원의 조사 ········· 211

1. 계군분석 ········· 211

2. 표지방류 ········· 212
1) 절단법(체부분 표지법) ········· 214
2) 염색법(착색법) ········· 215
3) 인묵법(문신법) ········· 216
4) 부착법(표지표법) ········· 216
5) 미량 원소에 의한 표지법 ········· 217
6) 초음파, 전파표지법 및 유전자 분석법 ········· 218

3. 표본제작과 형태측정 218
1) 표본제작법 219
2) 형태측정법 222

참고문헌 226

찾아보기 228

제 1장 수산자원의 정의와 특성

1. 수산자원의 정의

1) 수산자원학이 탄생된 배경

우리나라의 한반도에 있어서도 어업의 역사는 인류가 살기 시작한 역사와 그 시점을 같이 하였다는 사실이 패총을 위시한 많은 유적들에서 찾아볼 수 있다.

이러한 어업들은 오랫동안 잡기만 하면 된다는 생각을 갖고 어획에만 초점이 맞추어져 왔는데, 이는 Huxley가 1884년에 주장한 어업 무제한 자유설에서도 알 수 있다. 그 당시에는 인간의 힘으로 해양에 서식하는 무진장한 어류 자원들을 어획에 의하여 줄어들게는 할 수 없다고 판단하였다.

그런데 20세기에 접어들어 어업자들 사이에는 아래와 같은 징후들이 하나 둘씩 나타나기 시작하여 그 정도가 심해져가는 것을 느끼게 되어 그 이유가 무엇일까에 대한 의구심이 생기게 되었고, 그러다가 하나 둘씩 연구들이 시작되어 오늘날과 같은 수산자원학이라는 학문이 탄생하게 되었다.

① 잡히는 어류의 크기가 작아진다.
② 같은 양을 잡는데 시간이 더 걸린다.
③ 어떤 때에는 잘 잡히지만, 어떤 때는 조금밖에 잡히지 않는다.
④ 잘 잡히지 않는 경우가 많아진다.
⑤ 잡어가 많이 섞인다.

즉, 위와 같은 문제들이 발생하는 원인들은 무엇이며, 어떻게 하면 해결할 수 있을까, 또 수산자원을 어떻게 이용하는 것이 우리 인간에게 가장 유리할까 하는 생각에서 연구들을 시작한 것이 오늘날과 같은 수산자원학이라는 학문이 탄생된 배경이라고 할 수 있다.

따라서 수산자원학이란 학문은 남획으로부터 생긴 것이며, 남획에 따른 자원감소의 원인은

① "바다의 물고기는 잡는 사람이 주인이다"라는 생각
② 어선세력의 강화(동력화와 대형화)
③ 적극적 어구어법의 개발(대형화된 능동적 어구로의 전환)
④ 각종 기기의 개발(어군탐지기 등)
⑤ 공업화 정책에 따른 오염물질의 유입으로 연안 해역의 환경악화

등으로 대별된다.

2) 수산자원의 뜻

수계에 서식하는 생물을 수서생물이라고 하는데, 이들 가운데에는 우리에게 유용한 종뿐만 아니라 해를 주거나 이용가치가 없는 종도 있다. 유용종, 유해종 및 무용종의 구별은 그들을 이용하는 인간의 처지에서 근거를 둔 것이므로 사실은 모호한 점이 있다.

오징어는 우리나라의 어업에서는 매우 중요한 자원이지만 구미의 여러 나라에서는 무용한 종으로서 거의 이용되지 않는다. 또한, 우리나라의 말쥐치는 1975년 전까지만 하여도 고등어와 전갱이를 잡는 선망업자들에게는 그물을 망치는 성가신 종이었지만, 그 이후에는 가공법이 개발되어 20년 동안이나 가장 많은 어획량을 올리는 효자 어종이 되었다.

이와 같이 수계에 사는 생물들을 유용종, 무용종 및 유해종으로 구별하는 것은 그들을 대하는 사람들의 문화적 배경과 이용기술에 따라 달라질 수 있는 것이고, 때와 곳이 바뀌면 구별의 기준도 바뀐다. 그러나 때와 곳을 현재의 우리나라에 한정한다면, 바다에 사는 생물을 그 유용성에 따라 구별하는 일은 분명하고 용이해질 것이다.

즉, 수계에서 생활하는 수서생물 가운데 인간의 생활과 직접 관련을 가지는 생물을 통틀어 수산생물이라 한다. 다시 말하면, 수산생물은 수서생물 중 수산업의 대상이 되는 생물만을 일컫는 말이다. 예를 들면 크릴이라고 불리는 남극의 새우는 1950년대까지만 하여도 고래의 먹이생물로만 여겨졌는데, 근래에는 인간의 식량으로

뿐만 아니라 양식장의 사료로도 이용되고 있으므로 수산생물로 취급하게 되었다.

수산생물은 편의상 양식생물과 어업생물로 나눌 수 있는데, 전자는 전 생활사 또는 생활사의 일부를 인간의 직접적인 관리 하에 두고 기를 수 있는 생물이고, 후자는 어획의 대상이 되는 생물을 의미하는데, 양식생물에 속하는 생물도 해양에서 서식하고 있는 것들은 거의 모두 어업의 대상이 되고 있으므로 어업생물이라고 하여도 무방할 것으로 판단된다. 그러므로 수산생물을 어업생물, 또는 어업생물을 수산자원생물, 어업자원생물, 수산자원 또는 어업자원이라고 불러도 무방할 것으로 생각된다.

수산자원은 여러 가지로 분류할 수 있는데, 서식하는 수계에 따라 원양자원, 근해자원, 연안자원, 천해자원과 내수면자원으로 나뉘고, 종에 따라 고등어 자원, 오징어 자원, 새우 자원 등으로 나뉘며, 어획하는 방법에 따라 선망어업 자원, 저인망어업 자원, 연승어업 자원 등으로 나뉜다. 또한, 수심에 따라 부어 자원, 저어 자원 및 심해어 자원으로 나뉘어 취급하기도 한다.

3) 수산자원학(Fishery resources)의 정의

수산자원학에 관한 정의는 학자들에 따라 아래와 같이 매우 다양하다.

① Russell(1932) : Fishery research(생태학의 한 분야로 봄)

② Dymond(1948) : Study of fish population(어류집단에 관한 연구로 봄)

③ Cushing(1968) : Fisheries biology(자원의 자연사적인 연구와 계통군의 동태로 봄)

④ Ricker(1977) : Fishery science(자원에 가해지는 어획압력과 어획방법을 바꾸면 어획미수와 어획중량에 어떠한 효과가 날 것인지를 예찰하는데 초점을 둠)

⑤ Kubo and Yoshihara(1957) : 어업의 대상이 되는 수산동식물 자원의 유지함양에 관한 지식체계이며, 어업과학의 한 분야라고 했다.

⑥ Satou(1961) : 경제적 가치가 있는 수중 생물자원의 생산기구를 이론적으로 밝혀서 그것에 따라 어업을 보다 높은 수준으로 합리화시키기 위한 기술을 개발하는데 있다.

⑦ Kawasaki(1981) : 어업생산을 합리적으로 하기 위한 과학적 기초를 부여해

주는 응용생태학의 한 분야라고 보았다.

위와 같은 수산자원학의 내용들을 종합하여 본 저자는 “수계 생물자원의 생물학적 특성을 밝혀서 이러한 제 특성을 어업에 대한 반응을 규명하고 최적화하는 방법을 강구하는 지식체계를 수산자원학”이라고 정의를 한다.

수산자원의 연구분야는 아래의 모식도와 같이 3개의 부분으로 나눌 수 있는데, 첫째는 관찰기술에 중점을 둔 고전 생물학적 부분이며, Cushing(1968)은 이것을 박물학(Natural history)의 부분이라 하였다. 둘째는 자원역학(資源力學)에 관한 것으로 성장, 사망(자연사망 및 어획사망) 및 재생산의 수량변동에 관한 것이며, 셋째는 자원생물과 환경과의 관계로 자원량의 시공적 변화(時空的變化)와 해황과의 관계를 규명하는 것이다.

수산자원의 연구
- 자원생물의 관찰기술에 관한 것
(분포, 회유, 산란, 성장, 식이 등 기초적인 사항들)
- 자원역학에 관한 것(자원수리학, 자원동태학)
(성장, 사망 및 수량변동에 관한 사항들)
- 자원생물과 환경과의 관계를 규명
(자원의 시공적 변화와 해황과의 관계 규명)

2. 수산자원의 특성

수산자원은 석유나 철광석과 마찬가지로 천연자원에 속한다. 광물자원은 사람이 이용하지 않고 방치하면 언제나 그대로 존재하고, 이용하면 이용한 만큼 매장량이 감소되어 결국에는 소진되고 마는 무생물자원이다.

그러나 수산자원은 광물자원과는 본질적으로 다른 생물자원으로서 자체의 번식력에 의해서 새로운 자원이 자체의 내부에서 생겨난다. 사람이 이용하지 않더라도 한편에서는 죽고 또 한편에서는 태어남으로써 자원이 없어지지 않으며, 다만 그 내용만 끊임없이 교체될 뿐이다. 이와 같이 한편에서는 죽고 다른 한편에서는 태어나 자기들 스스로 새롭게 하는 것을 자율갱신성(自律更新性) 또는 자율경신성이라고 하며, 수산자원의 가장 중요한 특성에 속한다. 이와 같은 번식력에 의한 자율갱신성을 바탕으로 하여 수산자원을 이용하지 않고 그대로 두더라도 죽어서 없어지므로 잘 이용만 한다면 영속성이 있는 자원이 될 것이다.

수산자원은 번식력에 의해 해마다 새로운 구성원을 가입(加入)시키고, 그 구성원은 스스로 성장하며, 또한 여러 가지 원인으로 사망하여 자원량은 증가 및 감소 요인의 작용을 받는다.

수산자원을 구성하는 개체는 많은 수의 알을 낳는 높은 번식력을 가지지만 크게 증가하지 않는 것이 보통이다. 이것은 알 또는 자치어와 같은 발육의 초기 단계에 해적생물의 포식과 해양환경의 변화에 약하며, 유영능력의 미비로 부적당한 환경으로 표류되어 사망하므로 성어로 성장하는 수가 매우 적기 때문이다. 이와 같이 수산자원은 해적생물의 포식이나 환경변화에 대해 매우 민감하게 반응하여, 그 양과 질이 계속 변동한다. 이러한 변동성(變動性)도 수산자원의 특성이다.

수산자원은 육안으로는 보이지 않는 플랑크톤에서 대형의 어류에 이르기까지 다양한 종류의 수서생물을 먹고 산다. 한 수산자원이 다른 수산자원을 먹고 사는 경우는 흔히 있는 일이며, 동물의 식성을 초식성과 육식성으로 나눈다면 수산생물의 대부분의 종은 초식성과 육식성의 어느 범주에 두어야 하는지 모호한 경우가 많다.

수산자원은 수산자원 상호간은 물론이고, 넓게는 수서생물끼리 서로 먹고 먹히는 불가분의 관계를 맺고 있는 복잡한 먹이사슬(Food chain)을 구성하여 서로 의존하고 있다. 이와 같은 구조적복잡성(構造的複雜性)도 수산자원의 또 다른 중요한 특성이며, 이점을 무시하고, 소수의 주요 수산자원만을 별도로 분리해서 관리한다는 것은 불가능하고 모순된 일이다.

수산자원은 다랑어와 같이 태어나면서부터 일생을 다할 때까지 회유를 하는 어종들이 있기 때문에 분포범위가 대체로 넓고, 생리적인 요구에 맞추어 어느 정도의 범위 내에서 회유를 하는 것이 보통이다. 많은 수산자원은 산란장, 성육장, 색이장과 월동장을 달리한다. 성어는 산란기가 되면 보통은 연안으로 접근하여 산란하며, 산란을 마치면 먹이생물이 풍부한 해역인 색이장으로 분산하여 색이를 하다가, 겨울이 되면 따뜻한 해역인 월동장으로 이동한다. 한편, 알에서 부화한 치어는 먹이생물이 풍부하며, 해초가 무성하고 암초가 많아 해적으로부터 보호를 받을 수 있는 연안 해역에서 서식하며, 성장하면 외해로 나가 성어의 집단에 가입한다. 이와 같이 수산자원은 한 장소에 고정되어 존재하는 것이 아니고 계절에 따라 광범위한 해역에 걸쳐 이동한다. 이러한 이동성(移動性)도 수산자원의 중요한 특성이다.

수산자원의 한 특성인 이동성을 고려한다면, 연안국들은 공동으로 이용하는 수산자원을 합리적으로 관리하기 위하여 상호 협력하지 않으면 안 될 것이다.

제 2장 수산자원의 단위집단

1. 단위 개체군

분류학상의 종을 단위로 하는 수산자원은 어떠한 생물종의 개체도 전 생애에 걸쳐 단독으로 생활하지 않고, 집단을 형성하여 생활한다. 수산생물이 집단을 이루며 생활하는 성질은 자원으로서의 기본요건이기도 하다. 그러므로 생물의 집단으로서 이용되는 수산자원은 개체로서가 아니라 개체의 모임인 개체군(個体群)으로서 파악되어야 할 것이다.

하나의 개체군만으로서 존재하는 극소수의 예를 제외하면, 대부분의 생물종은 지역적으로 분리된 수 개의 개체군으로서 구성된다. 개체군은 다른 개체군과 구별되는 특징을 가지고 외부의 자극에 대하여 그 개체군의 독특한 반응을 나타낸다. 개체군 간의 분리의 정도는 다양하지만, 종은 수 개의 개체군으로 나누어 존재하여 종의 보전을 도모한다. 한편, 동일종에 속하는 개체군들은 이따금 상호간에 개체를 교환하여 종으로서의 통일성을 유지한다. 이와 같이 동일종에 속하는 모든 개체군이 모여 그 종의 종 개체군을 형성한다.

개체군(個体群)은 "다소의 짜임새를 가지고 특정의 시간에 어떤 한정된 장소를 점유하는 동일종의 개체의 모임"이라고 정의할 수 있다. 그러나 임의의 시간과 임의의 공간 조합으로 규정되는 개체군은 현실에서는 결코 존재하지 않는다. 가령, 고등어의 어업자원을 조사하는 경우에 고등어의 발육단계와 생활주기의 어느 특정시기에 고등어의 생활 장소인 우리나라 연근해 중에서 선망어장이 주로 형성되는 제주도 주변 해역에 분포하는 가입연령 이상의 발육단계에 있는 개체들의 모임을 개체군으로서 생각할 수 있는데, 이러한 경우를 지역(地域) 개체군이라 한다.

또한, 참조기와 같이 생활사 가운데서 산란기라고 하는 특정의 짧은 기간에 참조기의 생활 장소인 황해 및 동지나해 중에서 산란장인 연평도 해역이라는 특정의 공간에 집합하는 성숙개체의 모임을 행동(行動) 개체군이라 한다.

그리고 청어나 명태와 같이 북태평양 및 그 부속해역에 있어서 청어나 명태 의 분포를 조사할 때 현세에 북태평양 일대에 서식하는 청어나 명태라는 종에 속하는 모든 개체가 개체군으로 간주되는 경우가 있는데, 이러한 경우를 종(種) 개체군이라 한다(〈표 2-1〉).

〈표 2-1〉 시간과 공간에 따른 개체군의 분류

공간 \ 시간	생활사의 어느 연령	일생활사	수세대	지사적 연대
특정한 행동을 수행하기 위한 서식장소 내의 한 구획	행동 개체군			
서식장소		지역 개체군		
다수의 서식장소를 포함하는 지리적으로 구획된 한 지역			아종 개체군	
한 아종의 분포구역				
한 종의 분포구역				종 개체군

어업은 자원생물의 종 개체군 전체를 이용하는 것이 아니고, 종 개체군을 구성하는 개체군들 중에서 그 어업에 적합한 개체군만을 이용한다. 수산자원이 뚜렷이 분리된 수 개의 개체군으로서 성립되어 있는 경우에는, 한 개체군에 끼치는 어업의 영향은 그 개체군에게만 국한될 것이다. 그러나 개체군 간의 분리의 정도가 약한 수산자원에 있어서는 한 개체군이 받는 어획의 영향은 즉시 다른 개체군으로 전파된다. 따라서 개체군은 자원의 수량변동 단위로서 뿐만 아니라 자원의 이용과 관리의 단위로서도 인식되고 있으며, 계군(系群) 또는 계통군(系統群)이라고도 불린다.

2. 계군의 속성

수산자원의 종을 구성하는 단위 개체군인 계군은 동일종의 개체가 우연하게 모인 집단이 아니다. 개체는 발육단계에 따라 생리적, 생태적 및 공간적으로 서로 다른 군에 소속하게 된다. 즉, 계군 내의 모든 개체는 발육함에 따라 현재의 계층에서 그 윗 계층으로 올라간다. 따라서 한 계군은 몇 개의 계층군으로 이루어지며, 계층끼리는 밀접한 관련성을 지닌다. 그 결과 계군을 구성하는 계층군의 특성이나 계층 상호간의 관계에서 계군의 속성이 생긴다. 이 속성은 개체 또는 여러 개체의 성질을 단순히 합산한 것과는 다르다.

계군의 가장 기본적인 속성은 계군의 크기이다. 계군의 크기는 바로 자원량을 뜻하며, 밀도로서 나타내는 경우가 많다. 그러나 어업에 있어서 자원량은, 엄밀하게는 발육의 모든 단계에 대해서가 아니라 실제로 어업의 대상이 되고 있는 발육단계에 대해서만 적용되는 말이다. 발육의 초기 단계에서 어업에 이용되는 단계로 자원이 들어가는 과정이 가입(加入)이다.

계군이 가지는 출생, 사망, 이입과 이출은 계군의 크기에 직접적으로 영향을 주는 속성이고, 연령조성, 체장 및 체중조성, 성비와 유전자 조성은 간접적으로 영향을 주는 속성이다.

1) 출생

수산자원의 주종을 이루는 어류의 출생은, 극소수의 예외를 제외하고는, 산란과 부화를 통해서 이루어진다. 출생률에 관계하는 요인으로서 난소 내의 포란량, 수정률 및 수정란의 부화율을 들 수 있다.

어업에 있어서 계군의 크기란 어업에 가입하는 연령 이후의 계군의 양을 말한다. 그러므로 출생률이 바로 계군의 크기에 영향을 끼친다고 말할 수는 없다. 알에서 어업의 대상자원으로 가입하기까지의 각 발육단계에 있는 개체의 생존율(生存率)이 출생률보다 더 중요한 문제이다.

일반적으로 부유란을 산출하는 어류는 점착란이나 침성란을 산출하는 어류보다 많은 산란수를 나타낸다. 또한, 강에서 바다로 내려가 넓은 해양에서 산란하는 어류(뱀

장어 : 수만~수십만)의 산란수는 많고, 넓은 바다에서 강으로 올라와 좁은 하천이나 호수에서 산란하는 어류(연어, 송어 : 2~3천)의 산란수는 적다. 이것은 알에서 부화된 새끼가 넓은 공간에서 많은 먹이를 찾을 수 있는 섭이조건과 관계가 있다.

동일종 내에서는 성숙 친어의 연령이 어느 수준까지는 높을수록 산란수가 많고, 그리고 동일 계군이라도 계군의 크기가 클수록 적은 산란수를 나타내는데, 이는 계군의 밀도가 높을수록 한 개체당의 먹이량이 줄어들어 성장이 불량하기 때문이다.

이에 대한 좀 더 상세한 설명은 제 5장에서 하기로 한다.

2) 사망

계군을 구성하는 개체는 사망과정에 의해 개체군에서 제거된다. 출생은 개체군의 크기를 증가시키는 주된 요인이고, 사망은 그것을 감소시키는 요인이다. 사망률에 영향을 끼치는 요인은 부적한 환경, 해적생물의 포식, 질병, 노쇠와 어획 등이 있다. 이 가운데 어획을 제외한 요인을 하나로 뭉쳐 자연사망 요인이라고 부른다.

자연에서는 노쇠가 원인이 되어 사망하는 이른바 생리적 수명을 다하는 개체는 매우 적고, 대부분의 개체는 노쇠 이외의 요인에 의해 결정되는 생태적 수명에 따라 사망한다.

알에서 성어에 이르기까지의 각 발육단계는 상이한 사망요인의 작용을 받을 뿐만 아니라 그에 대한 반응도 다르다. 가입되기 전까지는 자연사망 요인만의 작용을 받고, 그 이후에는 자연사망 요인에 어획사망 요인이 부가된다.

각 연령의 생잔 개체수를 출생량에 대한 백분율로 나타낸 생잔곡선은 〈그림 2-1〉과 같이 후기 사망형, 대각선형 및 전기 사망형으로 대표된다.

일반적으로 수산자원은 전형적인 전기 사망형을 나타내며, 알에서 발육단계가 진행됨에 따라 생잔 개체수는 쌍곡선 또는 지수함수곡선으로 감소한다.

이에 대한 좀 더 상세한 설명은 7장에서 하기로 한다.

3) 이입과 이출

이입(移入)과 이출(移出)은 일정한 구역을 가지고 계군간의 개체 교환을 의미하는 것으로 계군의 크기가 크면 인접한 계군으로 이출이 일어나고, 계군의 크기가 작으면 인접한 계군으로부터 이입이 일어난다.

계군은 일정한 생활구역을 가지고 그 범위 내에서 이동한다. 한 계군의 생활구역은 타 계군의 생활구역과 뚜렷한 경계를 가지고 분리되거나 부분적으로 중복된다.

만일 어업이 단일 계군을 대상으로 하여 그것의 전 생활구역에 걸쳐서 이루어진다면 이입률과 이출률은 거의 동등하고, 상호의 작용이 중화되는 것으로 간주되며, 계군의 크기에 영향을 끼치는 속성으로서 이입률과 이출률은 중요하게 생각되지 않는다.

그러나 어업이 단일 계군 생활구역 일부에만 행해지거나 복수의 계군을 대상으로 하는 경우에는 계군의 크기를 변동시키는 요인으로서 이입률과 이출률은 무시할 수 없게 된다. 계군의 전 생활구역에 어장이 미치지 못하는 우리나라 대부분의 어업에 있어서는 특히 그러하며, 수량변동과 자원관리의 단위로서 계군을 분명하게 정의해야 한다.

4) 연령조성

연령조성(年齡組成)은 계군의 연령분포를 나타내는 것으로 어느 해의 계군을 구성하는 각 연령군의 구성비를 나타내는 연도별 연령조성과 어느 해에 출생한 하나의 연급군이 각 연령에 있어서의 개체수를 나타내는 연급별연령조성이 있다.

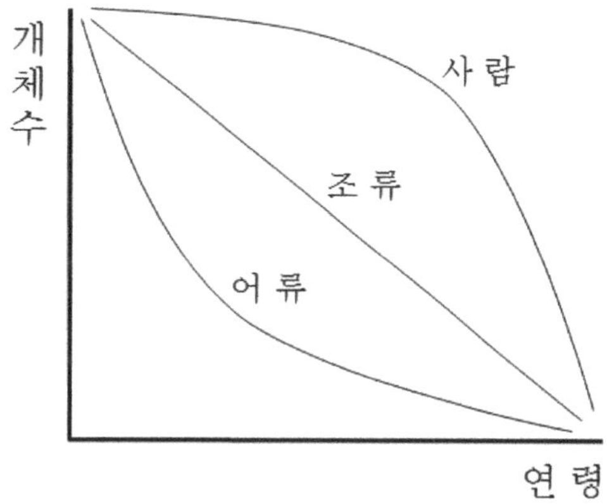

〈그림 2-1〉 생잔곡선형의 모형

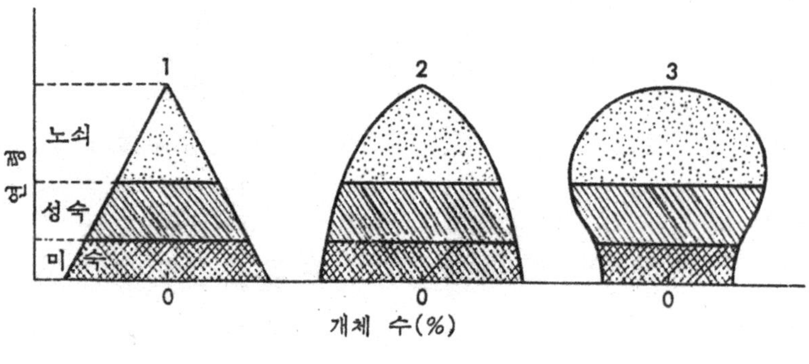

〈그림 2-2〉 개체군의 연령조성의 형태

출생율과 사망률이 일정한 상태에서 기하급수적으로 성장하는 개체군의 연령조성은 언제나 일정한 분포를 유지한다. 출생률과 사망률이 동등하고 일정한 크기에서 유지되는 특별한 경우의 개체군은 평형 연령분포를 조성하며, 평형 연령분포를 나타내는 평형 개체군에 있어서는 연도별연령조성과 연급별연령조성이 일치할 것이다. 즉, 〈표 8-3〉에서 0세로 가입한 1,000마리의 어군이 시간이 지남에 따라 살아남는 개체수는 매년 50%씩 줄어들어 10년째에 마지막 1마리가 남게 되는데(연급별연령조성), 이러한 마리수의 변화와 평형상태에 도달한 10년째 되는 해의 연령조성(연도별연령조성)이 같다는 것이다. 그러나 실제에 있어서는 개체군의 연령조성은 항상 변하고, 자연 상태의 개체군의 크기는 기하급수적으로 무한히 증가하지 못하며, 또한 상당한 기간 동안 일정한 크기에 머물고 있는 경우도 드물어 안정 연령분포나 평형 연령분포를 장기간 나타내는 개체군은 거의 없다.

〈그림 2-2〉는 개체군의 연령조성을 나타낸 것으로 1번은 증대하는 개체군, 2번은 안정된 개체군, 3번은 감소하는 개체군을 나타낸 것이다.

적절한 주의를 하면, 연령조성은 개체군의 상태를 파악하는데 유효하게 이용될 수 있다. 급격히 성장하는 개체군에서는 저연령군이 우점하며 안정되어 있는데 반하여 감소하는 개체군에서는 저연령군의 구성비가 낮다. 고령군의 조성이 극도로 떨어지는 경우는 남획상태에 있을 가능성이 크다. 그러나 고 연령군의 조성비 저하는 남획의 필요요건이지 충분조건은 아니므로 연령조성만 가지고서 남획의 여부를 판단하는 데는 세심한 주의를 하여야만 한다.

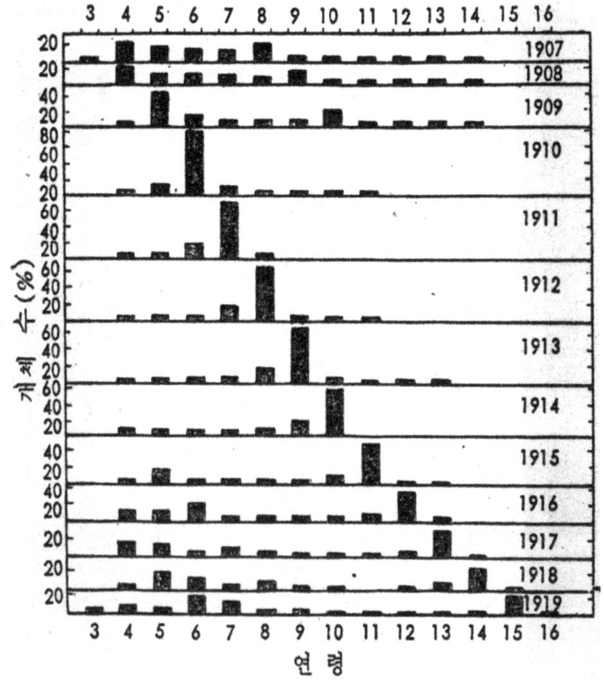

〈그림 2-3〉 노르웨이산 청어의 연령조성

또한, 연령조성은 어획자원이 연령에 따른 생잔과정을

나타내는 것이므로 사망률을 추정하는데도 쓰이며, 경우에 따라서는 미래의 어황에 관한 정보도 제공해 준다.

〈그림 2-3〉에서와 같이 다른 해에 발생한 연급군에 비하여 뛰어나게 높은 점유률의 연급군, 즉 탁월연급군이 나타나면 그것이 사라질 때까지 연도별연령조성은 매년 큰 변동을 겪으면서 풍어가 계속된다.

5) 체장조성

체장조성은 어획물의 체장에 따른 출현빈도를 표현한 것이다. 일반적으로 표현방식은 도수분포표나 히스토그램이 쓰이며, 겉보기의 분포곡선을 방정식으로 표현할 수도 있다. 어느 어장에서 어획된 다수의 개체를 측정하여 구한 체장조성은 어획물의 체장조성이지만, 또한 그 어장의 자원을 구성하는 어류의 체장조성이기도 하므로 그 자원이 분포하는 전 해역의 해구별 어획물에 대하여 합리적인 표본추출 과정을 거쳐서 취합하면 그 자원의 체장조성을 구할 수 있다.

어업별 체장조성을 살펴보면 자망과 선망어업과 같이 회유를 하는 부어(Pelagic fish)를 대상으로 하는 경우에는 어획물의 체장이 거의 일정한 반면에 저인망과 저층 트롤어업과 같이 저서어(Demersal fish)를 대상으로 하는 경우에는 어획물의 체장조성이 다양하며, 어장에 따라서도 매우 다르다.

〈그림 2-4〉와 같이 멸치의 체장조성을 어업별로 나타내면 2004년과 2005년도의 체장조성은 정치망어업을 제외하고는 거의 같은 경향을 보였으며, 낭장망과 들망어업은 소형멸치를 주 대상으로 하고 있고, 권현망과 유자망어업은 대형멸치를 주 대상으로 하고 있음을 알 수 있다.

멸치의 경우 〈표 2-1〉과 같이 체장 등급에 따라 불리는 이름도 다양하며, 상품을 만들 때에도 표와 같은 체급별로 분류하여 포장한 다음에 소비자에게 판매하고 있다.

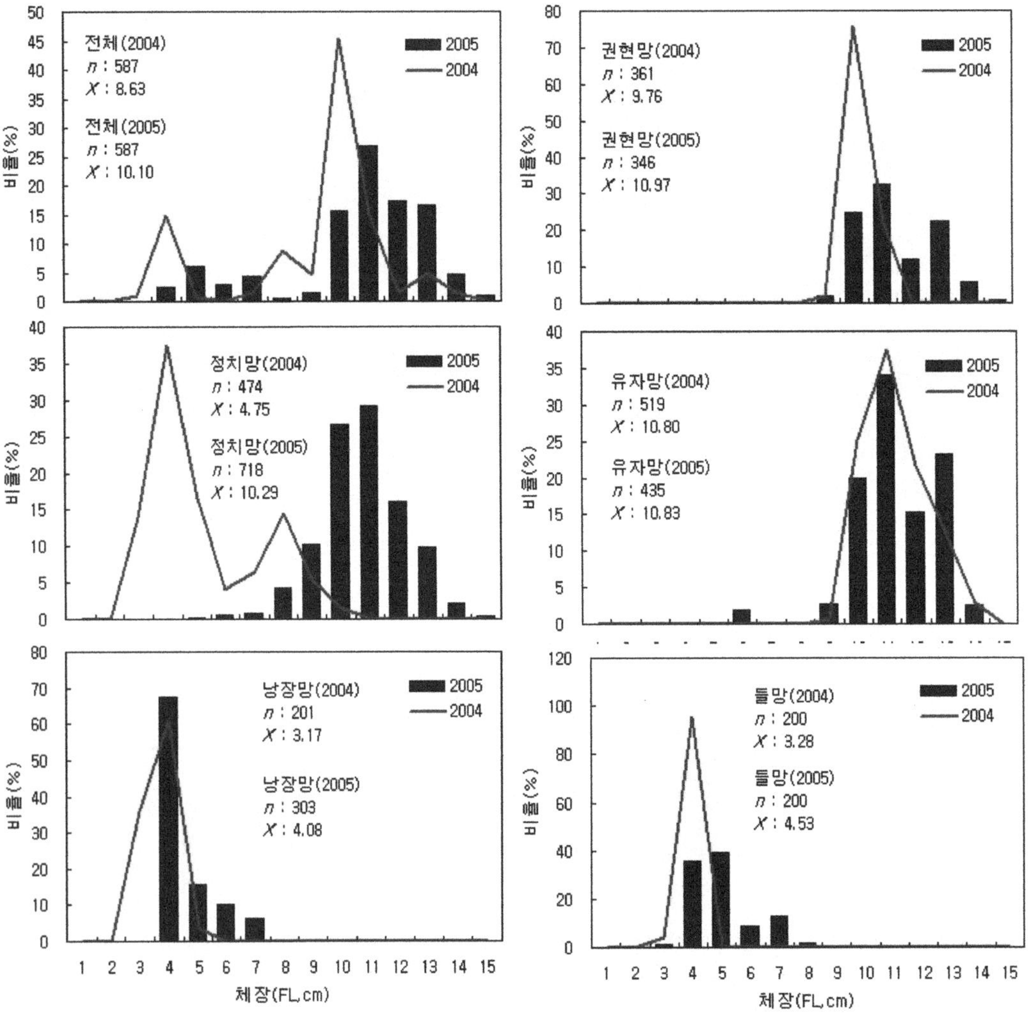

〈그림 2-4〉 멸치의 어업별 체장조성

〈표 2-1〉 멸치의 체장에 따라 불리는 멸칭

체장(mm)	명 칭		
	한 국 어	일 어	한 자
~ 15	세 멸	지 리 멩	細 蔑
16~30	자 멸	가 이 리	仔 蔑
31~45	소 멸	고 바	小蔑(羽)
46~75	중 멸	쥬 바	中蔑(羽)
76~	대 멸	오 바	大蔑(羽)

6) 성비

어류 중에는 일부의 어종(용치놀래기, 황돔, 드렁허리, 감성돔, 까치양태, 구피)은 성전환을 하는 것도 있지만 대부분은 암수로 분명하게 나누어지며, 종에 따라서는 여러 가지 형태의 성징으로서 성판별이 가능하다.

성비는 암컷에 대한 수컷의 비율(♂/♀)로 표현한다. 그러나 경우에 따라서는 전수에 대한 암컷, 또는 전수에 대한 수컷수의 비로 표현하기도 하지만 일반적으로는[♂/♀]로 표현하므로 다른 방식으로 나타낼 때에는 그 의미를 표시할 필요가 있다.[♂/♀]로 표현한 성비 r과 전체수에 대한 암컷수의 비율, 전체수에 대한 수컷수의 비율 사이에는 다음의 관계가 성립한다.

$$\frac{\text{♀}}{N_{total}} = \frac{\text{♀}}{\text{♀}+\text{♂}} = \frac{\text{♀}}{\text{♀}+r\text{♀}} = \frac{\text{♀}}{\text{♀}(1+r)} = \frac{1}{1+r} \qquad (2.1)$$

$$(\text{♂} = r \bullet \text{♀})$$

$$\frac{\text{♂}}{N_{total}} = \frac{\text{♂}}{\text{♀}+\text{♂}} = \frac{r\text{♀}}{\text{♀}+r\text{♀}} = \frac{\text{♀}r}{\text{♀}(1+r)} = \frac{r}{1+r} \qquad (2.2)$$

〈표 2-2〉 어종별 성비 조사표

어 종 명		♀	♂	χ_o^2	성비
갈치	Trichiurus lepturus	39	37		
달고기	Zeus japonicus	68	53		
덕대	Pampus echinogaster	128	108		
보구치	Nibea argentata	1,352	1,400		
성대	Chelidonichthys spinosus	8,159	8,197		
주둥치	Leiognathus nuchalis	256	182		
참돔	Chrysophrys major	969	839		
황아귀	Lophius litulon	858	981		

* 암수 수치값은 임의의 숫자임

수산동물의 성비는 보통 1에 가깝다. 그러나 예외적인 경우가 있는데, 동지나해의 갯장어는 산란기가 아니면 암수가 따로 떼를 지어 회유하므로 계절에 따라 성비가 크게 변한다. 그리고 녹새치는 태평양의 북위 26° 이북에서는 10월~익년 7월 사이에 95%가 암컷이고, 6월에 북위 24~26°에서는 85%가 수컷이다.

〈표 2-2〉는 성비를 구하기 위하여 조사한 자료인데, 이 자료에서 어떤 어종은 성비가 1이 아니라고 간단히 판단할 수 있지만, 어떤 어종은 매우 애매하다. 그러므로 표본조사의 자료로부터 성비를 추정하려면 통계적인 수법을 사용하게 되는데, 간단히 $\chi 2$ 검정을 통하여 성비가 1인지 아닌지를 알아보기로 하자.

$$\chi_o^2 = \frac{(n_1 - n_2)^2}{n_1 + n_2} \tag{2.3}$$

여기서 n_1 , n_2 는 표본의 ♀, ♂의 수이고, $\chi 2$ 분포표에서 위험율 5%, 자유도 1인 경우의 유의판단기준을 찾으면 3.84이므로 식 (2.4)의 조건이 만족되면 성비가 1에서 유의(有意)하다고 할 만큼 차이가 있는 것은 아니라고 판단한다. 즉, 식 (2.3)의 값이 3.84보다 작으면 1이라고 할 수 있고, 이보다 큰 값이면 1이 아니라고 할 수 있다.

$$\chi_o^2 < \chi^2(1,\ 0.05) = 3.84 \tag{2.4}$$

7) 유전자조성

계군의 유전자 조성은 위에서 열거한 모든 계군 속성에 대하여 관계하는 본질적인 속성이다. 동일종에 속하는 개체들은 종으로서의 특징을 공유하면서, 한편 개체 간에는 생리, 생태, 형태 등이 조금씩 다르다. 종으로서, 그리고 개체로서 가지는 특징을 형질이라 부른다. 형질을 나타내게 하는 근원은 세포의 염색체 안에 있는 유전자에서 비롯한다.

계군은 공통의 유전자를 후손에게 전하는 개체의 집단이다. 동일종이지만 종 개체군이 여러 개의 계군으로 분리되어 각기 다른 환경에서 서식할 수 있고, 또 계군 상호간에 생태 및 형태에 있어서 다소의 차이를 나타내는 것은 유전자 급원과 유전자 조성을 달리하기 때문이다.

계군끼리의 유전적 관계를 명확히 하기 위해서는 각 계군의 유전자 조성을 밝혀야만 하는데, 최근 들어서 이에 대한 연구들이 활발히 진행되고 있다.

3. 계군의 구별

수산자원을 이용하고 관리하는데 계군이 단위가 되므로 자원의 계군 구조를 밝히는 것은 기본적으로 중요하다. 종 개체군의 분포범위 내에서 다른 환경의 생활구역을 각각 점령하고 있는 계군은 유전자 조성에 차이를 가지므로 형태와 생태를 어느 정도 달리한다.

계군을 구별하는 방법은 크게 형태적인 방법, 생태적인 방법, 생화학적 및 유전학적인 방법의 세 가지로 나뉜다. 형태적인 방법에 사용되는 형질로서는 비늘모양, 척추골수, 지느러미의 가시와 연조수, 등지느러미의 담기골수, 옆줄 비늘수, 새파수, 새조골수, 유문부수, 체장에 대한 두장 또는 체고의 비율 등이 있고, 생태적인 방법에 사용되는 형질로서는 성장, 연령조성, 분포, 회유로, 산란장, 산란기, 체장조성, 체중조성, 연령조성, 생식소 숙도조성, 비늘의 무늬, 난경, 포란수, 분포, 회유로, 기생충 감염율 등이 있으며, 생화학적 및 유전학적인 방법은 최근에 연구가 시작된 것으로서 어류의 근육이나 안구의 아미노산의 구성에서 차이가 있거나, 혈액형, 요소 단백질의 형, 효소와 염색체의 분석자료 등이 지표로 사용할 수 있으며, 그밖에도 어황의 분석에 의한 방법, 표지방류에 의한 방법 등이 있다.

1) 형태적인 방법

(1) 계수적 형질(체절적 형질)

한 개, 두 개 … 등과 같이 숫자로 헤아릴 수 있는 형질을 말하며, 이 형질의 자료는 1, 2, 3, … 과 같이 정수 값으로 표현된다.

체절적 형질은 발생초기 때의 환경영향을 받는다고 알려져 있으며, 특히 수온과 체절적 형질 사이에는 역상관 관계가 있다.

형질의 숫자는 표본 집단의 계수자료로부터 평균치로 하고, 차이의 유의성을 검증하여야만 한다. 검정은 $\chi 2$ 검정, t 검정, 분산분석법 등의 통계적인 방법으로 실시한다.

통계적인 방법은 위험확률을 기준으로 하여 판단하므로 단지 판단되는 결과의 가능성을 제시할 뿐이다. 그리고, 형태상으로 매우 큰 차이가 있을 경우는 계군으로서의 표징을 넘어서 아종 또는 종 수준의 표징이 될 수 있다.

① 척추골수

어류의 척추골수는 계군의 식별 형질로서 잘 이용되며, 일반적으로 저위도 지방에서는 적고, 고위도 지방에서는 많은 이른바 북고남저(北高南低)의 경향을 보인다. 이러한 현상을 보이는 어류로는 대서양산 대구, 미국 태평양 연안의 청어, 동북 태평양의 정어리와 멸치, 그밖에도 빙어류, 꽁치, 까나리, 가자미, 넙치류 등이 있다.

우리나라 연근해에 분포하는 정어리에 있어서는 〈그림 2-5〉와 같이 동해군과 태평양군의 2계군이 존재한다. 이들의 산란장은 모두 일본 큐우슈우 연안에 두고 있으나 회유경로가 다르며, 동해군의 척추골수가 태평양군의 척추골수보다 많다.

그러나 도미, 전갱이, 고등어, 다랑어 등의 척추골수는 변화가 거의 없어 계군 식별의 형질로는 사용되지 못한다.

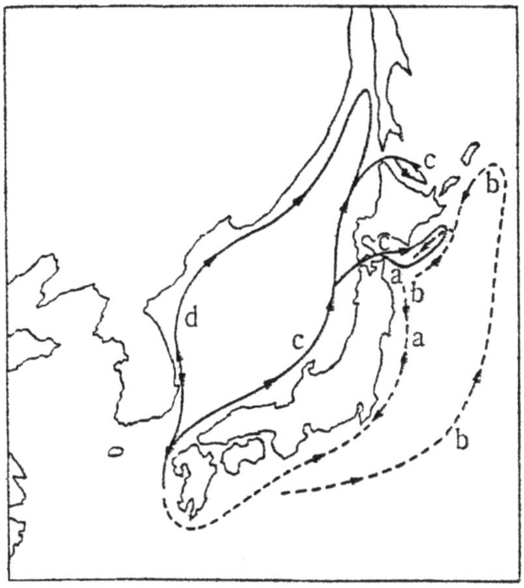

〈그림 2-5〉 정어리의 두 계군의 회유경로
(실선 : 동해계군 점선 : 태평양 계군)

② 지느러미의 가시수와 연조(軟條)수

지느러미의 가시(鰭條)수와 연조수로도 계군을 구별할 수 있는데, 사용되는 지느러미는 어종에 따라 다르다.

청어는 가슴지느러미, 가자미와 넙치는 뒷지느러미, 고등어는 등지느러미 가시의 담기골수로 계군을 구별한다.

③ 린상(비늘모양)

비늘에는 많은 성장선이 초점을 중심으로 동심원적으로 형성되어 있고, 휴지대는 어체의 성장이 불량할 때 나타나며, 비늘의 성장선 간격이 가장 좁은 부분이다. 휴지대계수는 비늘의 초점에서 각 휴지대 외연까지의 거리를 초점에서 최외측의 휴지대 외연까지의 거리로서 나눈 것을 말한다. 성장선수, 휴지대계수, 휴지대의 폭은 생활환경이 다른 수역의 어체에서는 그 양상이 다를 때가 많으므로 계군의 구별에 이용된다(〈그림 6-1〉).

여기에 해당되는 어종은 연어와 송어류 등인데, 연어의 경우 산란기가 되면 우리나라의 낙동강을 비롯하여 동해로 흐르는 하천으로 올라오는 북태평양의 연어는 대략 서경 170°를 경계로 하여 아시아산과 북미산으로 분포가 분리된다. 아시아산은 다시 시베리아산과 한국산 및 일본산으로 나뉘고, 북미산은 알래스카산과 캐나다 산으로 나뉜다.

아시아산의 경우 시베리아산은 일본산에 비해 비늘의 초점에서 생후 1년째 연륜까지 초년의 성장대에 나타나는 성장선의 수가 적다. 최근의 조사에 의하면 연어는 하천마다 비늘모양, 연령조성, 포란량, 난 크기, 효소 단백질의 조성에 차이가 있어 계군을 달리하고 있음이 밝혀지고 있다.

(2) 계측적 형질(비체절적 형질)

체장, 두장(頭長), 체중 등과 같이 길이나 중량을 측정할 수 있는 형질을 말하며, 이러한 비체절적 형질은 발생 후의 환경영향을 많이 받는다고 본다.

① 성장속도

연령의 증가에 따른 체장의 증가곡선은 계군에 따라 차이가 있는데, 이것은 회유경로가 다른 계군 사이에는 성장에 관여하는 수온, 먹이 등의 차이에서 비롯될 수 있기 때문이다. 이러한 형질로 계군을 구별할 수 있는 어종은 정어리와 청어 등이 있다.

② 상대성장

몸의 기준부위 크기에 대한 다른 부위 크기의 회귀도는 계군에 따라 차이가 있는데, 체장에 대한 두장의 상대성장을 이용하여 계군을 구별할 수 있는 어종은 꽁치가 있고, 체장에 대한 린장의 상대성장을 이용하여 계군을 구별할 수 있는 어종은 도미가 있으며, 체장에 대한 체고의 상대성장을 이용하여 계군을 구별할 수도 있다.

서로 대응하는 형질을 x, y라 하면

$y = \beta x^{\alpha}$ (β : 기본계수, α : 상대 성장계수) : 포물선식

α = 1 (등성장), $\alpha \leqq 1$ (부등성장), $\alpha > 1$ (우성장), $\alpha < 1$ (열성장)

양변에 log를 취하면 $\log y = \log \beta x^{\alpha}$

$$= \log \beta + \alpha \log x$$

여기서 $\log y$와 $\log x$와는 직선회귀하게 되므로 최소자승법이나 회귀직선식을 사용하여 $\log \beta$ 및 α가 구해지며, $\log \beta$에서 β를 구하면 된다.

③ 비만도

비만도(Coefficient of fatness)는 어류의 생장상태를 표시하는 지표의 하나로서 광범위하게 적용된다. 즉, 계군의 식별, 산란기 및 산란장의 추정, 먹이생물의 증감의 조사 등에 이용되고 있다.

생물의 체장(L)과 체중(W) 간에는 $W = k L^3$ 인 관계가 성립된다.

여기서 $k = \dfrac{W}{L^3}$ 이다. 여기서 k를 비만상태계수라 한다. 이 형질을 이용하여 계군을 식별할 수 있는 어종으로는 태평양과 인도양의 황다랑어와 꽁치 등이 있다. 비만도를 계군의 지표로 삼을 때는 체장의 범위를 좁게 하고, 성별, 연령, 채집시기, 어획방법 등과 같은 조건의 자료들을 써야만 한다.

2) 생태적인 방법

(1) 산란생태(산란장, 산란기, 산란수, 난의 크기 등)

산란장, 산란기는 수산자원을 구별하는데 있어서 가장 중요한 요인이 되고 있다. 북대서양에 널리 분포하는 청어는 많은 계군으로 구성되는데, 산란기가 봄과 가을인

2개의 계군으로 구분된다. 또한, 일본 고협만의 전갱이도 주 산란기가 2~3월인 군과 6~7월인 2개의 계군으로 구분된다.

산란수로 계군을 구별할 수 있는 어종으로는 연어가 있는데, 북해도산 연어는 평균산란수가 2,586개인데 비하여 남천도열도의 것은 1,977개로 평균산란수가 600개 정도의 차이를 보였다. 그 밖에도 산란수로서 계군을 구별할 수 있는 어종으로는 유럽산 가자미와 아무르 강의 홍연어 등을 들 수 있다.

난경(난의 크기)으로 계군을 구별할 수 있는 어종은 유럽산 청어가 있는데, 이 종은 난경에 따라 4개의 계군으로 구분된다.

또한, 알을 낳을 수 있는 생물학적최소형(Biological minimum size)으로 계군을 구분할 수 있는데, 이러한 종으로는 왕게가 있으며, 동남 베링해산의 왕게 암컷의 생물학적최소형의 갑장은 86~102mm인 반면에 북 태평양산 왕게는 93~112mm로 베링해산보다 크다.

(2) 분포 및 회유로

어군의 분포밀도가 수역별, 시기별로 다르므로 계군을 구별하는데 이용되곤 한다. 황해·동지나해의 갈치에 있어서 단위노력당어획량의 등밀도선 분포도의 월변화로 〈그림 2-6〉과 같이 3개의 계군으로 분리된다. 즉, 황발해 계군, 동지나해 북부계군, 동지나해 남부계군으로 분리된다. 그밖에도 연어와 송어의 경우는 연안내유기와 하천소상기 등으로 지역별 계군을 구분한다.

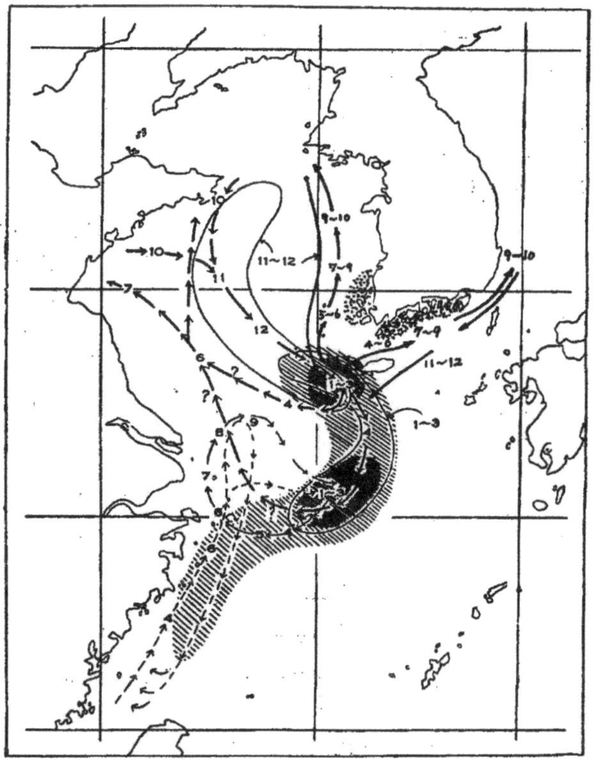

〈그림 2-6〉 황발해, 동지나해 북부와 남부 갈치 계군의 회유로

(3) 어군의 조성

어군의 조성으로서 계군을 구

별할 수 있는 경우도 있다. 수역별 또는 시기별로 체장조성, 체중조성, 연령조성, 생식선 조성 등의 변화를 명확히 함으로써 어군의 지역성을 판별할 수 있을 때가 있는데, 같은 계군이라도 시기에 따라 또는 수역에 따라 조성의 차가 있으므로 많은 주의가 필요하다.

북해도의 대구는 앞바다 회유군과 정착군이 있는데, 앞바다 회유군은 2~5세어 이며, 주군은 3~4세인 반면에 정착군은 3~6세이며, 주군은 4~5세로 1세씩 회유군보다 많다.

(4) 기생충에 의한 방법

기생충으로 계군을 구별할 수 있으려면 다음과 같은 조건을 만족하여야만 한다.

① 어릴 때 착생할 것
② 일생을 통해서 기생하고 있을 것
③ 특정지역에만 분포할 것
④ 착생하는 것이 많을 것

물가자미의 경우 대한해협산은 기생충이 1개체당 1.3마리인데 비하여 황해산은 31.5마리이다. 그밖에도 북태평양의 홍송어의 경우 아시아 계군과 북미 계군과의 구별도 기생충으로 가능하다.

3) 생화학적 및 유전학적인 방법

유전학적으로 계군을 구별하는데 이용되는 형질로는 혈액형과 효소, 단백질 등이 있으며, 이러한 연구들은 1950년대부터 시작하여 최근에 활발히 진행되고 있다.

혈액형을 가지고 계군을 구분할 수 있는 어종은 황다랑어와 날개다랑어 등이 있는데, 날개다랑어는 3대양의 온대에서 아열대에 걸쳐 널리 분포하지만 태평양, 인도양 및 대서양에서 잡힌 혈액형을 조사한 결과 해역마다 계군이 다름이 밝혀졌다.

날개다랑어의 종 개체군은 3대양에 걸쳐 광범위하게 분포하면서 대양마다 각각 다른 계군을 형성하여 서로 혼합되는 일이 거의 없다. 또한, 태평양과 대서양의 날개다랑어에 대한 자세한 조사에 의하면 적도를 중심으로 한 열대 해역에서는 거의 분포하지 않으며, 북반구의 날개다랑어와 남반구의 날개다랑어는 각각 별개의 계군을 이루어 제각기 독립적으로 수량변동을 하고 있다.

단백질을 만드는 20종의 필수아미노산 가운데 리신(Lysine), 아르기닌(Arginine)과 히스티딘(Histidine)이라는 아미노산들은 양전하(陽電荷)를 띠고, 아스파르트산(Aspartic acid)과 글루탐산(Glutamic acid)은 음전하(陰電荷)를 띤다. 이 같은 전하의 차이는 전류가 통하는 전기장에서 단백질 혼합물을 분리시켜 준다. 따라서 어떤 단백질의 유전자좌(Locus)에 대립유전자(Allele)가 서로 다른 형을 가지면 전하력(電荷力)이 다른 단백질의 성분을 분리할 수 있는데, 이러한 결과를 가지고 계군을 구별하기도 한다.

4) 어황의 분석에 의한 방법

어획통계 자료를 이용하여 여러 어장의 동일종에 대한 어황의 추이나 공통성, 주기성, 변동도, 풍흉(豊凶)의 상관관계 등을 분석하여 어군의 이동이나 회유로를 추정하면 계군의 존재를 인식할 수 있다. 이러한 방법들은 앞에서 설명한 〈그림 2-6〉과 같이 황해에서 우리나라 서해안과 발해 만에 각각 산란장을 두고 독자적으로 회유하는 갈치 계군에서 인식되었다.

5) 표지방류에 의한 방법

다른 지표에 의하여 계군의 분리 가능성이 있는 어군에 대하여 다수의 개체를 살아있는 상태로 어획하고, 어체에 표지표를 부착하여 방류하면 어장에서 어업자에 의하여 장기간에 걸쳐 그 중의 일부가 다시 어획된다. 만일 재포 당시의 일자나 위치, 어체의 크기 등에 관한 자료를 어업자로부터 입수할 수 있다면, 방류 당시의 자료와 대조 분석하여 계군에 관한 상세한 정보를 얻을 수 있다.

그러나 이 방법은 앞에서 설명한 4가지의 방법에 비하여 경비가 많이 들고, 또 기술적으로 어려움이 많기 때문에 아직은 일부 어종에서만 시도되고 있다. 영국에서는 고등어 자원을 조사하기 위하여 소형의 초음파 발신기를 고등어 몸체에 부착하여 어획한 현장에서 방류하고, 조사선들이 이 어류들을 추적하는 연구들을 실시한 적이 있고, 우리나라에서도 많이 이루어지고 있으나 조사기간이 짧다는 단점이 있다.

제 3장 개체군의 분포와 회유

수산자원의 양과 분포상태는 때와 곳에 따라 변한다. 수산자원의 이용과 관리를 합리적으로 하기 위해서는 수산자원의 양과 분포에 영향을 끼치는 요인을 알아야만 한다.

양과 분포는 서로 무관한 것처럼 보이나 사실은 그렇지 않다. 어느 때의 자원량의 평균밀도를 등밀도선의 지도로 나타내면 자원의 분포한계는 0의 등밀도선과 일치하며, 등밀도선의 모양은 시시각각으로 달라질 것이다. 따라서 자원 분포는 시간에 변동하는 자원량의 단면이고, 자원의 양에 영향을 끼치는 요인은 그 분포에도 영향을 끼친다고 볼 수 있다.

1. 분포의 원리

어류는 지구상의 해양 및 담수역에 널리 분포하고 있으나 그 분포상태가 현재와 같이 된 것은 어떤 원인에 의한 것일 것이다. 그 주된 원인으로서는 진화, 생존경쟁, 생활의 적응성, 분포를 방해하는 장벽 등을 들 수 있다.

어류의 분포에 영향을 주는 요인은 해류, 수온, 염분, 수심, 육지의 형태, 먹이생물, 자원자체의 밀도, 천적, 적응한계, 생리적 요구 등이 있다. 이 중에서 해류, 수온, 염분, 육지의 형태 등은 강제요인이고, 먹이생물, 자원밀도, 천적 등은 유인요인이라고 할 수 있다.

1) 수온

어류의 분포에 가장 지배적인 요인은 수온이며, 어류들은 보통 0.1℃의 차이는 인지한다고 알려져 있다. 수온에 대한 어류의 반응은 적응한계가 있으며, 최적수온대에서 고온 쪽이나 저온 쪽으로 갈수록 분포량이 줄어든다. 가로축에 수온을 표시하고, 세로축에 분포량을 표시하여 나타내면, 다른 요인들의 영향이 없을 경우 분포형태는 체적 수온대를 꼭지점으로 하는 종 모양의 정규분포를 나타낼 것이다.

어업과 관련된 경우를 살펴보면 어류들이 생존할 수 있는 수온범위를 서식수온이라고 하고, 어획이 이루어지는 수온 범위를 어획적수온이라고 하며, 어획이 가장 많이 되는 수온범위를 어획최적수온이라고 하는데, 이들 값들은 어류에 따라 매우 다양하므로 이를 알고 있으면 어업에 유용하게 활용할 수 있을 것이다.

어획량과 관측된 어장의 수온을 분석하여 보면 정규분포의 형태가 별로 나타나지 않는데, 그 이유는 여러 요인들이 복합하여 어군의 분포에 영향을 주기 때문이다. 예를 들면 색이기에는 최적수온대가 아니라도 먹이가 많은 곳에 어군이 모이므로 수온에 대한 어획량곡선은 한 쪽으로 치우치는 분포를 나타나게 된다.

2) 염분

염분량도 어류의 분포에 크게 관계하며, 특히 외양성 어류인 다랑어류는 연안수역을 피하고, 정어리·전갱이·고등어·방어 등의 어종은 외양을 좋아하지 않는 것은 양 수역의 염분 차이 때문이라고 한다. 즉, 연안은 육지로부터 민물의 유입으로 염분이 낮은 반면에 외양은 이러한 영향을 받지 않기 때문에 염분이 높기 때문일 것이다.

3) 수심

일반적으로 외양성 어류는 수온과 염분 등의 환경조건이 좋으면 수심과는 관계없이 광범위하게 이동할 수 있으나 연안에 서식하는 어류들은 수심이 장벽이 되어 어류의 분포에 방해를 받는다.

일반적으로 어류들도 육상의 동물들과 같이 서식하는 수심범위가 어느 정도 한정되어 있다고 하며, 부레의 기능이 발달된 어류들은 수심의 범위가 큰 반면에 그렇지 못한 어류들은 수심범위가 매우 좁다.

최근 들어 원양어업의 대상이 되고 있는 심해어류인 파타고니아 이빨고기(일명 메로)와 오렌지라피는 분포하는 수심이 각각 70~1,500m, 450~1,500m로 1,000m 이상 되는 어류들도 있는데, 이들 어종들은 수명도 매우 길고 맛도 매우 좋으며, 값도 비싸기 때문에 원양어업에 활기를 불어넣고 있는 종들이다.

4) 먹이생물

외양에 있어서는 회유성 어류의 먹이가 되는 작은 어류의 분포 상태가 고르지 않기 때문에 가다랑어나 참다랑어 등이 조경 부근이나 융기된 부근에 많이 모이는 것은 이런 곳에 먹이생물이 많이 있기 때문이다.

서식수온 범위 내에서는 먹이생물이 많은 곳으로 어류들이 이동하므로 먹이생물도 어류의 분포에 크게 영향을 주는 요인이 된다.

2. 회유

자원생물은 난기에서 자어후기의 발육단계에서는 유영능력의 미비로 부유생활을 하며, 해류 및 조류에 실려 어디라도 운반된다. 초기 발육단계의 부유생활은 개체를 널리 분산시킴으로서 개체의 생잔확률을 높이고, 계군의 생활구역을 확대시키는데 기여를 한다.

초기의 부유생활이 끝난 개체는 종류에 따라 유영생활이나 저서생활로 들어가 자신에게 유리한 환경을 적극적으로 추구하면서 성장한다. 성숙하여 산란기를 맞이하면 산란장에 모여 생식활동을 마친 뒤 먹이가 풍부한 해역으로 흩어진다. 이와 같이 자원생물은 발육단계와 생활주기를 거치는 일련의 과정마다 달라지는 생리적 요구와 환경의 변화에 따라 계군의 생활구역 내에서 이동하면서 생활한다.

그러므로 "외부 환경의 변화와 생리적 요인에 의하여 발육단계와 생활주기의 과정을 거치는 어느 시기에 무리를 지어 일정한 방향으로 이동하는 것을 회유(Migration)"라 한다.

회유는 분류하는 방법에 따라 여러 가지로 나눌 수 있다. 방향에 따라 분류하면 수평회유, 수직회유, 접안회유, 이안회유, 소하회유, 강하회유 등이 있고, 해류의 방향에 따라 분류하면 역류회유, 순류회유 등이 있다.

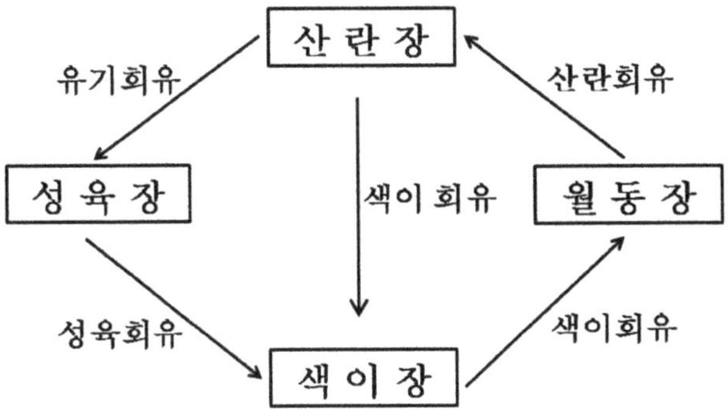

〈그림 3-1〉 자원생물의 회유 모식도

일반적으로는 유기회유, 성육회유, 색이회유, 산란회유와 같이 4가지로 나누는 것이 보통이다. 또한, 회유를 발육단계와 생활주기에 따라 달라지는 환경과 생리적 요구에 대한 생물체의 반응의 결과라 하면, 발육단계의 진행에 따라 나타나는 회유는 유기회유와 성육회유이고, 생활주기의 반복에 따라 이루어지는 회유는 색이회유와 산란회유로 나눌 수 있을 것이며, 이를 모식도로 나타내면 〈그림 3-1〉과 같다.

1) 유기회유(Larval migration)

알, 자어 및 치어가 산란장에서 성육장으로 이동하는 것을 말한다. 이들은 유영능력이 미비하거나 제한되어 있으므로 해류에 따라 표류하면서 산란장으로부터 성육장에 도달한다.

유기회유의 대표적인 예로서 북대서양의 뱀장어의 들 수 있다. 〈그림 3-2〉와 같이 북대서양 뱀장어에는 북미산과 유럽산의 2종류가 있는데, 이들의 성어는 산란기를 맞이하면 바다로 내려가 사르가소해의 버뮤다 섬 근처의 심해에서 산란한다. 자치어는 북적도 해류를 따라 서진한 후 서인도 제도 근해에서 멕시코 만류를 따라 북상한다.

미국산은 1~1.5년이 된 치어는 미국의 동해안에 도달하면 실뱀장어로 변태하여 미국 동부의 각 하천에 소상한다. 유럽산의 치어는 멕시코 만류에서 북대서양 해류를 따라 3년에 걸쳐 6,500km의 표류 끝에 유럽의 연안에 도달하여 실뱀장어로 변태하여 하천으로 올라간다.

대서양산 뱀장어의 유기회유는 자원생물의 초기 발육단계의 생활이 생리, 생태 및 형태에 있어서 환경에 적응되어 있는 좋은 예이다.

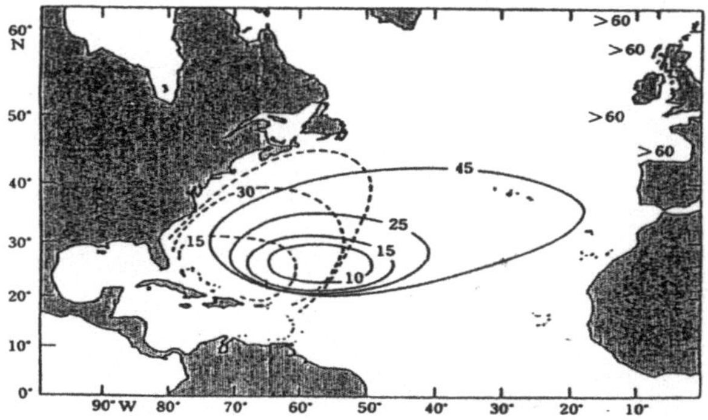

〈그림 3-2〉 북대서양 뱀장어 치어의 분포와 크기(Schmidt,1923).
실선: 유럽 뱀장어 절선: 북미 뱀장어 사이즈: (mm)

2) 성육회유(Adult migration)

표류생활을 하면서 성육장에 도착한 치어는 발육의 진행에 따라 유영능력을 갖추고 적극적으로 색이장으로 이동하는데, 이러한 이동을 성육회유라 한다.

난해성의 어류인 쥐치류의 자치어는 뜬말(표류 해조) 아래에서 생활하다가 유영능력을 갖추면서 뜬말을 떠나 성장에 적합한 해역으로 이동한다. 성육회유는 방어와 꽁치 등에서도 볼 수 있다. 심해성 어류인 게르치의 자치어는 연안의 해조가 무성한 얕은 곳에서 생활하다가 성장함에 따라 차차 깊은 곳으로 이동한다.

3) 색이회유(Feeding migration)

미성어기와 성어기의 발육단계에 있는 어류는 생리, 생태 및 형태에 있어서 종의 특징을 가지고 환경의 변화에 대해서 일정한 반응을 나타낸다. 어류는 생활에 알맞은 수온, 즉 적온을 추구한다. 계절에 따라 수온이 변하면 적온을 따라 이동하여 적온의 해역 내에 분포하는 적당한 먹이를 찾는다. 이와 같이 어류가 적온범위 내에서 먹이를 찾아 이동하는 것을 색이회유라 한다. 우리나라 연근해의 정어리, 꽁치, 고등어 및 전갱이가 봄에 차차 강해지는 난류를 따라 북상하는 것은 적온범위 내에서 먹이를 찾아 이동하는 색이회유의 좋은 예이다.

4) 산란회유(Spawning migration)

성어는 산란기가 되면 태어날 새끼가 안전하게 자랄 수 있는 장소를 찾는다. 또한, 성어는 수정란의 부화에 좋고 자치어의 성장과 발육에 유리한 해역을 찾아 이동하여 그 곳에 산란한다. 이와 같이 산란장소를 찾아 이동하는 것을 산란회유라 한다.

산란회유는 대부분 외양에서 연안으로 이루어지며, 겨울철의 색이장인 월동장에서 북쪽으로 향해서 이루어진다. 그러나 고등어의 경우에는 월동장에서 남쪽으로 향하는 산란회유를 한다. 우리나라 참조기가 연평도 근해에 산란하기 위하여 제주도 남서해역에서 황해 난류를 따라 북쪽으로 이동하는 것이 산란회유의 대표적인 예이다.

3. 분포와 회유의 조사방법

분포와 회유를 분석하는 방법은 어획량 자료를 사용하는 방법과 표지방류 방법, 음향탐지기를 사용하는 방법, 난치어 채집 결과를 분석하는 방법 등이 있다.

1) 어획량 자료를 사용하는 방법

위도와 경도를 각각 0.5° 간격 씩 구획하여 각 구획마다 번호를 부여한 우리나라 연근해의 해구도에 〈그림 3-3〉과 같이 월별 선망으로 어획되는 고등어(우리나라에서는 총어획량의 90% 이상이 선망으로 어획 됨)의 어획량을 나타내면 고등어의 분포와 회유를 알 수가 있다. 즉, 어획된 해구가 분포범위가 될 것이고, 어획량의 분포중심이 매월 조금씩 변하고 있으므로 이것을 통하여 회유의 경로와 속도 등을 알 수가 있다.

태평양의 참치자원을 조사할 때에는 이들 어류들이 태어나면서부터 죽을 때까지 계속하여 빠른 속도로 회유를 하고 있으므로 위도와 경도를 1°×1°, 1°×5°, 5°×5° 등으로 구획된 해도를 사용하여 나타내기도 한다.

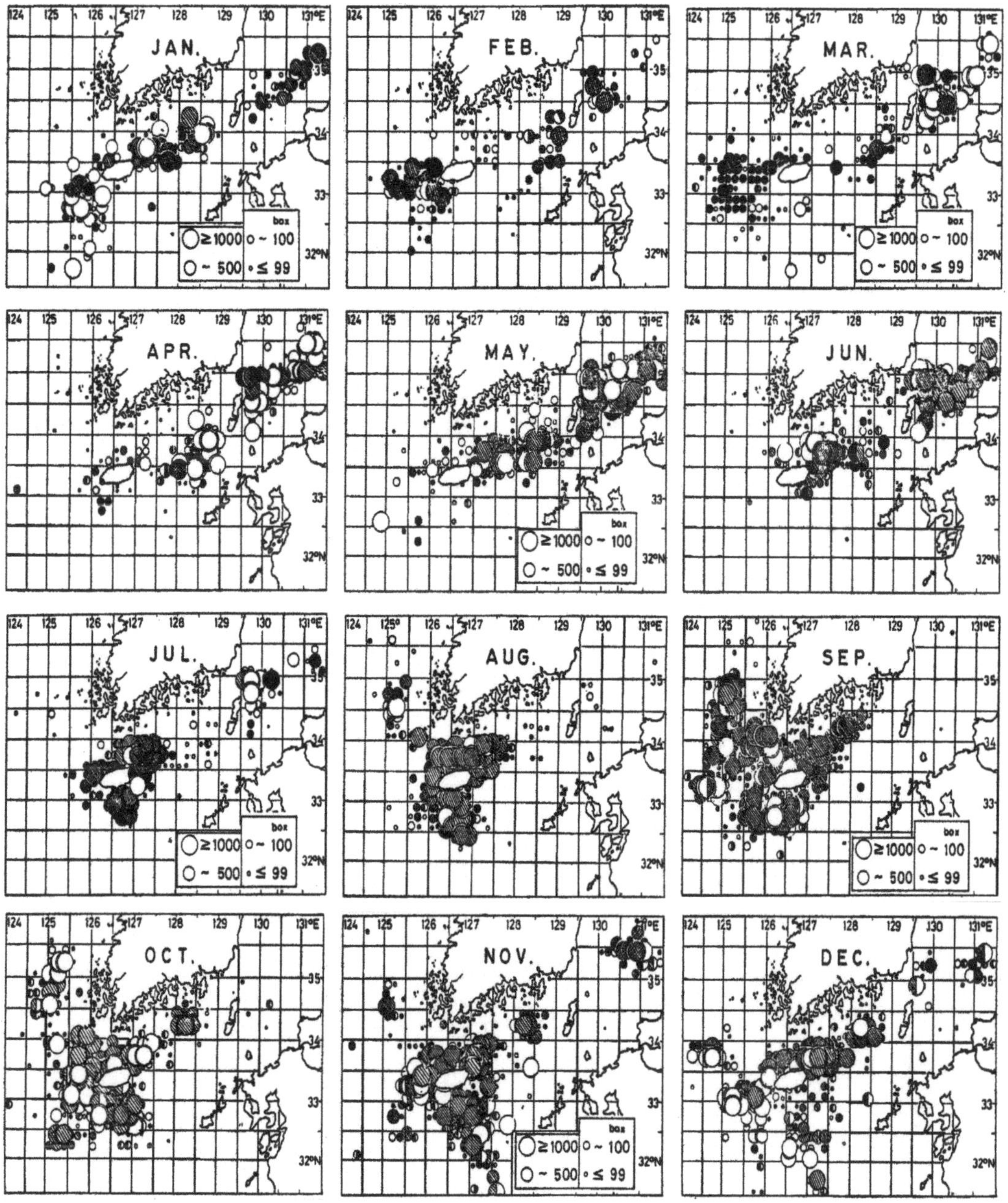

〈그림 3-3〉 1974년부터 1982년까지 고등어 평균어획량의 월별 분포도

연근해에서 어선들이 조업할 때에 어획한 어종별 어획량과 그 어획에 동원된 어획 노력량, 조업위치 등을 정확히 기록한 어로일지 등을 모든 어선들로부터 제공받을

수 있다면 단위노력당어획량(CPUE, Catch per unit effort)을 어종별로 해구마다 계산하여 해구도에 표시하면 매일의 어군 중심위치를 확인할 수가 있다. 어군의 중심위치가 매일 어떻게 변하는가를 살피면 회유경로와 분포범위를 추적할 수 있다. 그러나 대부분의 어선에서는 조업위치와 어획량에 관한 자료를 기록하여 두지 않는 실정인데, 이와 같은 일지를 작성한다면 조업을 경제적으로 수행할 수 있을 뿐만 아니라 어업정책을 수립하거나 자원관리를 하는 데에도 매우 도움이 될 것이다.

2) 표지방류에 의한 방법

회유를 하는 어느 개체군의 일부를 어획하여 표지를 한 다음 방류하여 일정기간 지난 후에 다시 어획하여 처음 어획한 위치와 다시 어획한 위치 자료를 가지고 회유속도, 회유경로 및 어류의 성장속도 등을 알아내는 방법이다.

이 방법은 작은 어류들의 경우에는 표지하기가 힘들고, 다시 어획하기는 더욱 힘들며, 어민들에 의해 어획되는 경우에는 보고되지 않는 경우가 많으므로 매우 힘든 방법이다. 좀 더 상세한 설명은 10장에서 하기로 한다.

3) 음향탐지기를 사용하는 방법

어획한 어류에 음파를 발생할 수 있는 소형발신기를 붙여 바다에 넣은 후에 음파를 수신하면서 어류의 위치를 추적하여 분포 및 회류경로 등을 알아내는 방법인데, 이 방법은 비교적 작은 어류에는 사용하기 힘들고, 어류를 바다에 넣을 경우 순간적으로 어류들이 돌발 행동을 일으켜 음파를 탐지하지 못하는 경우가 있으며, 또 소형의 축전지를 사용하기 때문에 보통 3~4일밖에 조사할 수 없다.

제 4장 수산자원의 변동

1. 개체군의 크기

단위 개체군, 즉 계군을 구성하고 있는 자원생물의 집단이동에 따라 자원의 분포중심이 계군의 생활구역 내에서 끊임없이 변화함을 알았다.

자원생물의 이동은 생활구역 내에 국한해서 이루어지므로 어느 해역에서의 분포량의 감소는 인근 해역의 분포량 증가를 가져올 것이다. 따라서 어느 한 어장에서의 자원 분포량의 변화가 바로 자원량 변동을 뜻하지는 않는다. 여기서는 단위 개체군의 전체 생활구역 내에서 단위 개체군의 크기가 어떻게 결정되고 변동하는지 살펴보기로 한다.

1) 기하급수적 증대(Thomas Robert Malthus)

개체군의 생활구역을 들락날락하는 이입량과 이출량이 동등하면, 전 생활구역 내의 개체군의 크기는 출생률과 사망률에 의해서만 결정될 것이다.

출생률이 사망률을 능가하면 개체군의 크기는 증가하고, 이와 반대로 사망률이 출생률을 능가하면 개체군의 크기는 감소한다. 만일, 양자가 동등하다면 개체군의 크기는 증가하지도 않고 감소도 하지 않은 채 일정한 수준에서 유지된다.

개체군의 기하급수적 증대는 은행에 돈(원금)을 맡겼을 때 복리로 불어나는 저금에 비유하면 쉽게 이해할 수 있다.

원금 : 10,000원, 연이율 : 10%로 은행에 맡기고 계약기간을 달리할 때 찾을 수 있는 금액에 대하여 알아보기로 한다.

○ 1년마다 재계약할 때

원 금			**10,000원**
1회 재계약(1년 후)		10,000(1 + 0.1)2 =	11,000원
2회 재계약(2년 후)	11,000(1 + 0.1) =	10,000(1 + 0.1)2 =	12,100원
3회 재계약(3년 후)	12,100(1 + 0.1) =	10,000(1 + 0.1)3 =	13,310원
⋮		⋮	
t회 재계약(t년 후)		$10{,}000(1 + 0.1)^{t}$ 원	

○ 0.5년마다 재계약할 때

원 금			**10,000원**
1회 재계약(0.5년 후)		$10{,}000(1 + \frac{0.1}{2})2$ =	10,500원
2회 재계약(1.0년 후)	$10{,}500(1 + \frac{0.1}{2})$ =	$10{,}000(1 + \frac{0.1}{2})2$ =	11,025원
3회 재계약(1.5년 후)	$11{,}025(1 + \frac{0.1}{2})$ =	$10{,}000(1 + \frac{0.1}{2})3$ =	11,576원
4회 재계약(2.0년 후)	$11{,}576(1 + \frac{0.1}{2})$ =	$10{,}000(1 + \frac{0.1}{2})4$ =	12,154원
⋮		⋮	
$2t$회 재계약(t년 후)		$10{,}000(1 + \frac{0.1}{2})2^{t}$ 원	

○ 3개월마다 재계약할 때

원 금 **10,000원**

1회 재계약(0.25년 후) $10,000(1 + \frac{0.1}{4})2$ = 10,250원

2회 재계약(0.50년 후) $10,250(1 + \frac{0.1}{4})$ = $10,000(1 + \frac{0.1}{4})2$ = 10,506원

3회 재계약(0.75년 후) $10,506(1 + \frac{0.1}{4})$ = $10,000(1 + \frac{0.1}{4})3$ = 10,768원

4회 재계약(1.00년 후) $10,768(1 + \frac{0.1}{4})$ = $10,000(1 + \frac{0.1}{4})4$ = 11,037원

.
.
.

$4t$회 재계약(t년 후) $10,000(1 + \frac{0.1}{4})4^{t}$ 원

이상의 3가지 경우를 비교하면, 예금기간을 짧게 하여 재계약을 하는 경우가 예금주에게 유리하다. 계산기가 없던 시절에 이와 같이 예치기간과 상관없이 이율이 일정할 때는 은행에 재계약 하려고 오는 고객들 때문에 현대에는 예금기간의 장단에 따라 이율을 다르게 책정해 놓고 있다

그러면, 생물 개체군의 증대과정을 살펴보기로 한다.

최초의 개체군의 크기를 N_0, 1년, 2년, 3년 - - - - t년 후의 개체군의 크기를 각각 N_1, N_2, N_3 - - - - - N_t 라 하고, 연자연증가율을 r이라 하면,

최 초 N_0

1년 후 $N_1 = N_0\ (1 + r)$

2년 후 $N_2 = N_1\ (1 + r) = N_0\ (1 + r)2$

3년 후 $N_3 = N_2\ (1 + r) = N_0(\ 1 + r)3$

.
.
.

t년 후 $N_t = N_0\ (1 + r)^t$

로 나타낼 수 있다. 여기서 N_0와 r은 예금의 원금과 연이율에 해당된다.

그런데, 자연증가는 출생량에서 사망량을 뺀 나머지 만큼 이루어지므로, 연출생률과 연사망률을 각각 b, d라 하면, r 은

$$r = b - d$$

로서 자연증가률을 생각하는 것이 타당하다.

출생과 사망은 연중 연속적으로 일어나고(많은 수산생물의 종에 있어서는 출생은 1년 중 산란기에만 이루어지나 1년을 통해서 이루어지는 것으로 간주함), 또한 1년마다 개체군의 크기를 확인하기 보다는 1년의 어느 시점에 있어서도 개체군의 크기를 알 필요가 있다. 이것을 예금의 경우와 비유하면 예치기간을 무한히 짧게 하여 1년의 어느 시점에 있어서도 찾을 수 있는 금액을 알아보는 것과 같다.

1년을 n회로 나누어 생각하면, 상기한 단기예금의 경우와 같이

$$N_t = N_0 \ (1 + \frac{r}{n})^{nt}$$

가 된다. 여기서 n을 매우 높은 값을 취하면 어느 시점에 있어서도 개체군의 크기를 알 수 있다. 즉,

$$N_t = \lim_{n \to \infty} N_0 \ (1 + \frac{r}{n})^{nt}$$

이다. 여기서 $\frac{r}{n} = x$라 놓으면, $n = \frac{r}{x}$이고, $n \to \infty$로 가면 $x \to 0$으로 갈 것이다. 그러므로

$$\begin{aligned} N_t &= \lim_{x \to 0} N_0 \ (1+x)^{\frac{1}{x} \cdot rt} \\ &= N_0 \lim_{x \to 0} \ [(1+x)^{\frac{1}{x}}]^{rt} \quad [\lim_{x \to 0} (1+x)^{\frac{1}{x}} = e] \\ &= N_0 \ e^{rt} \qquad (4.1) \end{aligned}$$

가 된다. 이 식이 개체군의 기하급수적 증대를 기술하는 식이고, 그림으로 나타내면 〈그림 4-1〉과 같다.

그림에서 보는 바와 같이 시간의 경과에 따라 개체군은 무한히 증가하고 있다. 그러나 기하급수적 증대는 특수한 경우인 개체군의 발생 초기에 일시적으로 나타나

지만 자연에 있어서 기하급수적으로 무한히 증가하는 개체군은 없다. 따라서 위 식으로 개체군의 증대를 기술하기에는 무리가 따른다.

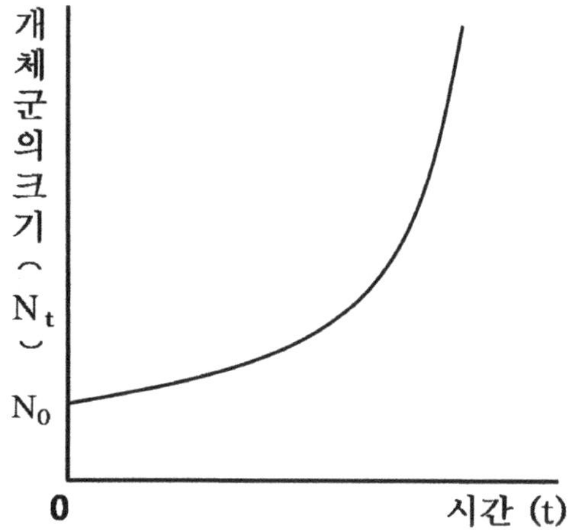

〈그림 4-1〉 개체군의 기하급수적 증대

따라서 $N_t = N_0\ e^{rt}$의 식을 생물학적으로 음미해 보면, 시점 t와 이 시점에서 Δt 만큼 경과한 시점 $t + \Delta t$에 있어서의 개체군의 크기 N_t와 $N_{t+\Delta t}$ 는 각각

$$N_t = N_0\ e^{rt}$$

$$N_{t+\Delta t} = N_0\ e^{r(t+\Delta t)} = N_0\ e^{rt} \cdot e^{r\Delta t} = N_t\ e^{r\Delta t}$$

와 같다. 이 Δt 시간 간격에 있어서 개체군의 증대량 ΔN_t 라 하면

$$\Delta N_t = N_{t+\Delta t} - N_t = N_0\ e^{r(t+\Delta t)} - N_0\ e^{rt} = N_0\ e^{rt} \cdot e^{r\Delta t} - N_0\ e^{rt} = N_0\ e^{rt}\ (e^{r\Delta t} - 1) = N_t\ (e^{r\Delta t} - 1)$$

이 된다. 따라서 시간 t에서 $t + \Delta t$로 Δt 만큼 경과할 동안의 개체군의 증대속도는

$$\frac{\Delta N_t}{\Delta t} = \frac{1}{\Delta t} \cdot N_t\ (e^{r\Delta t} - 1)$$

로서 나타낼 수 있다.

시점 t에 있어서의 개체군의 순간 증대속도는 위 식에서 Δt를 무한히 짧게 잡으면 구할 수 있다. 시점 t에 있어서 개체군의 순간 증대속도를 $\frac{dN_t}{dt}$ 라 하면

$$\frac{dN_t}{dt} = \lim_{\Delta t \to 0} \frac{\Delta N_t}{\Delta t} = \lim_{\Delta t \to 0} \frac{1}{\Delta t} N_t\ (e^{r\Delta t} - 1)$$

가 성립된다. 여기서 N_t는 Δt의 영향을 받지 않으므로

$$\frac{dN_t}{dt} = N_t \lim_{\Delta t \to 0} \frac{1}{\Delta t} (e^{r\Delta t} - 1)$$

로 바꿀 수 있다.

여기서 $e^{r\Delta t}$ 를 무한급수로 전개하면

$$e^{r\Delta t} = 1 + r\Delta t + \frac{(r\Delta t)^2}{2!} + \frac{(r\Delta t)^3}{3!} + \cdots\cdots$$

이므로 $$\frac{dN_t}{dt} = N_t \lim_{\Delta t \to 0} \frac{1}{\Delta t} \{[1+r\Delta t+\frac{(r\Delta t)^2}{2!} + \frac{(r\Delta t)^3}{3!} + \cdots]-1\}$$

$$= rN_t \lim_{\Delta t \to 0} \{1 + \frac{r\Delta t}{2!} + \frac{(r\Delta t)^2}{3!} + \cdots\}$$

가 되고, $\lim_{\Delta t \to 0} \{1 + \frac{r\Delta t}{2!} + \frac{(r\Delta t)^2}{3!} + \cdots\} = 1$이 되므로

$$\frac{dN_t}{dt} = rN_t \qquad (4.2)$$

위 식에서 양변을 N_t로 나누면

$$\frac{1}{N_t}\frac{dN_t}{dt} = r \qquad (4.3)$$

이 된다.

식 (4.2)는 개체군의 증대속도는 자원량에다 자연증가율을 곱하면 된다는 것이고, 식 (4.3)은 개체군 1마리의 증대속도는 자연증가율이라는 의미이다.

즉, 위 식은 시점 t에 있어서의 개체군의 크기 N_t의 한 개체당의 순간증대속도인 $\frac{1}{N_t}\frac{dN_t}{dt}$ 가 개체군의 밀도와는 관계없이 r로서 일정하다고 가정하고 있다. 이것은 $r = b - d$식에 비추어 볼 때 출생률 b와 사망률 d가 개체군의 밀도와는 독립적으로 일정함을 전제로 하고 있다. 이것을 그림으로 나타내면 〈그림 4-2〉와 같다. 기하급수적 증대는 출생률과 사망률이 개체군의 밀도와는 관계없이 밀도 독립적으로 작용함을 가정하고 있다.

2) 로지스틱 증대(Logistic)

개체군의 크기가 증대하면 증대 초기 단계에 있어서는 분포범위도 확대되고, 개체가 이용할 수 있는 먹이와 공간 등은 어느 수준에서 거의 일정하게 유지된다.

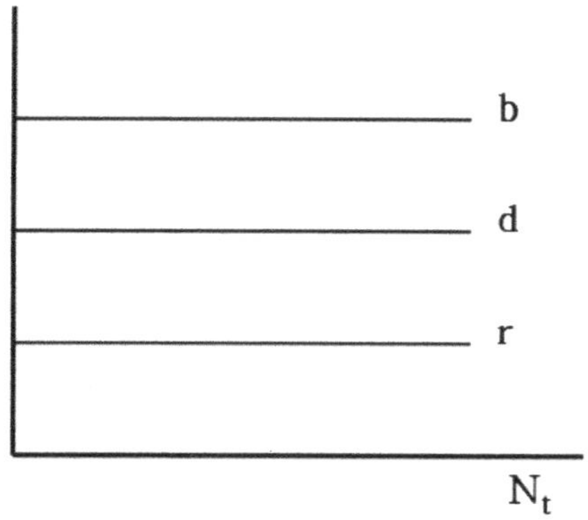

〈그림 4-2〉 밀도 독립적인 출생률, 사망률 및 자연증가율

그러나 서식하는 분포범위의 확대는 개체군의 환경에 대한 인내의 한계 내에서만 가능하다. 어느 단계에 가서는 분포범위의 확대는 둔화되기 시작하여 종국적으로 정지될 것이고, 이때부터 개체군의 밀도는 급격히 증가한다.

밀도의 증가에 따라 한 개체가 향유할 수 있는 먹이와 공간은 차츰 적어져, 개체간에 먹이와 공간을 두고 일어나는 경쟁은 치열해지고, 포식동물에게 발견되는 기회는 많아지며, 자신의 신진대사에 의한 노폐물의 악영향은 커지고, 또한 분포범위의 주변부에서는 부적환경과 조우하는 경우가 많아질 것이다. 이에 따라 개체의 생활조건은 밀도의 증가에 따라 차츰 악화되어 점차적으로 출생률은 떨어지고 사망률은 증가한다.

이와 같이 개체군의 밀도증가로 인해 출생률은 감소하고 사망률이 증가할 때의 출생률과 사망률은 밀도 종속적이다. 밀도 종속적인 출생률과 사망률이 직선적으로 개체군의 증대에 작용한다면, 그 결과로 자연증가율 r은 〈그림 4-3〉과 같이 개체군의 밀도에 따라 직선적으로 감소한다. 출생률의 감소직선과 사망률의 증가직선이 교차하는 점에서 자연증가율은 0이 되어 개체군의 증대는 정지된다.

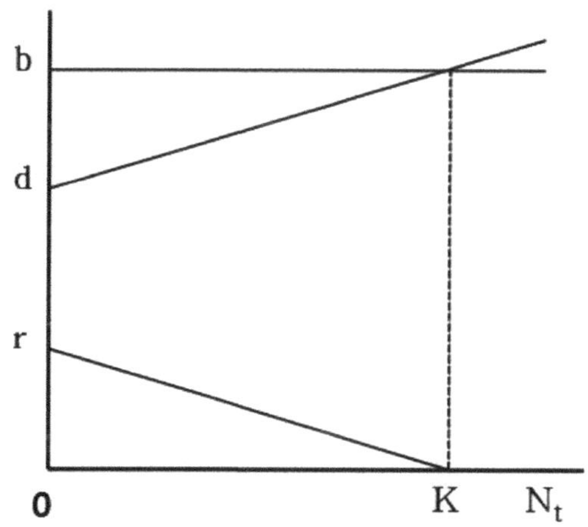

〈그림 4-3〉 밀도 종속적인 출생률, 사망률 및 자연증가률

이때의 개체군의 크기를 K라고 하면, 이 K를 넘어서 개체군의 밀도가 증가할 경우에는 사망률이 출생률을 능가하므로

개체군은 감소하여 K쪽으로 돌아온다. 따라서 K는 개체군의 생활구역 내의 수용능력을 의미한다.

자연증가율은 개체군의 밀도함수이므로

$\frac{1}{N_t}\frac{dN_t}{dt} = r$의 식을 $\frac{1}{N_t}\frac{dN_t}{dt} = f(N_t)$로 고칠 수 있다.

$f(N_t)$의 구체적인 방정식은 〈그림 4-3〉에서 알 수 있는 바와 같이 종축의 r과 횡축 K를 지나는 감소직선이므로

$$f(N_t) = r - \frac{r}{K}N_t = r(\frac{K - N_t}{K})$$

가 된다. 그러므로

$$\frac{1}{N_t}\frac{dN_t}{dt} = r(\frac{K - N_t}{K})$$

로 되고, 이식과 같은 순간증가속도로서 증대되는 개체군의 시점 t에 있어서의 크기는, 위 식의 미분방정식을 풀면

$$N_t = \frac{K}{1 + e^{a - rt}} \qquad (4.4)$$

로 된다. 이식이 밀도 종속적인 출생률과 사망률을 고려한 고전적인 형태의 Logistic 방정식에 해당된다.

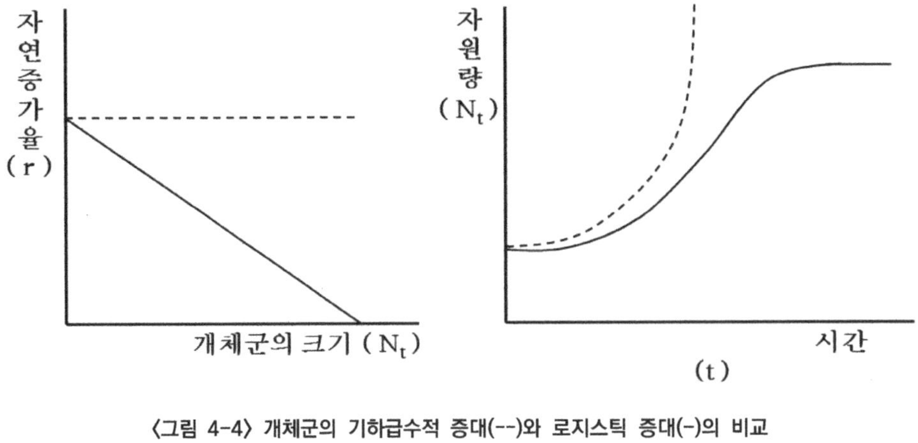

〈그림 4-4〉 개체군의 기하급수적 증대(--)와 로지스틱 증대(-)의 비교

개체군의 기하급수적인 증대와 Logistic 증대의 차이를 그림으로 나타내면 〈그림 4-4〉와 같다.

2. 개체군의 크기 변동

로지스틱 증대법칙에 따르는 개체군은 어느 수준의 크기에서는 그 이상으로 증대하지 않는다. 그러나 자연 개체군에 있어서 개체군의 크기가 생활구역의 수용능력 K에서 언제나 일정하게 유지되는 경우는 없다.

모든 자원생물은 정도의 차이는 있지만 매년 크기가 변동한다. 이 변동이 어황에 반영됨으로써 풍어의 해가 있는가 하면, 그 반대로 흉어의 해가 계속되는 수가 있다. 과거 우리나라에서 한때 대량으로 어획되었던 정어리 자원의 변동은 좋은 예가 된다. 여기서 개체군의 크기가 변동되는 까닭을 살펴보기로 한다.

과거로부터 현재에 이르기까지의 개체군의 크기를 보면, 어떠한 자원생물도 〈그림 4-5〉와 같이 변동을 하고 있음을 알 수가 있다. 이 그림으로부터 다음과 같은 2가지의 의문이 생긴다. 첫째는 왜 개체군이 계속 증대하지 못하는가? 둘째는 왜 개체군은 변동을 하는가?

첫째의 의문에 대해서는 앞에서도 언급이 되었지만, 개체군의 크기가 계속 증대하려면 출생률 b가 사망률 d보다 항상 높은 값을 나타내어 자연증가율 r이 0보다 커야만 한다. 〈그림 4-2〉와 같이 출생률 직선이 사망률 직선보다 항상 높은 위치에 있으면 개체군은 〈그림 4-1〉과 같이 기하급수적으로 증가를 할 것이다.

개체군의 증대가 둔화하고 정지하려면 〈그림 4-3〉과 같이 사망률 직선이 출생률 직선에 차차 접근하여 서로 만남으로써 자연증가률이 0이 되는 교점이 있어야 한다. 출생률 직선과 사망률 직선이 교차하려면 출생률과 사망률 중 적어도 어느 한쪽이 밀도효과의 영향을 받아 밀도 종속적이어야만 한다.

어떠한 자원의 개체군에 있어서도 그 크기는 무한히 증가하지 않는다. 개체군이 계속 증대하지 못하는 것은 출생률과 사망률 중 적어도 어느 한쪽이 밀도 종속적이며, 〈그림 4-3〉에서 보는 바와 같이 출생률 직선과 사망률 직선은 차츰 접근하여 만나게 되어 자연증가율이 0이 되는 교차점이 나타난다.

만약에 이 출생률 직선과 사망률 직선이 모두 불변이라면 개체군의 크기는 궁극적으로 유일하게 정해진 K_1 값에 수렴할 것이다. 그러나 출생률 직선과 사망률 직선 중 적어도 어느 한 쪽이 위치의 변화를 〈그림 4-6〉과 같이 일으키면 두 직선의 교차점의 위치가 바뀌므로 교차점의 위치가 바뀌는 범위 안에 있는 개체군의 크기에는 출생률과 사망률의 대소 관계가 뒤바뀌기 쉽고, 대소 관계가 바뀔 때마다 개체군의 크기는 이전의 K_1에서 새로이 설정된 K_2로 향하여 변동한다.

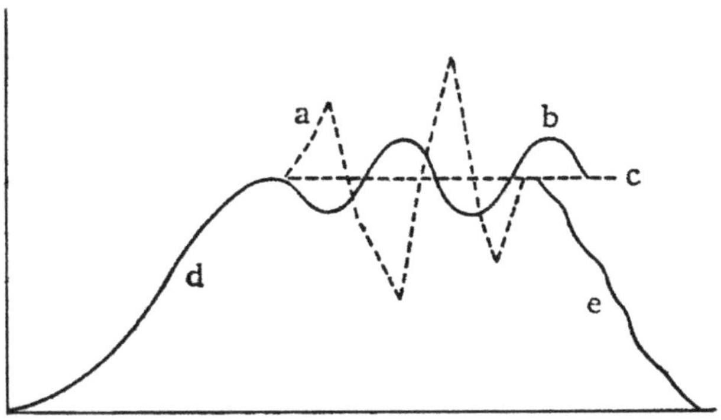

〈그림 4-5〉 개체군의 크기의 변동 모식

a. 불규칙 변동 b. 규칙 변동 c. 평형 d. 증대 e. 감소, 소멸

이와 같이 개체군의 크기가 수시로 증가와 감소를 번갈아 하는 것은 개체군의 증대에 직접 관련되는 출생률과 사망률의 대소 관계가 변동하기 때문이다.

수산자원의 출생률을 결정하는 기본요인은 산란수이다. 산란수는 종의 특징으로서 종마다 거의 일정하며, 개체군의 밀도나 환경의 영향을 크게 받지 않는다. 이에 비하여 사망과정은 1년 중 산란기에만 국한해서 일어나는 출생률과는 달리 연중 진행되며, 개체군의 밀도와 환경의 변화에 민감하게 반응을 나타낸다. 개체군의 크기가 계속 증대하지 않고 어느 수준을 넘지 않으면서 증감을 반복하는 주된 원인은 주로 사망률이 밀도 종속적으로 작용하고, 또 그 작용하는 양상이 항상 변화하는데 있다고 할 수 있다. 즉, 개체군의 크기가 계속 증대하지 않고, 증가와 감소를 번갈아 나타내는 것은 난기와 자어기의 사망률 변동에 기인한다.

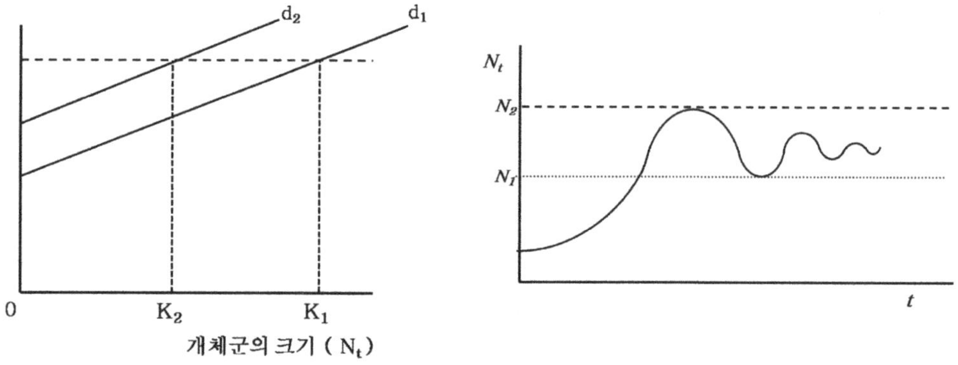

〈그림 4-6〉 수용능력(K)과 개체군의 크기 변동

3. 자원량의 변동 요소

어업의 입장에서 수산자원생물을 볼 때 개체군을 어획의 대상이 되는 것과 대상이 되지 않는 두 계층으로 나누어 생각할 필요가 있다.

어업에서 말하는 자원량이란 어느 때 어느 장소에 분포하는 어획의 대상이 되는 개체의 총수 또는 총체중을 계군단위로 나타낸 것이다. 따라서 자원량의 변동을 다른 각도에서 살펴보기로 한다.

어느 시점 t에 있어서 어획자원의 중량을 P_t라 하고, 임의의 한 단위 시간 후의 어획자원의 중량을 P_{t+1}이라 하면, 어획자원은 이 기간 동안에 어획과 자연의 원인으로서 사망하여 감소하는 반면에 생잔개체는 성장하여 자원중량에 보탬을 준다. 한편 예비자원으로 있던 치어가 성장함에 따라 이 기간 동안에 어획자원으로 가입된다. 이 가입량을 R_t, 생잔개체의 성장을 통한 증중량을 G_t, 자연원인에 의한 사망량을 D_t, 어획에 의한 사망량을 Y_t라 하고, 다른 계군과 양적 교섭이 없으며, 환경이 일정하여 자원의 변동에 영향을 끼치지 않는다는 조건에서는

$$P_{t+1} - P_t = (R_t + G_t - D_t) - Y_t \tag{4.5}$$

로 나타낼 수 있다. 이 관계식을 Russell의 방정식이라 부른다. 이 식의 R_t, G_t,

D_t, Y_t는 자원의 변동요인이다. 그 중 R_t, G_t, D_t는 인간에 의하여 좌우되는 것이 아니므로 자연증가량이라 부르고, 자연증가량이 어획량보다 크면 자원량이 증가할 것이고, 그 역이면 자원량은 감소할 것이며, 서로 같으면 평형상태가 될 것이다.

$$R_t + G_t - D_t > Y_t \quad : \text{자원량 증가}$$

$$R_t + G_t - D_t < Y_t \quad : \text{자원량 감소}$$

$$R_t + G_t - D_t = Y_t \quad : \text{평형상태}$$

따라서 자원을 감소시키지 않고 어획하려면 자원의 자연증가량에 관여하는 가입, 성장, 자연사망의 3가지 변동요소가 작용하는 구체적인 법칙을 알아야만 할 것이다. 그러나 이들은 서로 밀접한 관계를 가지고 있고, 자원의 종류에 따라서는 상대적인 중요성과 작용 법칙이 달라지므로 어느 하나도 간단히 파악될 수가 없다.

그러므로 다음 장부터는 위와 같은 Russell 방정식에 나오는 자원량의 변동요소들을 한 가지씩 살펴보기로 한다.

제 5장 가입과 어구의 선택성

1. 가입

1) 재생산력

연간 가입량(加入量)의 크기는 연간 사망량의 크기와 함께 자원의 규모를 결정하는 중요한 요소이며, 가입량은 자원감소에 대한 복원력이 된다. 가입량은 그 자원이 보유하고 있는 재생산력(再生産力)에 의존하며, 재생산력은 생식력(生殖力)과 환경도태에 대한 저항력에 의해 결정된다. 여기서 생식력은 연간 산란량의 규모로 표현할 수 있고, 환경도태에 대한 저항력은 부화율과 살아남는 생존율(生存率)로 표현할 수 있다. 어류는 알에서 부화한 후부터 난황을 흡수하고 먹이를 먹기 시작할 때까지 매우 많이 죽기 때문에 이 기간 동안의 생존율은 알로 산출될 때 알 속에 내재되어 있는 저항력에 의하여 결정된다고 볼 수 있다. 그러므로 많은 알을 낳는 어류의 알은 작고, 부화율과 유어기의 생존율이 낮으며, 낳는 알의 수가 적은 어류의 알은 크고, 부화율과 유어기의 생존율도 높다.

그러므로 재생산력은 단순히 산란량만으로 표현되는 것은 아니다. 산란량을 E, 산출된 알의 부화율을 h, 가입할 때까지의 생존율을 ρ라 하면, 재생산력 R은

$$R = E \cdot h \cdot \rho \qquad (5.1)$$

로 표현된다.

예비자원의 연령(t)별 자연사망계수를 M_t라 하면, 연간생존율 ρ_t는

$$\rho_t = \frac{N_{t+1}}{N_t} = \frac{N_o e^{-Z(t+1)}}{N_o e^{-Zt}} \quad (N_t = N_o e^{-Zt})$$

$$= \frac{N_o e^{-Zt} \cdot e^{-Z}}{N_o e^{-Zt}}$$

$$= e^{-Z} \qquad (Z = \text{감소계수})$$

여기서 가입되기 전에는 자연사망에 의해서만 감소되기 때문에

$$\rho_t = e^{-M_t} \tag{5.2}$$

가 되며, 가입연령을 t_r이라 하면

$$R = E \cdot h \cdot \exp(-\int_0^{t_r} M_t \cdot t\, dt)$$

이다. 가입할 때까지 자연사망계수가 일정하다고 하면

$$R = E \cdot h \cdot \exp(-M \cdot t_r)$$

$$= E \cdot h \cdot e^{-M \cdot t_r} \tag{5.3}$$

이 된다.

여기서 자연사망계수 M 과 가입할 때까지 걸리는 기간 t_r은 서로 연동적이게 된다. 즉, 많이 죽으면 남은 개체의 밀도가 낮아져서 성장이 빨라지게 되어 가입연령이 작아지고, 반대로 적게 죽으면 사망계수가 작아지며, 살아있는 개체수가 많아져서 개체당 먹이분배량이 줄어들어 성장이 둔화되므로 출생부터 가입할 때가지 기간이 많이 걸리게 된다.

2) 성숙과 산란

(1) 성숙

수산자원은 자율갱신 자원으로서 재생산에 의하여 유지·보존되며, 자원량의 변동도 재생산의 성공여부에 의해 좌우된다. 재생산에 관한 연구는 그 중요성에 비하여 충분히 연구되지 못한 실정인데, 이같은 원인은 초기 생활사 단계에 있어서 자원생물의 생활과 그 환경의 복잡성에 기인한 것으로 보인다. 이 재생산의 주체는 자원생물의 성숙과 산란의 과정인데, 여기서 고려하여야할 사항은 성숙연령과 성숙도를 추정하는 문제이다.

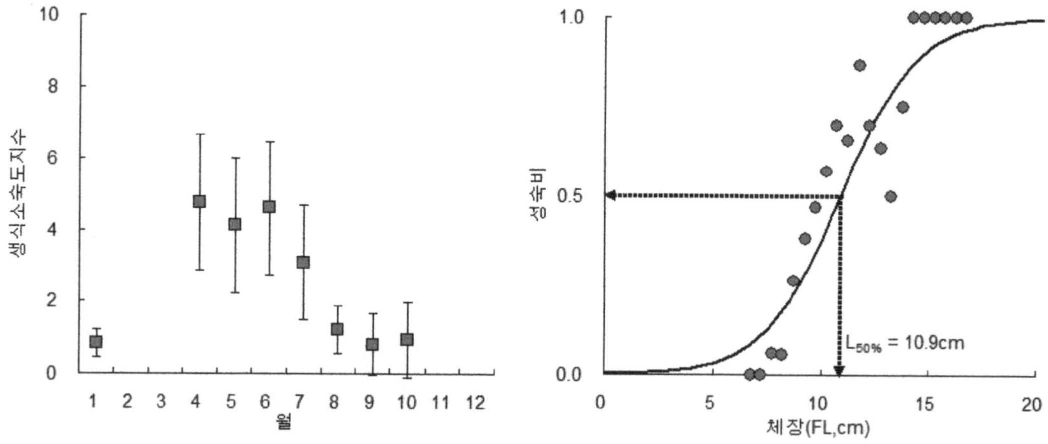

〈그림 5-1〉 멸치의 생식소 숙도지수 변화와 군성숙 체장

성숙연령은 자원량의 변화에 따라 달라지는 경향이 있다. 자원이 감소하게 되면 상대적으로 개체당 먹이량이 증가하여 개체의 영상상태가 좋아짐으로써 성장률이 높아져서 성숙연령이 저하된다. 이와 같이 성숙연령이 낮아지면 친어의 자원량은 증대되어 산란량도 증대된다. 집단의 성성숙 연령(性成熟年齡)은 암컷의 개체수 중에서 50%의 개체가 성숙되어 있는 연령으로써 나타낸다.

예를 들어 〈그림 5-1〉과 같이 멸치의 생식소 숙도지수 변화와 군성숙 체장을 나타내면, 멸치의 생식소 숙도지수의 월 변화는 주 산란기인 4~7월에 비교적 높은 값을 나타냈으며, 8월 이후에는 감소하는 경향을 보였다. 멸치의 성성숙도를 이용하여 추정한 50%의 군성숙 체장은 10.9cm로 나타났는데, 이를 연령으로 나타내면 부화 후 8~10개월 정도인 크기이다. 그런데 어민들의 이야기를 종합하여 보면, 멸치는 부화 후 6개월 정도 된 체장이 8cm 정도 되는 멸치도 산란에 참여한다고 한다.

(2) 산란

① 산란기와 산란장

수산자원은 일반적으로 고유의 산란기와 산란장을 가지고 있다. 냉수성 어류의 산란기와 산란장은 대개 어느 범위에 한정되어 있으나 온수성 어류의 경우는 산란장이 넓고 산란기도 대개는 길다.

산란기와 산란장을 조사하기 위해서는 생식선의 성숙도, 숙도지수, 비만도

〈표 5-1〉 우리나라 연근해 주요 어종들의 산란기, 산란수와 난경

어종	산란기(월)	산란수(1,000)개	난의 직경(mm)
가다랑어	봄~가을초		0.85~1.00
갈치	4~8	14~76	1.35~1.80
감성돔	3~7		0.75~0.93
고등어	5~6	10	
꽁치	5~8	1.5~9	
넙치	2~6	140~400	0.80~1.00
농어	봄	180~220	
눈퉁멸	4~6	5~15	1.23~1.33
대구	12~4	2,000	1.35~1.60
도루묵	11~12	1	
돌가자미	12~3		1.00~1.50
돌돔	4~7	7,500	
말쥐치	4~6	220~790	
멸치	봄, 가을		1.08~1.60
명태	12~2	250~1,000	1.35~1.45
문어	봄~여름	50	2.50×8.00
민어	7~9	720~2,160	
뱀장어	2~5	7,000~12,700	
보구치	5~8	20	
보리멸	6~8	160	0.63~0.67
복섬	5~8	6.8~92.3	
붉돔	10~12		0.90~1.10
붕장어	4~5	4,300	0.26~0.31
살오징어	1~3, 6~11	30~500	0.70×1.00
삼치	4~6		1.60~1.86
성대	4~6		0.80~1.00
아귀	4~8		1.60~1.77
양태	5~7		1.10~1.25
연어	10~12	2~6	
전어	3~6	130~150	
정어리	12~6	20~50	1.14~1.65
쥐치	5~8	150	
참가자미	4~6		
참돔	4~7	200~300	0.90~1.10
참조기	3~6	30~70	
칠성장어	4~8	80~110	
학공치	4~7	3	
홍어	가을~이른 봄	0.004~0.005	4.8~6.6
황다랑어	일년 내내	3,000~7,000	

등의 시간적·공간적 변화를 조사하여야만 하며, 난소를 조직학적으로 관찰하기도 한다. 간접적으로는 난이나 자어의 출현 시기나 장소를 조사함으로써 산란기와 산란장을 유추할 수도 있으며, 우리나라 연근해에서 어획되는 주요 어종의 산란기를 나타내면 〈표 5-1〉과 같다.

② 포란수

포란수(抱卵數)는 암컷 1개체가 1산란기 동안 품고 있는 성숙된 난수를 의미한다. 즉, 산란 직전의 난소에 보이는 성숙중인 알 수를 뜻한다. 포란수는 종에 따라 차이가 있는데, 보통 부성란을 산출하는 어류는 점착란이나 침성란을 산출하는 어류보다 포란수가 많다. 또한, 동일종이라도 어체의 크기나 연령, 서식밀도, 환경조건 등에 따라 포란수가 다르다. 체중이나 체장에 대한 포란수는 각각 직선 및 지수함수적인 관계가 있으며, 성장함에 따라 포란수는 증대하게 된다. 그리고 동일종에 있어서도 포란수는 해마다 다를 수가 있는데, 이는 부화시의 성장상태나 먹이의 양과 관련이 있는 것으로 알려져 있다.

산란수는 난소에 들어 있는 알 중에서 산출되는 수를 나타내며, 포란수와는 의미가 다르다. 산란은 그 종이 갱신과정을 통하여 생명을 연속하는, 살아남는 생존의 차원에서 이루어지고 있다. 다산(多産)이 요구되면 모체가 치사수준에 이르기까지도 모체에 축적된 체물질을 알의 성숙에 동원한다. 반면에 산란억제가 요구될 때는 완숙한 알 모두를 붕괴 흡수하기도 한다.

산란수의 규모는 가입량의 정도를 추정하는데 중요한 정보가 되므로 우리나라 연근해에서 어획되는 주요 어종의 산란수를 나타내면 〈표 5-1〉과 같다.

③ 난의 분류

어류의 알을 분류하면 크게 태생어란, 난태생어란, 난생어란으로 나눌 수 있다.

태생어란이란 육상의 동물과 같이 새끼로 낳는 것을 말하며, 망상어(10~30마리), 별상어(10마리), 귀상어(30~36마리) 등과 같이 대부분이 연골어류에 속한다.

난태생은 여러 가지의 형이 있으나 교미상태가 뚜렷하지 못한 것이 많으며, 난소가 미숙할 때 벌써 난소강에 들어가 저장되고, 수컷이 암컷보다 빠르게 성숙하며, 이에 속하는 어종으로는 볼락과 쏨뱅이가 있다.

난생은 대부분의 경골어류에서 볼 수 있으며, 난생어란은 난각란과 무난각란으로 나뉜다.

난각란은 난의 껍질이 계란과 같이 단단한 것으로서 괭이상어, 두툽상어, 은상어, 홍어(140~180mm, 4~5개) 등이 이에 속한다.

무난각란은 다시 부성란과 침성란으로 나뉜다. 부성란은 비중이 바닷물의 비중보다 작아 뜨는 것으로 유구란과 무유구란으로 나뉜다.

유구란이란 표층에 유구(Oil globule)가 있는 것으로서 도미와 정어리와 같이 1개가 있는 것이 있고, 붕장어, 가물치와 복어처럼 여러 개 있는 것도 있다.

무유구란은 멸치의 난이며, 난황에 구열이 있다.

침성란은 비중이 바닷물의 비중보다 커서 가라앉는 난으로 점착란과 비점착란으로 나뉜다.

점착란은 점액, 막과 용모 등을 이용하여 해초 등에 붙는 난으로, 난이 낱개로 분리되는 분리난과 공, 덩어리와 띠 모양으로 된 밀집난이 있다. 분리난에는 잉어, 붕어, 복어, 대구 등과 같이 점액에 의해서, 은어, 빙어, 뱅어와 같이 막에 의해서, 날치, 꽁치, 학꽁치 등과 같이 용모에 의해서 점착되는 난도 있다. 밀집란에는 공 모양으로 난을 낳아놓는 베도라치, 덩어리 모양으로 낳아놓는 청어, 쥐노래미, 꼼치, 띠 모양으로 낳아놓는 아귀가 있다.

비점착란은 비중이 바닷물보다 크기 때문에 가라앉으나 어디에도 붙지 않는 난으로 연어와 송어가 이에 속한다.

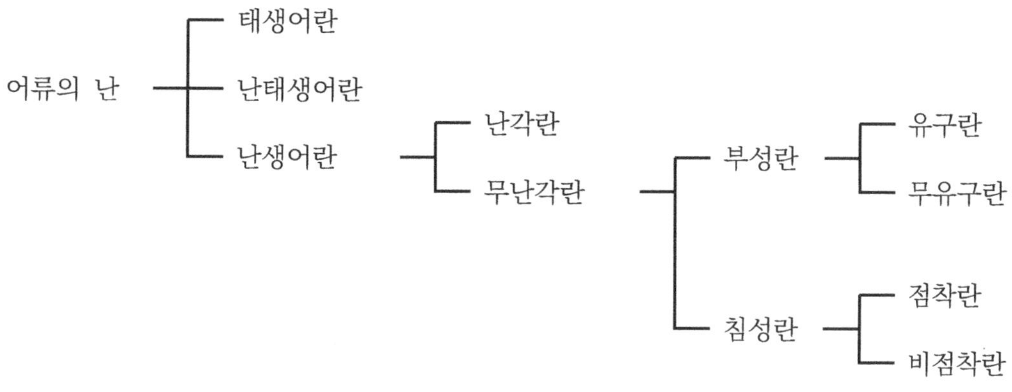

〈그림 5-2〉 어류 난의 분류도

3) 초기감소(감모)

(1) 원인

Harding(1974)에 의하면 수산자원의 초기감소 원인은

ⓐ 어릴 때의 환경수온

ⓑ 먹이의 질적인 부적합과 양적인 부족

ⓒ 같은 먹이를 요구하는 다른 종과의 경쟁

ⓓ 자체밀도

ⓔ 포식자에 의해 잡혀 먹힘

등이 있으며, 그 외 알과 자치어기를 거치는 동안에 해류와 조류 등의 흐름에 실려 부적합한 환경으로 운반되는 경우(표류성 치자의 출현)에는 거의 전멸된다고 한다.

초기사망의 정도는 연급군의 규모와 장래 어획잠재량을 결정하는데 중요한 변수가 되지만, 초기사망의 원인과 사망과정을 자세히 이해하게 된다고 하더라도 자연에서 자원의 규모를 인위적으로 조절하는 수단으로써 초기사망을 인력으로 줄인다는 것은 불가능하다. 그러나 초기사망의 정도를 추정하는 것은 생물자원의 진단, 예보 및 관리에 필요한 자료가 된다는 점에서 초기사망의 요인들을 이해하는 것은 매우 중요하다.

(2) 초기생존에 필요한 먹이조건

부화 직후의 어린 자어들은 당장 필요한 에너지들을 난황으로부터 흡수하지만 2~3일 이후에는 외부로부터 먹이를 섭취하여 조달하여야만 한다. 지금까지의 견해로는 난황흡수가 끝난 뒤부터 수일간이 가장 위험기로 보고 있다.

이때의 먹이는 초기생존에 매우 중요하므로 먹이를 이용하는 자어의 입장에서 요구되는 먹이의 조건을 나열하면,

첫째는 먹이의 크기가 적당하여야만 한다. 자어의 입으로 섭취할 수 있는 크기여야 한다. 알의 직경이 작은 어종은 자어가 처음 먹을 수 있는 먹이는 매우 작은 것에 한정된다.

둘째는 자어가 그 먹이를 소화해 낼 수 있어야만 한다. 어떤 종류의 자어는 녹색편모조류들을 소화시킬 능력이 없는 것으로 알려져 있다.

셋째는 먹이의 밀도가 어느 수준 이상이어야만 한다. 자어의 유영능력이 매우 미약하므로 먹이를 인식하고 잡아먹을 수 있는 거리는 매우 가깝기 때문에 먹이를 만날 가능성이 높을 필요가 있다. 즉, 먹이를 먹기 위하여 소비하는 운동에너지보다 먹는 것의 가용에너지가 커야만 한다는 한계가 있다. 자어가 먹이를 먹고 성장함에 따라 매일 소비되는 먹이량은 지수함수적으로 증가하므로 먹이의 수요와 공급의 불균형이 초래되기 쉽다.

4) 가입

가입이란 자원생물이 어획자원으로 들어가는 과정을 말한다. 〈그림 5-3〉에서 알 수 있는 바와 같이 가입은 2단계에 걸쳐서 이루어진다.

첫째 단계는 자원생물이 어장 내로 들어오는 어장가입 단계이다. 자원생물의 분포구역에 있어서 성육장, 산란장, 색이장, 월동장 등의 어느 것이라도 어장이 될 뿐만 아니라 이들 간의 회유경로도 어장이 된다.

둘째 단계는 어장으로 가입한 자원생물이 어장 내에서 성장하여 어장 내의 어업에서 사용되는 어구의 망목에 걸리는 크기에 도달하는 과정, 즉 어구가입 단계이다. 이와 같은 2단계의 과정을 거친 자원은 본격적으로 어획의 대상이 된다. 2단계의 가입과정은 자원생물의 종에 따라 분리되는 경우도 있고, 동시에 일어나는 경우도 있다.

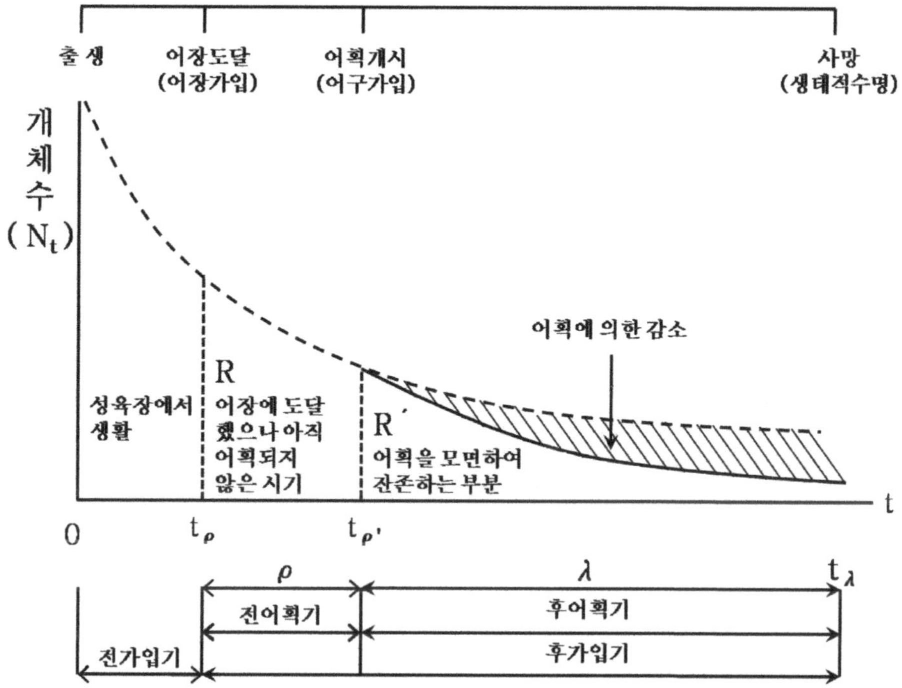

〈그림 5-3〉 자원생물의 가입상황과 개체수의 감소

어장 및 어구에 가입하는 연령은 어장과 어구의 망목이 각각 일정하면 자원생물의 종류마다 일정한 발육단계와 성장에 따라 거의 일정하다. 그러나 어획의 양상을 바꾸면 가입연령은 달라진다. 그리고 어느 단계의 가입도 일시에 이루어지는 것은 아니고, 〈그림 5-4〉와 같이 수년에 걸쳐 서서히 이루어진다. 즉, 성장이 빠른 것은 빨리 어구가입 단계에 이르게 되고, 늦은 것은 늦게 도달한다. 그러므로 시간에 따른 어획대상 자원미수의 변화가 〈그림 5-4〉와 같이 된다. 이와 같이 되는 또 다른 이유는 이들 어류의 크기가 어구가입 단계에 도달했어도 있는 장소가 성어와 다른 곳에 있던지 하여 어획대상에서 제외되었기 때문이다.

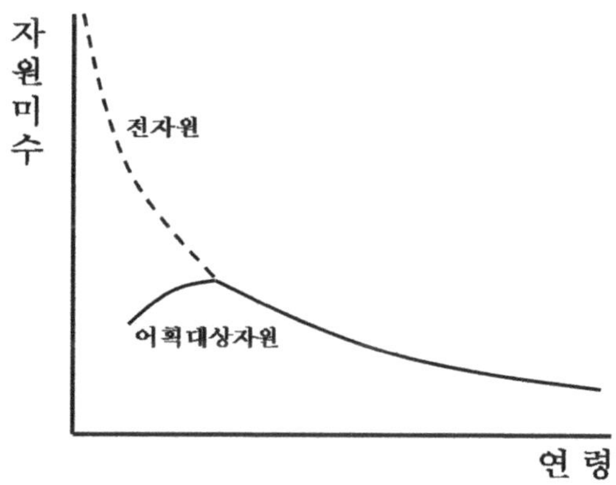

〈그림 5-4〉 어획대상자원의 자원미수 변화

어구가입 단계를 결정하는 것은 전적

으로 어획을 어떻게 하느냐에 달려있다. 즉, 사용하는 망목의 크기를 얼마로 하느냐, 작은 망목을 사용하면 가입은 빨리 오고, 큰 망목을 사용하면 늦게 올 것이므로 가입의 시기를 결정하는데 에는 자연사망을 고려하여야만 할 것이다

가입한 자원량은 시간의 경과에 따라 사망하여 점차 감소된다. 이러한 감소가 일정한 비률, 즉 등비적으로 이루어진다고 보면, 자원량 N, 시간을 t, 감소계수를 Z라 하면 식 (4.3)에서와 같이

$$\frac{1}{N_t}\frac{dN_t}{dt} = -Z \tag{5.1}$$

인 관계가 성립된다. 따라서 위 식의 미분방정식을 풀면

$$N_t = ce^{-Zt}$$

이다. 위 식에 $t = 0$일 때를 대입하면 $N_0 = c$ 가 되므로

$$N_t = N_0 e^{-Zt} \tag{5.2}$$

이다. 그리고 생잔률 ρ

$$\rho = \frac{N_{t+1}}{N_t}$$

이므로, 이 식을 위 식에다 대입하면

$$\rho = \frac{N_0 e^{-Z(t+1)}}{N_0 e^{-Zt}}$$

$$\rho = e^{-Z} \tag{5.3}$$

이다. 여기에서 N_0는 초기 자원량이므로 이것을 가입량 R로서 표시하면 가입량 R의 미수 변화는 〈표 5-2〉와 같다.

만일 가입량이 위와 같이 일시에 가입하고 가입량이 매년 동일하며, 생잔률 ρ가

〈표 5-2〉 가입된 자원량의 연령에 따른 미수 변화

연령	3	4	5	6	7	....	t
미수	R	Re^{-Z}	Re^{-2Z}	Re^{-3Z}	Re^{-4Z}	....	Re^{-Z}
	R	$R\rho$	$R\rho^2$	$R\rho^3$	$R\rho^4$	....	$R\rho^t$

일정하다고 하면 1년간의 연령조성도 〈표 5-2〉와 같은 형으로 나타날 것이다.

어구가입 연령은 이용자원에 가입하기 전의 소형 어체까지도 어획할 수 있는 망목의 어구 A와 실제로 조업현장에서 사용되는 망목어구 B를 동시에 나란히 끌어서 A, B 두가지 망목으로 각각 어획된 두 어획물의 체장별 마리수를 비교하여 추정한다.

즉, 〈그림 5-5〉와 같이 작은 망목 A의 어획 마리수에 대한 큰 망목 B의 어획 마리수의 비를 체급별로 구하여 이 비가 50%로 나타나는 체장을 가입체장으로 간주한다.

가입연령은 가입체장에 대응하는 연령을, 연령과 체장간의 관계를 나타내는 성장식으로부터 거꾸로 계산하여 추정한다. 이렇게 가입체장을 정하는 것은 이 체장보다 작은 어체는 모두 망목을 통과하고, 이 체장보다 큰 어체는 모두 망목을 통과할 수 없다고 가정하기 때문이다.

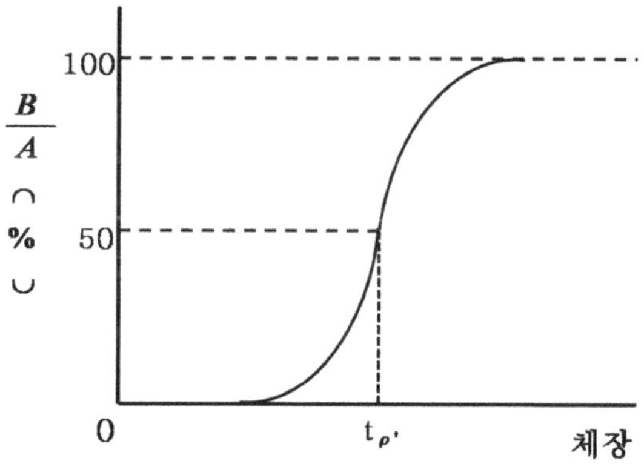

〈그림 5-5〉 어획 최소체장을 구하는 모식도

가입연령은 자원생물의 종류에 따라, 동일종이라도 계군에 따라, 그리고 동일 계군이라도 어법에 따라 다르다. 즉, 가입연령은 망목의 크기로써 조절할 수 있다.

그러나 가입량의 완전한 조절에는 아직 인간의 능력이 미치지 못한다. 그러므로 어업의 계획성에 있어서 다른 산업보다 크게 뒤떨어지는 가장 결정적인 이유가 바로 이런 점들에 있는 것이다.

가입량을 어미의 양과 관련시켜 보면, 가입량이 어미의 양에 의존해 결정되어지는 밀도 종속적인 과정과 어미의 양과는 무관하게 결정되어지는 밀도 독립적인 과정이 있다. 〈그림 5-6〉에서 "가" 곡선처럼 어미의 양이 많으면 많을수록 가입량은 어느 최대 수준에 접근하고, 어미의 양이 아무리 많아져도 이 수준에서 유지되는 경우이고, "나" 곡선처럼 어미의 양이 낮은 수준에서 차차 많아지면 가입량은 어느 한계까지는 증가하다가 어미의 양이 어느 수준을 넘어서면 오히려 가입량이 감소하는 경우이며, "다" 곡선처럼 가입량이 어미의 양과는 완전히 무관하게 결정되어 양자 간에 뚜렷한 관련을 찾아볼 수 없는 경우가 있다.

“가”의 경우는 가자미와 같은 저서어족에서 보이며, 일반적으로 저서자원의 가입량은 매년 거의 일정한 수준에서 안정되어 있다.

“나”의 경우는 연어에게서 잘 알려져 있다.

“다”의 경우는 청어, 정어리, 멸치 등과 같이 어획량의 변동이 심한 부어자원에서 발견된다.

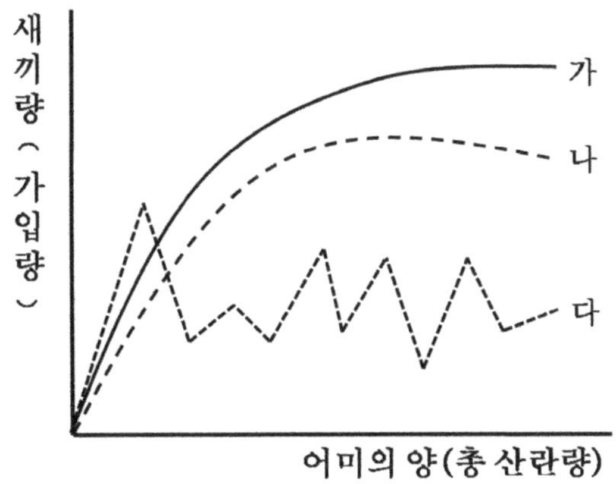

〈그림 5-6〉 어미의 양과 가입량과의 관계

가입량이 어미의 양에 대해서 밀도 독립적으로 결정되는 과정은 매우 중요하지만 아직까지도 깊이 연구가 되어있지 않다. 가입량에 영향을 미치는 밀도 독립적인 요인은 물리적 및 화학적 환경이다. 알, 자어 및 치어는 유영능력의 결여 또는 불충분으로 부적한 환경을 피하거나 호적한 환경을 적극적으로 찾지 못하므로 환경의 변화에 대단히 약하다.

어류는 초기 발육단계의 환경에 대한 취약성을 극복하고, 가능하면 생존율을 높일 수 있는 해역을 산란장으로 선정한다. 이 본능은 어류가 환경에 적응하여 진화하는 동안에 얻어진 성질이다.

그러나 풍랑이나 급변한 해류를 만나면 유기회유를 하고 있는 자어 및 치어는 성육장으로 가지 못하고, 생존에 부적당한 장소로 수송되는 표류성 치자가 된다. 일단 표류성 치자가 되면 성육장에 도달하기 어려우며, 생잔은 절망적이 된다. 특히, 발육단계가 자어전기에서 자어후기로 바뀌면 난황에만 의존하던 영양은 외부환경의 먹이로 바뀐다.

그런데, 먹이생물의 분포와 자치어의 분포가 겹치는 것은 순전히 우연한 일이다. 이 단계에서 먹이를 접하지 못하는 자어 및 치어는 굶주림으로 대량 폐사한다. 또한, 설사 먹이와 접하더라도 양적으로 풍부하지 않으면 성장이 나빠진다. 그 결과 자어기 및 치어기 기간이 연장되어 생잔확률이 낮아진다.

발육의 초기단계에서 부적한 환경으로 표류하거나 발육단계의 진행에 따라 변화하는 욕구가 충족되지 못하여 자치어가 대량으로 폐사함으로써 미가입자원이 줄어드는 것을 초기감소 또는 초기감모라 한다. 초기감모의 위험기를 무사히 넘긴 자치어는 성육장에서 급속히 성장하여 어획자원에 가입한다. 양적으로 예년에 볼 수 없는 높은 수준에서 어획자원으로 들어온 가입군은 이용자원의 연령조성에서 월등하게 높은 점유율을 차지하는 이른바 탁월연급군으로 나타난다(〈그림 2-3〉).

탁월연급군이 한 번 나타나면 그것이 수명을 다하여 이용자원에서 사라질 때까지 매년 높은 수준의 어획량을 기대할 수 있다. 이러한 점에서 볼 때 Russell의 가설에 있어서 가입요소가 자원량과 어업에 영향을 끼치는 가장 중요한 요소임을 알 수 있을 것이다.

〈그림 5-6〉에서 "가"와 "나"의 경우는 이론적으로 좀 더 상세히 알아보기 위하여 Beberton and Holt's model과 Ricker's model을 소개하기로 한다.

(1) Beberton and Holt's model

기하급수적 감소의 식(4.2) $\frac{dN_t}{dt} = -Z \cdot N_t$ 에서 양변을 자원량 N_t로 나누면

$$\frac{dN_t}{N_t \cdot dt} = -Z$$

이다. 여기서 감소계수 Z는 자원량 N_t에 따라 변한다. 즉, Z는 N_t의 함수이므로

$$Z = f(N_t) \tag{5.4}$$

이다. 여기서 밀도 독립적인 감소계수를 μ_1, 밀도 종속적인 감소계수를 μ_2라 하면

$$Z = \mu_1 + \mu_2 \cdot N_t \tag{5.5}$$

이다. 이와 같이 자원량과 감소계수와의 관계를 나타내면 〈그림 5-7〉과 같다.

그러므로

$$\frac{dN_t}{dt} = -(\mu_1 + \mu_2 \cdot N_t)N_t \tag{5.6}$$

이다. 미분방정식을 풀면

$$N_t = \frac{1}{\mu_2(e^{\mu_1 t} - 1) + \dfrac{e^{\mu_1 t}}{N_0}} \tag{5.7}$$

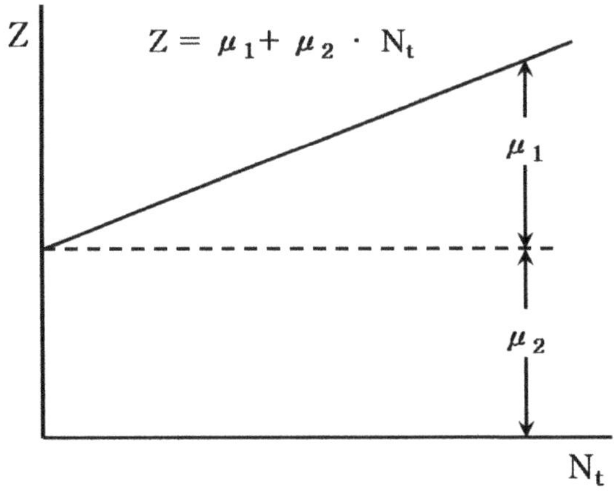

〈그림 5-7〉 자원량과 감소계수와의 관계

이다. 그런데 t = 0일 때는 산란량 E가 되므로

$$N_{t_\rho} = \frac{1}{\mu_2(e^{\mu_1 t_\rho} - 1) + \frac{e^{\mu_1 t_\rho}}{E}} \tag{5.8}$$

이 된다. 여기서 t = t_ρ일 때는 가입량 R이 되고, $\mu_2(e^{\mu_1 t_\rho} - 1) = \alpha$ (밀도 종속적인 요소), $e^{\mu_1 t_\rho} = \beta$ (밀도 독립적인 요소)라 놓으면

$$R = \frac{1}{\alpha + \frac{\beta}{E}} \tag{5.9}$$

이 된다. 여기서 $\lim_{E \to \infty} R = \frac{1}{\alpha}$ 이 되고, $\lim_{E \to 0} R = 0$ 이 된다. 이들 관계를 그림으로 나타내면 〈그림 5-8〉과 같다.

이 그림에서 알 수 있는 바와 같이 가입에 영향을 주는 감소요인은 밀도 종속적인 것과 밀도 독립적인 것이 같이 작용하나 X_1이전에서는 밀도 종속적인 것이 크게 작용하고, 그 이후부터는 밀도 독립적인 것이 크게 작용한다.

(2) Ricker's model

어느 일정 시기(치어)를 t_c라 할 대 $t = 0$에서 $t = t_c$ 까지는 사망요인이 밀도 독립적으로 작용하고, $t = t_c$에서 $t = t_\rho$ 까지는 밀도 종속적인 사망요인이 부가하여 작용할때, $t=0$일 때는 $N_t = E$ 가 되고, 여기서 밀도 독립적인 감소계수를 μ_1', 밀도 종속적인 감소계수를 μ_2'라 하면

$$N_{t_c} = Ee^{-\mu_1' t_c} \tag{5.10}$$

$$\frac{1 \cdot dN_t}{N_t \cdot dt} = -Z \text{ 에서}$$

$$\frac{dN_t}{N_t dt} = -(\mu_1' + \mu_2' \cdot N_{t_c}) \tag{5.11}$$

가 된다. $t = t_\rho$일 때 $N_{t_\rho} = R$ 이므로

$$N_{t_\rho} = R = e^{-\mu_1'(t_\rho - t_c) - \mu_1' t_c} \cdot E \cdot e^{-\mu_2'(t_\rho - t_c)e^{-\mu_1' t_c} \cdot E}$$
$$= \exp\left[-\mu_1'(t_\rho - t_c) - \mu_1' t_c\right] \cdot E \cdot \exp\left[-\mu_2'(t_\rho - t_c)\exp(-\mu_1' l_c \cdot E)\right]$$

이다. 여기서 $e^{-\mu_1'(t_\rho - t_c) - \mu_1' t_c} = \alpha$ (밀도 독립적인 요소), $\mu_2'(t_\rho - t_c)e^{-\mu_1' t_c} = \beta$ (밀도 종속적인 요소)라 놓으면

$$R = \alpha \cdot E \cdot e^{-\beta E} \tag{5.12}$$

이 된다. 이들 관계를 그림으로 나타내면 〈그림 5-9〉와 같이 된다.

위의 식을 이용하여 R의 최대값을 구하여 보면, $R' = 0$을 구하면 된다. 즉,

$$R' = \alpha \cdot e^{-\beta E} - \beta \cdot \alpha \cdot E \cdot e^{-\beta E}$$

에서 $\alpha \cdot e^{-\beta E} - \beta \cdot \alpha \cdot E \cdot e^{-\beta E} = 0$ 이므로

$$E = \frac{\alpha e^{-\beta E}}{\beta \alpha e^{-\beta E}} = \frac{1}{\beta}$$

이다. 그러므로

$$R_{\max} = \frac{\alpha}{\beta} \cdot e^{-\beta E} \tag{5.13}$$

가 된다.

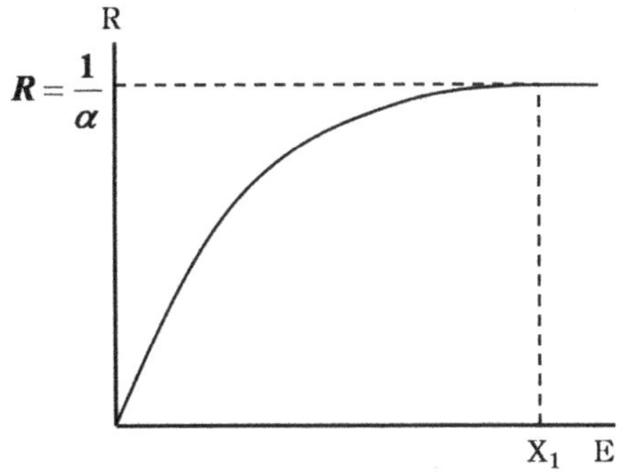

〈그림 5-8〉 산란량과 가입량과의 관계

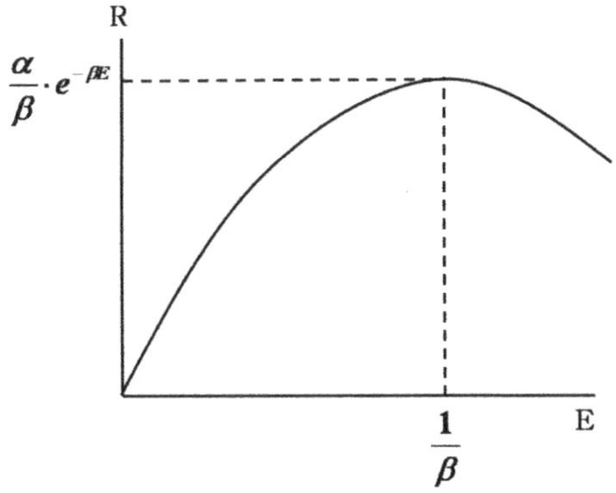

〈그림 5-9〉 산란량과 가입량과의 관계

2. 어구의 선택성

1) 트롤어구의 선택성

트롤어구의 선택작용 조사는 어업조사와 함께 오랜 세월동안 실시되어 왔는데, 조사의 주목적은 어업자원의 유지관리와 이용에 필요한 자료를 수집하는데 있다.

만일 어린어류들이 어느 특정연령 t_c에서 일시에 성어군으로 가입한다면 어획대상자원의 연령조성은 그 가입연령에서 수직으로 서는 기립(起立)조성을 나타낼 것이다. 그러나 같은 연령이라도 개체에 따라 성장에 차이가 있으므로 일시에 가입하는 경우라도 어획대상 자원의 체장조성은 분포의 왼편언저리가 S자 모양(Sigmoid곡선)이 된다. 또 가입이 어느 특정 연령에서 일시적으로 이루어지는 것이 아니므로 어획대상 자원의 체장조성이 기립조성을 나타내는 경우는 없다고 보겠다. 그런데, 가입은 관념적으로 어획이 이루어지고 있는 조업구역에 들어와서 어구와 만날 가능성이 있는 상태로 되는 것이라지만 어류가 치어 성육장에서 이동해 왔거나 서식습성의 변화로 어획공간에 들어왔거나 간에 조업현장에서 어류가 예망 중인 그물에 들어왔다가 그물코 사이로 빠져나가 그물에 남아있지 않는다고 할 때 실제적인 의미에서 그 어류는 어획대상 이 아니다. 그 어류들은 조업구역 안에 들어오기는 했지만 여전히 예비자원이다. 어구에 들어왔다가 빠져나가지 못하고 강제로 그물 속에 잔류하는 최소 크기 이상의 어류들이 어획의 대상자원이 된다. 그러므로 가입은 어구의 선택특성에

의하여 규정된다. 어구는 어류의 나이에 따라 선택하는 것이 아니고,

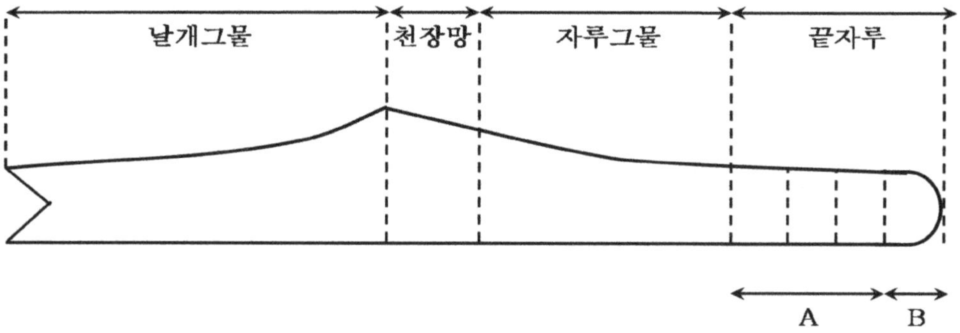

<table>
<tr><td>Whithing</td><td></td><td></td><td>10.5</td><td>89.5</td></tr>
<tr><td>haddock</td><td></td><td></td><td>10.0</td><td>90.0</td></tr>
<tr><td>가자미</td><td></td><td></td><td>4.3</td><td>95.3</td></tr>
<tr><td>Whithing</td><td>0</td><td>1.6</td><td colspan="2">98.4</td></tr>
<tr><td>Haddock</td><td>0.2</td><td>0.3</td><td colspan="2">99.5</td></tr>
<tr><td>가자미</td><td>0</td><td>0.4</td><td colspan="2">99.6</td></tr>
</table>

〈그림 5-10〉 트롤그물의 각 부분으로 어류가 도피한 비율

그물코 크기가 결정하는 크기 이상의 어류들을 선택하므로 어구의 선택성을 체장의 선택성으로 표현하여도 무방하다.

트롤어구의 선택성을 조사할 때에 어느 부분을 조사하여야만 할지를 알아보기 위하여 〈그림 5-10〉과 같이 트롤어구를 4부분으로 나누어 어느 부분으로 도피하는 가를 조사한 결과 Whiting(대구의 일종), Haddock(대구의 일종)과 가자미 모두 끝자루 부분으로 98% 이상이 도피하였으므로 끝자루 부분만의 선택성을 조사하여도 무방할 것으로 생각된다. 또, 끝자루 부분을 4등분하여 앞에 있는 3등분을 A라 하고, 뒤에 있는 1등분을 B라 하였을 때에도 B부분으로 90% 이상이 도피하였다. 이러한 결과에서 볼 때 대부분의 어류들은 자루그물로 들어와 끝자루 뒷부분에 도착했을 때 비로소 도피하려고 한다는 것을 알 수 있다. 그러므로 선택성을 조사할 때에는 끝자루 부분만을 가지고 하여도 무방할 것이다.

(1) 선택작용 조사방법

트롤어구의 선택작용 조사방법은 〈표 5-3〉과 같이 4가지로 분류할 수 있다.

Jupon 법은 〈그림 5-11〉의 왼쪽과 같이 그물코 크기가 큰 것과 작은 끝자루를 자루 뒤에 설치하여 일정시간 예망한 후에 각각의 끝자루에 어획된 어류들을 가지고 선택성을 조사하는 방법이다. 이 방법은 자루그물로 들어간 어류들이 2개의 끝자루에 같은 양이 들어간 후에 빠져나간 어류들을 제외하고 어획된 어류들의 체장을 분석하여 선택성을 구하는 방식인데, 아무래도 큰 그물코를 사용하는 끝자루가 물의 여과가 잘 되기 때문에 많은 어류들이 들어가게 될 것이고, 망형도 정상적이 되지 못하므로 최근 조사에서는 잘 사용하지 않는다.

〈표 5-3〉 트롤어구의 선택성 조사방법

조사방법	필요한 장비		장 점	단 점
	어선 수	어구 수		
Jupon 법	1	1	어업선과 동일 조업조건	망형에 대한 불안
Cover net 법	1	1	자료수집이 용이	Cover net의 Masking 효과
상호조업식법	1	2	어업선과 동일 조업조건	어획대상 어군이 다름, 예망횟수의 증대
	2	3		
직접관찰법	-	0	선택과정의 해석	자료수집의 한계

Cover net 법은 〈그림 5-11〉의 오른쪽과 같이 그물코가 큰 끝자루가 있는 정상적인 그물에 끝자루 밖에 그물코가 작은 덮그물을 설치하여 끝자루와 덮그물에 어획된 어류 들을 가지고 선택성을 조사하는 방법이다. 이 방법은 어린 어류는 끝자루를 통과하여 덮그물에 어획된다는 가정하여 실시하는 방법인데, 끝자루에 대형 어류들이 어획되면 끝자루의 그물코를 막기 때문에 소형 어류들이 통과하지 못한다는 단점(Masking effect)이 있음에도 불구하고 가장 쉽게 적용할 수가 있어 현재 가장 많이 사용되는 방식이다.

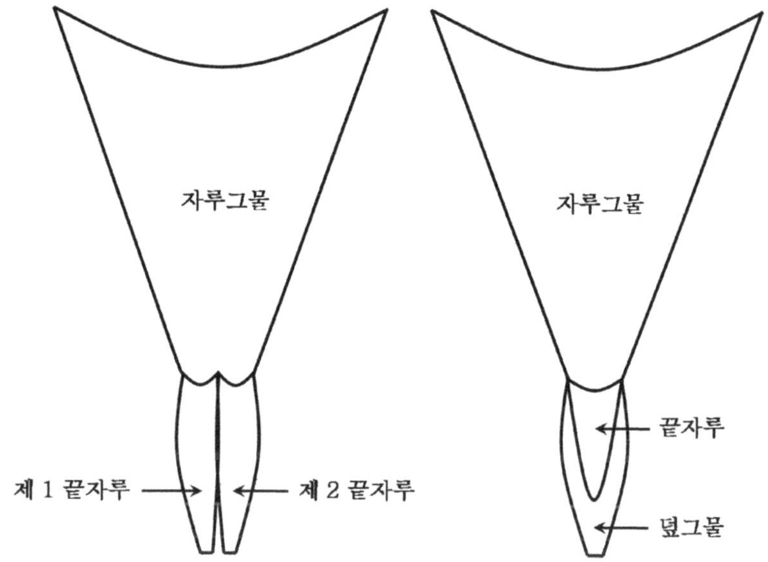

〈그림 5-11〉 선택성을 조사하는 시험트롤의 구성

상호조업식법은 그물코 크기가 큰 것과 작은 것을 사용하는 어구를 각각 제작하여 1척 또는 2척이 일정한 장소를 예망하여 각각의 끝자루에 어획된 어류들을 가지고 선택성을 조사하는 방법이다. 이 방법은 어획자원이 어장에 일정하게 분포한다는 가정 하에 실시하는 방법인데, 실제는 그리 될 수가 없으므로 조업횟수를 많이 하면 어느 정도의 오차를 줄일 수 있으나 경비가 많이 들기 때문에 많이는 사용되지 않는 방법이다.

직접관찰법은 수중 다이버나 수중 TV 등과 같은 것으로 직접 관찰하면서 조사하는 방법이나 트롤의 경우 저층의 대부분이 뻘물이나 투명도의 한계 때문에 많은 제약이 따르고, 예인되는 그물에서 직접 조사한다는 것은 매우 어렵기 때문에 아직까지도 거의 사용하지 못하고 있다.

(2) 선택곡선

자루모양의 그물을 사용하는 어구는 트롤, 권현망, 저인망, 안강망 등이 있다. 자루모양의 그물에서 그물입구를 들어간 어류들은 그물코를 통하여 도망할 수 있으면 도망가고, 그렇지 못한 어류들은 그물 뒤 끝에 달린 끝자루(Cod end)에 남는다.

만일 체장이 작은 것부터 아주 큰 것까지 체장 단계별로 1,000마리씩 그물입구로 순차로 들여보내고, 그물코를 통하여 빠져나갈 만큼 빠져나간 후 끝자루에 남은 어류들을 체장별로 개체수를 헤아려서 체장을 가로축에, 개체수를 세로축에 표시하는 좌표계에 점을 찍어보면 점들은 S모양(Sigmoid곡선)의 경향을 나타내게 된다. 세로축에 개체수 대신에 그물입구에 들어간 1,000마리에 대한 비율로 표시하면 〈그림 5-12〉와 같은 곡선을 얻을 수 있으며, 이것을 트롤어구의 선택곡선(Selection curve)이라 한다. 아주 어린어류는 모두 빠져나가고, 어류의 체장이 커지면서 빠져나갈 수 있는 기회가 점점 작아져서 어느 정도의 체장이 되면 빠져나갈 수 없어 모두 잡히게 된다.

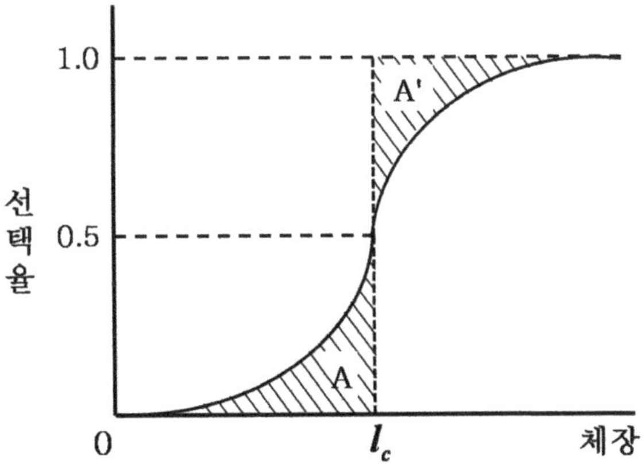

〈그림 5-12〉 트롤그물의 선택곡선

선택성을 간단히 선택체장 l_c또는 선택연령 t_c로 표현하여도 일반적인 경우에는 충분하다. 선택체장은 〈그림 5-12〉에서 빗금친 부분 A, A'의 면적이 같게 되는 수직선으로 주어지는 l_c값으로 한다. l_c는 어류가 l_c만큼 클 때까지 어획되지 않다가 l_c에서 일시에 모두 어획된다는 가상적 의미를 갖는다. 만일 선택곡선이 대칭을 이루거나 대칭에 가까우면 l_c는 선택곡선의 중앙점에 해당하는 체장이다. 즉, 선택율 0.5(50%)에 해당하는 체장값이 된다. 이때는 그물에 들어온 어류의 절반은 망목을 통하여 도주하고 절반은 끝자루에 걸리어 잡혀 있음을 의미한다.

선택곡선이 대칭이 아니라면 선택곡선과 y축 사이의 면적 $x = l_c$와 y축 사이의 면적과 같게 되는 x값을 계산하여 l_c를 정할 수 있다.

〈그림 5-13〉에서 선택곡선과 y축 사이의 면적 B는 전량 선택되는 체장 x_i를 밑변으로 하고, 선택율 y=1.0을 높이로 하는 사각형의 면적에서 선택곡선과 $x = x_i$ 사이의 면적을 빼면 구할 수 있다. 면적 C'는 체장계급 1cm일 때 체장별 선택율 값의 합계에 해당하므로

$$C' = \sum y_i$$

이다. 따라서

$$l_c = B' = B$$
$$= C - C'$$
$$= x_i - \sum y_i$$

가 된다. l_c를 평균선택체장이라고 한다. 평균선택체장 l_c는 사용된 그물의 망목크기 m에 정비례하므로

$$l_c = b \bullet m$$

이며, 여기서 b를 어구의 선택계수라 한다. 선택계수는 어류의 체형과 그물의 재질(신장율, 유연도), 그물의 구성방식(성형율, 매듭종류)에 따라 다소 다르며, 체형이 비슷한 어류 사이에는 그 변이가 작고, 나일론 망지와 같이 유연하고 탄력성이 좋은 그물은 마닐라나 폴리에틸렌과 같이 뻣뻣한 그물보다 선택계수의 값이 크다.

선택곡선에서 중앙부분의 경사진 정도(기립도, 기울기)는 어구에 따라 어종에 따라 차이가 있으므로 기울기는 선택범위로 표현할 수 있다. 일반적으로 선택성의 식은 어획율 25%와 75% 사이(일반적으로 직선 또는 직선에 가까우므로)의 직선식으로 표현한다. 또한, 어획율 25%와 75%에 해당하는 체장의 선택범위가 작으면 그물의 선

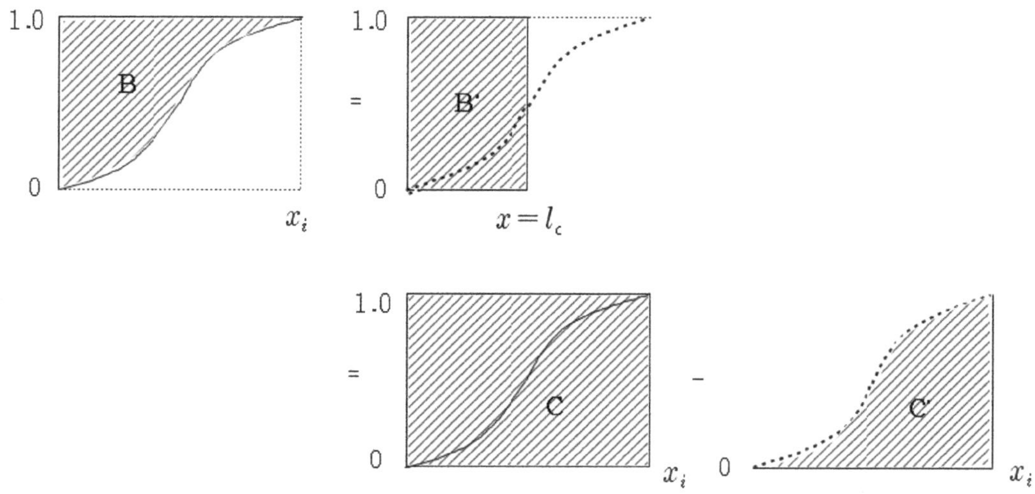

〈그림 5-13〉 선택곡선이 비대칭일 때 선택체장을 구하는 모식도

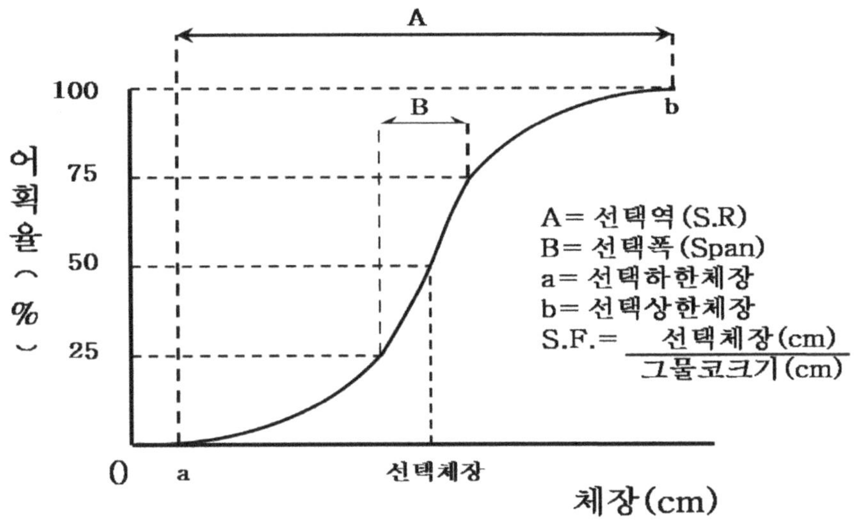

〈그림 5-14〉 선택곡선의 세부내역도

택성이 날카롭다고 표현하고, 그 범위가 크면 선택성이 느슨하다고 표현한다.

Cover net법을 사용하여 선택성 식을 구하는 예를 들어보면, 어획율은 끝자루 어획미수를 전체 어획미수(끝자루 어획미수 + 덮그물 어획미수)로 나눈 값이고, 선택율은 덮그물 어획미수를 전체 어획미수로 나눈 값이며, 선택역(Selection range)은 어획이 시작될 때의 체장부터 어획이 100%로 되는 때의 체장까지의 폭을 말하고, 선택체장은 어획율 50%(선택율 50%)일 때의 체장을 말하며, 선택폭(Span)은 어획율이 25%일 때의 체장부터 75%일 때의 체장까지의 폭을 말하고, 선택계수(Selectivity factor)는 선택체장을 망목크기로 나눈 값을 말한다.(〈그림 5-14〉) 보통 체장이 짧고 체고가 높은 어류의 선택계수 값은 2~3 정도이고, 방추형 어류는 3 정도이며, 체장이 길고 체폭이 좁은 어류는 6 정도 된다.

자원학적 측면에서 볼 때 합리적인 트롤어구의 그물코 크기는 생물학적최소형의 어류가 50%는 도망갈 수 있고, 50%는 어획되는 때의 크기를 말한다. 〈그림 5-14〉와 같은 그림은 x축은 체장을 cm단위로 나타내고, y축은 어획율로 하여 각 체장마다 어획율과 체장의 함수로 표현하면 된다.

선택작용의 조사 결과는 어업규제의 기초자료로 이용되는 외에 어획통계의 잘못을 시정하는데도 큰 역할을 한다. 어획통계로부터 추정된 모집단과 어장에서의 모집단 사이에는 선택에 의한 편차가 있다.

선택작용의 요인에는 외적요인과 내적요인이 있는데, 전자는 어장에 있어서 어군의 시각적, 계절적 분포와 행동양식, 수평 및 수직분포와 행동양식의 차, 저인망어업과 타어업과의 경합도 등에 기인하고, 후자에 관해서는 상세한 조사는 이루어지지 않았으나 그물코와 어체의 상대적 크기와 어군의 대망행동에 기인하는 것으로 본다.

(3) 가입이 선택곡선에 미치는 효과

어류들이 어구가 선택하는 범위의 체장보다 더 작을 때 이미 조업구역에 완전히 들어와 있다면(가입 완료상태), 선택곡선이 곧 가입곡선이 된다.

그러나 어구의 선택범위 내에서 어장으로 가입이 일어나고 있다면 선택곡선은 〈그림 5-15〉와 같이 어구성능에 의한 선택곡선과 어군의 가입상황을 나타내는 가입곡선이 합성된 모양으로 나타내게 된다. 자원의 가입이 어구의 선택효과에 주는 영향은 다음 식과 같이 표현할 수 있다.

$$P_l \quad = R_l \times S_l$$

P_l은 체장별 어획사망 비율, R_l은 가입비율(가입곡선의 세로좌표 값), S_l은

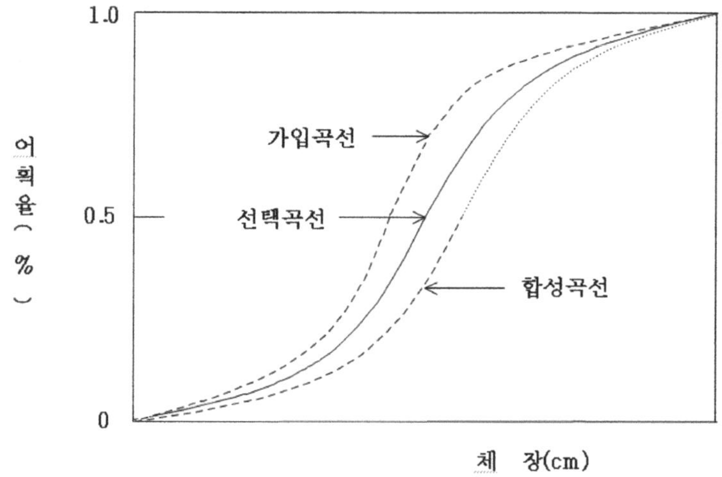

〈그림 5-15〉 가입곡선과 선택곡선의 합성

그물에 들어온 어류 중에서 도피하지 못하고 그물에 잔류하여 어획되는 것의 비율,

다시 말하면 어구에 의한 선택곡선의 세로좌표 값이다.

2) 자망어구의 선택성

자망은 일정한 위치에 설치하여 놓으면 어류들이 모르고 지나가다가 그물코에 걸리어 어획되는 어업으로 트롤어구의 선택곡선과는 달리 〈그림 5-16〉과 같이 x축의 좌·우측이 모두 감소하는 형태로 나타난다. 이는 작은 어류들은 그물코를 통과하여 빠져나가고, 큰 어류들은 머리가 너무 커서 아가미가 걸리지 않기 때문이다.

자망에 의하여 어획되는 경우는 아가미가 그물코에 걸리는 경우와 몸통이 그물코에 박히는 경우인데, 이경우의 선택곡선은 〈5-16〉과 같이 종(鐘)모양의 형태로 나타난다. 이 그림에서 상대효율이 1인 경우는 어떤 그물코 크기에서 어획이 가장 잘되는 체장(최적체장)을 기준으로 한 것이고, 그에 따른 상대 어획효율을 나타낸 것이다. 자망의 경우에는 어획이 가장 잘 되는 경우에도 100%가 어획되는 경우가 없으므로 상대효율을 가지고 나타낸다.

(1) 어획기구

자망어구의 대상이 되는 어종은 매우 많고, 그 설치방법 등에 따라 유자망, 고정자망, 저자망, 선자망 등으로 이용되고 있다. 자망어구는 어류를 망목에 걸리게 하여 어획하든가, 망지에 얽히게 하여 어획되지만, 보통은 어류를 망목에 걸리게 하여 포획하는 것이므로 어류의 몸집이 지나치게 커서 망목에 걸리는 것이 힘든 경우와 체형적으로 걸리기 어려운 어류 등도 있다. 이 때문에 지느러미, 아감딱지뼈 등이 어획되는데 중대한 요소가 되는데, 이들은 그물코로부터의 이탈을 막는데 도움이 된다. 어류의 체형이

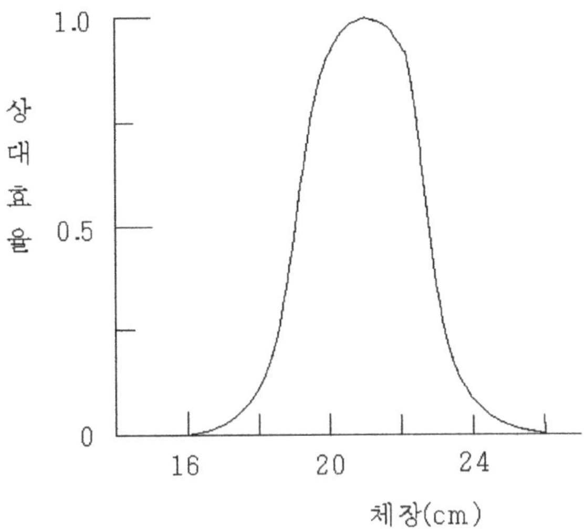

〈그림 5-16〉 자망의 선택곡선

방추형인 종(연어, 송어, 청어, 정어리) 등의 어획현상은 자연스럽게 유영하고 있는 어류가 망에 접근한 후, 접촉이 되어 어류는 강한 운동을 일으켜 어류의 유영관성력으로 그물코에 들어가 〈그림 5-17〉에 나타난 힘의 역학관계 도처럼 그물코의 발이 펼쳐져 AC곡선과 같이 이동하고, 어류의 몸체는 잘록해지면서, 곡선 DE 위를 이동하고, 망사는 어체 표피 위를 미끄러져 역학적 평형점 B_0에서 그물코에 걸리게 된다. 그물코에 걸릴 때에 작용하는 그물코의 발에 걸리는 장력(어체에 걸리는 힘) T_s에 의해 어류의 몸체에 붙어 어류가 그물코에 걸리게 된다.

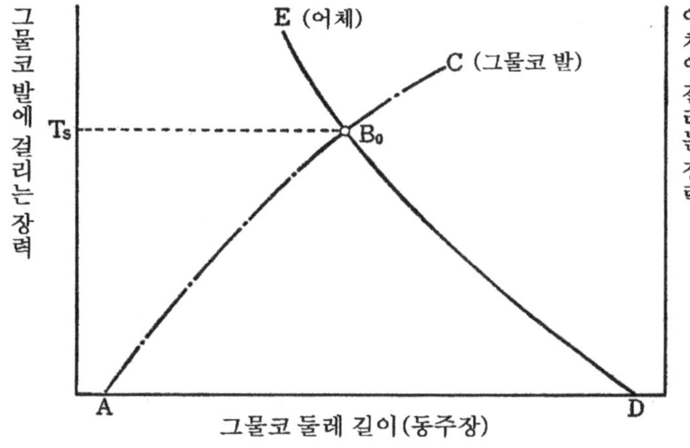

〈그림 5-17〉 자망에 걸리는 순간에 그물코의 발과 어체에 주는 힘의 모식도

어류가 망에 접근 후, 그물코 안으로 들어갈 때의 운동은 매우 복잡해서 정확히 나타내기는 어렵고 약간의 관찰은 있지만 거의 해명되지 않았다. 송어를 이용해 측정해 보면, 망목에 들어가 강한 운동을 일으킬 때 어류의 유영관성력은 어류가 그물코에 걸리는 부분에 관계없이 체중의 약 1.5배의 힘이 망지 면에 작용하는 것으로 관찰되었다. 어류의 최대유영속도는 대부분의 어류에서 체장의 약 10배정도 되는 것으로 알려져 있어, 이 작용력은 어종의 변화와 관계없이 일정한 양으로 나타난다. 그물코에 걸리게 되는 순간에 있어 그물코 발에 걸리는 장력에 있어서, 나일론 멀티필라멘트 210D 15사를 사용하여 어획 시의 어류의 동주장(몸체 둘레의 길이가 가장 긴 부분)과 그물코 둘레의 길이와의 차이를 이용해 〈그림 5-18〉과 같이 역학적으로 나타내면 나망(그물코에 걸리는 것)확률 최대빈도는 어류 체중의 약 0.56배의 그물코 발에 걸리는 장력(어류 몸체에 걸리는 장력)이 작용할 때이다. 또한, 이때의 어체의 잘록함은 10%, 망사의 늘어남은 1%가 된다. 〈그림 5-18〉에서와 같이 망사와 어체의 역학적 평형점 B_0는 시간이 경과함에 따라 달라져 평행점 B_0부터 B_{200}위로 이동하고, 그물코 발에 걸리는 장력은 점차 감소하여 수 시간 후인 양망 시에는 체중의 약1/10이하로 되어 확실히 어획되게 된다. 나망 시 시간경과에 따라 그물코 발이 늘어남과 어체의 축소, 그물코 발에 걸리는 장력 등의 관계를 역학적으로 해석하면, 그물코에 걸린 어류가 장시간에 걸쳐 망목에 보존되어 어획하는 기구로는 어류가 그물코에 걸리어 나망이 성립될 때 까지, 그물실이 어체를 눌러 축소되게 하는 량(잘록 량)에 비례하는 힘이 어류를 그물코에 보존하게 하는 힘으로 작용한다. 따라서 파도 등에 의한 망지의 진동과 어체의 떨림, 공진 등의 특수조건이 변하지 않는 한 그물코에 걸린 어류는 수면으로 올릴 때 탈락 등이 발생하지 않고 어획할 수 있다.

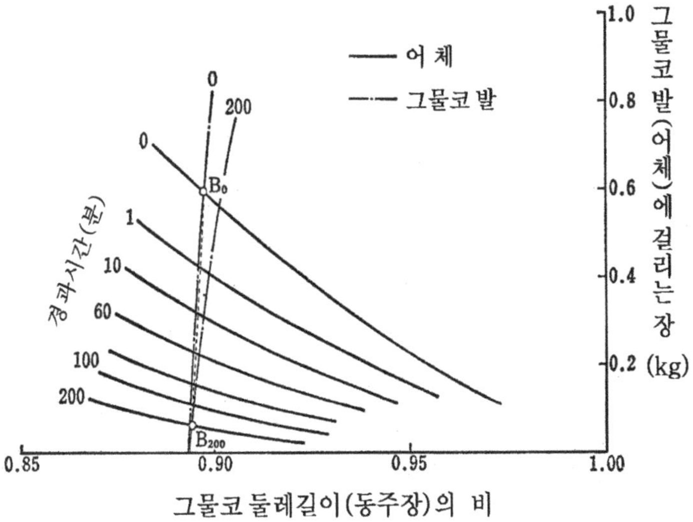

〈그림 5-18〉 어류가 그물코에 걸렸을 때의 역학적 관계도

(2) 선택성

자망의 선택성은 넓은 의미에서는 그물에서 어획되어 얻어진 어류의 질적, 양적인 것을 표시한 것이지만, 좁은 의미에서는 체장 범위, 체장 조성을 나타낸 것이다.

자망의 경우에 선택성은 일반적으로 망목 선택곡선이라 하는 행태로 표시되고, 어느 사양의 어느 그물코 크기의 자망을 사용하여, 어떤 종류의 어류를 어획할 때 어류 크기에 따라 다른 어획효율의 상대치를 종축에, 횡축에는 어류의 크기를 표시한 것이다.

선택성의 연구는 초기에는 자망에 있어서 어획한 어류의 크기와 그물코 크기와의 관계를 해석하는 것에 지나지 않았지만, Baranov, Holt 등의 연구에서는 새로운 측면이 전개되어 급속히 발전하고 그 후 자망의 선택곡선 추정은 많은 어류들에 대하여 이루어 졌다.

선택곡선의 추정방법은 연구자에 따라 다르지만 어느 것과 두개 이상의 다른 그물코 크기의 그물 같은 양을 동시에 사용하여 얻어진 어획물의 그물코 크기별, 체장계급별로 어획마리수를 기록하고, 체장 계급 등과 그물코 크기별 상호간의 어획 마리수 비교에 주목하여 추정하였다. 그 방법은 크기로 나누는 것으로 Holt, McCombie와 Ishida(石田)에 의해서 다음과 같이 크게 2가지 구분할 수 있다.

ⓐ 선택곡선은 확률밀도함수, 지수함수로서 나타내는 것으로 구한다.

ⓑ 선택곡선은 자료에 가장 좋게 일치할 수 있도록 임의의 곡선을 수학적, 시험적으로 그려서 구한다.

이러한 방법은 어떠한 것도 전제로서 그물의 사양이 같고, 그물코 크기가 다른 그물을 사용하여도 어군은 어떤 그물에도 같은 조건에서 작용 한 것으로 된다. 그러나 같은 그물코 크기별, 체장계급별의 자료를 사용한 선택곡선을 구하여 볼 때 추정방법에 따라서 형상이 다르게 되는 것이 지적되었다.

Regier와 Robson이 whitefish의 어획자료를 사용하여 지금까지 이용한 추정방법별 선택곡선을 구하고, 그 위에 약간 수정을 가한 선택곡선은 〈그림 5-19〉와 같다. 선택곡선은 확률밀도함수로서 표시하는 것으로도 구할 수 있다. Regier와 Robson의 곡선과 Olsen의 지수함수로서 나타내는 것으로 구한 곡선에서는 어류 미차체장의 범위가 크지 않았고, 양 곡선간의 차이도 크지 않았다. 또한, Regier와 Robson이 약간 비뚤어지게 한 정규곡선에 적용시켰을 때와, Holt가 정규곡선으로 의해 구한 곡선에서도 뚜렷한 차이를 볼 수 없었다. Regier와 Robson이 구한 곡선과

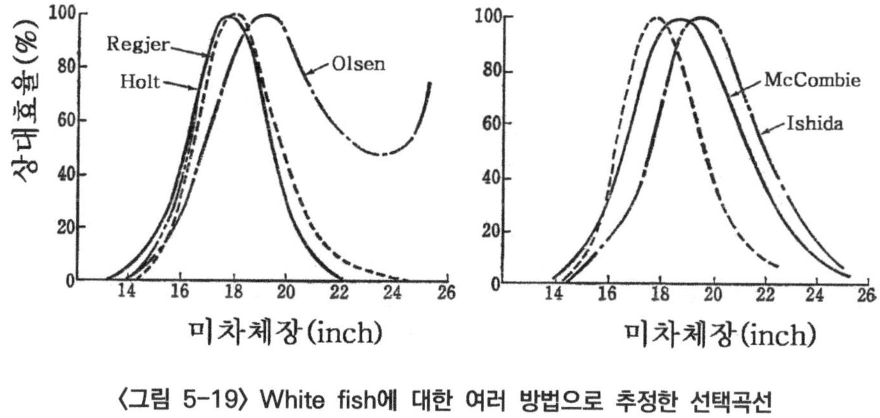

〈그림 5-19〉 White fish에 대한 여러 방법으로 추정한 선택곡선

(그물코 크기 4.5인치)

McCombie, Fry, Ishida 등의 방법에 의해 구한 곡선에서는 다르게 나타났다.

그 곡선은 어류의 체형에 의해 변화되고, 특히 체고가 큰 어류에서는 선택곡선의 폭은 좁고 체고가 작은 가늘고 긴 어류에서는 크게 늘어나는 형상으로 나타났다. 또한, 선택곡선의 형상이 다르면 50% 선택체장범위, 적정 그물코 크기와 어류의 크기와의 관계, 적정 그물코 크기와 최대동주장과의 관계도 현저하게 달랐다. 게다가 이시다는 거의 같은 체형의 담수어를 사용하여 선택곡선을 구하였는데, 어종이 달라도 체형이 같으면 선택곡선은 동일한 형상으로 나타나는 것을 밝혔다.

(3) 선택곡선에 영향을 주는 요인

① 비만도

비만도가 다른 어류를 사용하여, 비만도별로 그물코 크기가 112mm 인 그물에 어획된 것으로 선택곡선을 구하여 나타내면 〈그림 5-20〉과 같다. 이 그림에서 곡선의 형태는 같은 경향을 보였으나 그물실이 다른 경우에는 단일 비만도의 어류에 대한 상대적 효율이 최대로 나타나는 미차체장(적정 미차체장이라 부름)은 거의 같은데 비하여 최대를 나타내는 상대효율의 값은 많은 차이를 보였다. 여기서 살펴볼 때 비만도의 값이 클수록 최대 상대효율을 나타내는 미차체장의 값이 약간씩 작았다. 또한, 최대 동장부위보다 후방에서 그물코에 걸리는 경우에서는 곡선의 구배가 급하고, 이것 보다 큰 미차

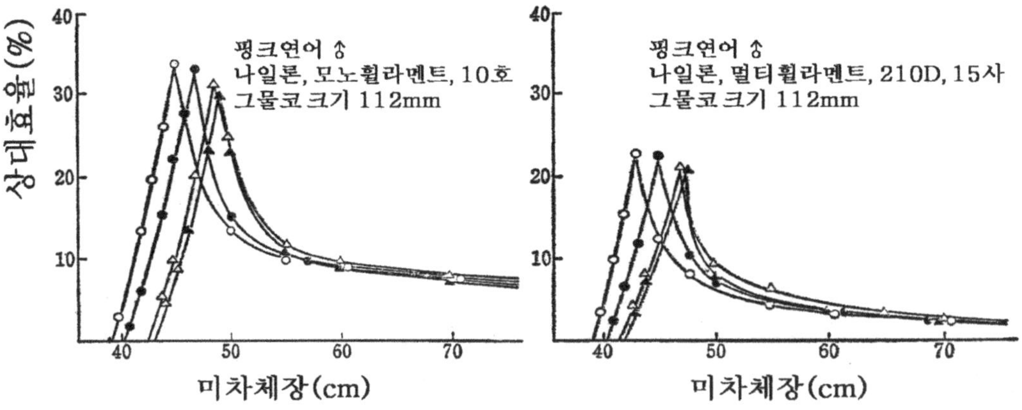

〈그림 5-20〉 단일 비만도별 자망에 어획된 망목 선택곡선

○ : 0.015 ● : 0.014 △ : 0.013 ▲ : 0.012

체장 즉, 최대 동주장보다 머리 부분에서 그물코에 걸리는 경우에서는 그 곡선의 구배가 완만하였다. 특히, 아래쪽 부분이 길게 된 형태를 나타냈고, 적정 미차체장 부근에서는 날카롭게 선 형상을 보이고 있다.

어류의 비만도계수가 증가하면 최대 상대효율은 커지고, 적정 미차체장은 작아지는 경향이 있다. 이시다가 비만도가 다른 어류의 어획자료를 가지고 나타낸 선택곡선에서도 같은 경향을 보였다.

② 어종과 자웅(암수)

일반적으로 선택곡선은 자웅에 의해 다르고, 어종에 따라서도 다르다. 보통은 수컷보다 암컷 쪽이 상대적 효율의 최대치는 크고, 또한 적정 미차체장도 크게 된다. 이와 같은 곡선은 주로 어류 몸체의 탄력성에 기인한다.

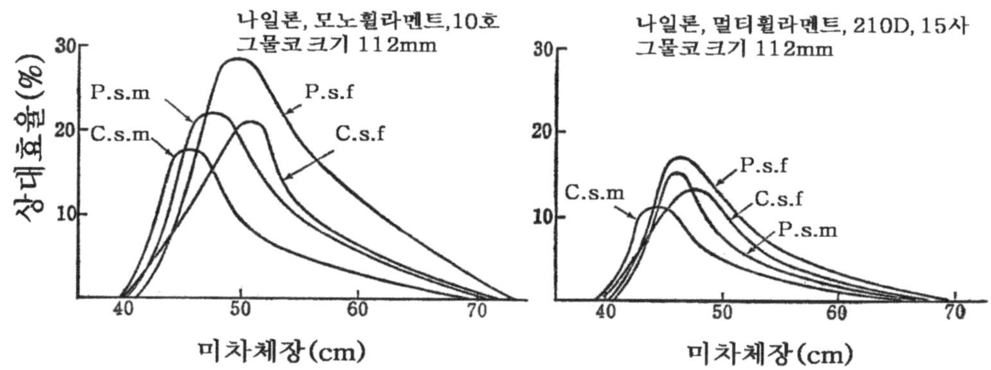

〈그림 5-21〉 자웅과 비만도를 합성시켜 나타낸 어획물의 망목선택곡선

P.s.m : 핑크연어(♂) P.s.f : 핑크연어(♀) C.s.m : 백연어(♂) C.s.f : 백연어(♀)

어류의 비만도 조성은 하나의 모양인 자웅별로 그물코에 걸려 어획된 어획물선택곡선을 구하여 나타내면 〈그림 5-21〉과 같다. 이와 같이 같은 그물실의 재료 및 그물코 크기를 사용해도 어획대상으로 이루어진 어류의 종류, 자웅의 조성에 따라 자망의 선택곡선은 변화하는 것이 명확하였다.

③ 그물코 크기

그물코 크기별로 그물코에 걸려 어획된 어획물의 선택곡선을 나타내면 〈그림 5-22〉와 같다. 2가지 종류의 그물실을 사용한 그물코 크기가 크게 되면 최대 상대효율이 증가하고, 선택 미차체장의 범위도 약간씩 커진다. 나일론 모노휠라멘트 10호와 나일론 멀티휠라멘트 210D 15사에서는 동일한 그물코 크기를 사용하여도 최대 상대효율은 전자의 그물 쪽이 크고, 적정 미차체장도 크게 된다. 또한, 망사의 종류에 따라서도 선택 미차체장의 범위는 변한다.

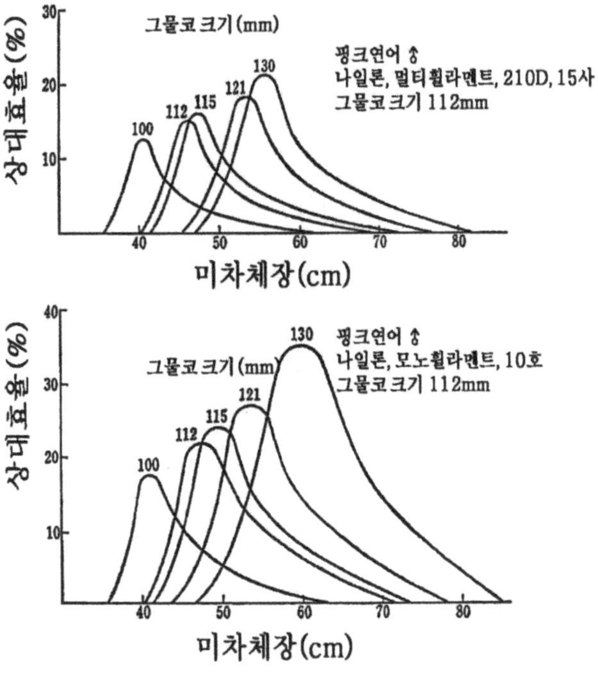

〈그림 5-22〉 자망에 어획된 그물코 크기별 망목선택곡선

④ 그물실의 굵기 및 신장

그물실의 굵기별로 어획된 어획물의 선택곡선을 나타내면 〈그림 5-23〉과 같다. 굵기가 가늘어지면 최대 상대효율은 증가하고 선택 미차체장 범위는 넓어진다. 그러나 최대 선택미차체장은 그물실 굵기가 변화여도 거의 변화지 않지만, 그물실의 굵기는 그물코 크기에 대한 미차체장이 큰 어류가 그물코에 걸린 경우에는 뚜렷한 영향을 미친다. 망사의 직경과 그물코 크기와의 관계는 미묘하게 선택곡선에 영향이 있어 〈그림 5-23〉에 나타낸 나일론 모노휠라멘트 5호 곡선은 정규곡선에 크게 가까운 형태로 변하게 할 수 있다. 그러나 그물실의 굵기와 그물코의 크기와의 관계는 그물실의 강도, 어류의 크기, 양망조건 등에 따라 결정할 필요가 있다.

선택곡선이 그물실의 굵기에 따른 영향에서는 굵기가 다르면 동일한 장력이 작용하여도 늘어남이 다르고, 또한, 어체의 축소 비율은 어류의 부위에 따라

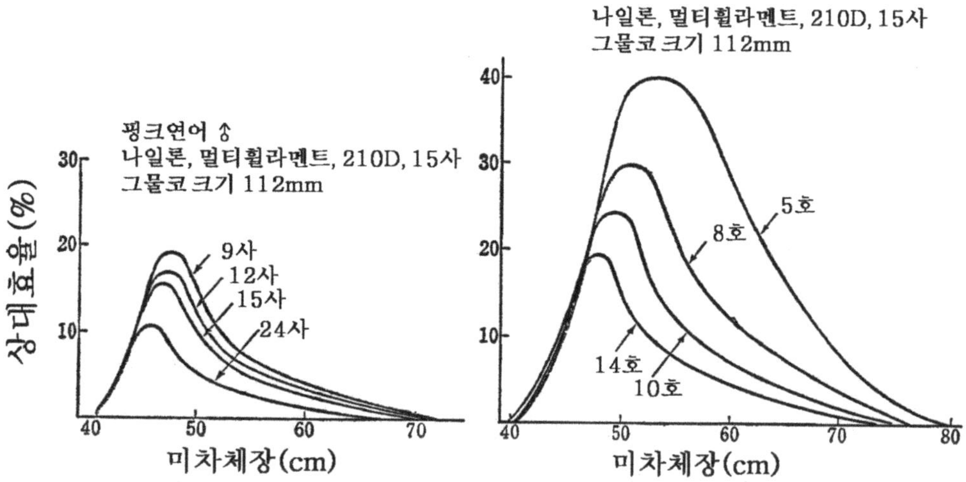

〈그림 5-23〉 자망에 어획된 그물실의 굵기별 망목선택곡선

다르지만, 어류의 크기, 그물실의 굵기와의 함수로서 나타내는데, 그물실의 굵기에 따라 어류의 축소 비율이 변하기 때문이다. 망지재료와 선택성과의 관계에 관해서는 연어·송어 등을 대상으로 나일론 모노휠라멘트, 나일론 멀티휠라멘트, 파일렌 모노휠라멘트 그물을 사용하여 시험조업 결과 나일론 모노휠라멘트 그물이 가장 좋았고, 특히 대형 어류를 선택할 때 좋았으며, 파이렌 모노휠라멘트 그물은 소형어류를 선택할 때 좋은 경향이 있었다.

어획효율은 어종, 어군과 밀도, 어군의 조성, 해황조건 등에 의해서 다르게 나타나지만, 위의 3가지 그물에서는 나일론 모노휠라멘트 그물이 가장 우수하여, 나일론 멀티휠라멘트 그물보다 1.3~1.6배로 어획효율이 양호한 것으로 나타났다. 이 원인으로는 그물실의 신장과 같이 검토를 하여 어군의 거동, 그물 구성, 신장, 탄성회복율 등의 상호간 영향이 합쳐진 결과라고 설명하고 있다.

예제 1) 그물코 크기가 각각 54mm, 64mm인 트롤그물 끝자루에 그물코 크기가 20mm인 덮그물을 씌워서 어획시험한 결과 아래의 표와 같이 얻었다. 다음의 물음에 답하여라?

〈표-1〉 54mm 끝자루에 의한 고등어 어획현황

체장(cm)	14	18	20	24	26	28	30	34	38	40
끝자루 어획미수	0	12	40	100	220	282	140	198	150	120
덮그물 어획미수	40	108	160	150	220	188	60	22	0	0

〈표-2〉 64mm 끝자루에 의한 고등어 어획현황

체장(cm)	18	22	26	30	32	36	40	42	46	48
끝자루 어획미수	0	0	8	45	84	144	160	180	154	124
덮그물 어획미수	30	40	72	105	126	96	40	20	0	0

(1) 각 망목의 선택성을 그림으로 나타내어라?

(2) 각 망목에 대한 어획율과 선택율을 구하여라?

(3) 각 망목의 어획율 25~75%간의 선택성 식과 선택폭을 구하여라?

(4) 각 망목의 선택체장을 구하여라?

(5) 고등어의 최소성숙체장이 30cm인 경우 적정망목의 크기를 구하여라?

제 6장 연령과 성장

1. 연령사정

1) 연령형질

수산자원의 연령을 추정하는데 있어서 토대가 되는 것을 연령형질이라 한다. 연령형질은 그 형성과 증대가 확실히 주기적이어야 하며, 각 기의 신생부분(증대부분)은 각각 분리되어 장기간 명백히 인식되는 것이라야 한다.

일반적으로 알려져 있는 연령형질은, 어류에서는 비늘(Scale), 이석(Otolith), 척추골(Vertebra), 기조(Fin rays), 상후두골(Supra occipital), 쇄골(Clavicle), 새개골(Operculum) 등이며, 패류에서는 패각, 고래류에서는 경수(Baleen), 이전(Ear plug), 척추골의 응착상태. 난소의 황체수, 안구 수정체의 황색도 등이고, 새우류에서는 제1촉각 편상부의 절수(탈피횟수를 표시함) 등이 있다.

(1) 비늘(Scale)

어류의 비늘은 몸 표면을 덮고 있고, 표피 조직의 밑에 있는 진피에서 생겨난 중배엽성의 것으로 원구류에는 없으나 대부분의 연골어류 및 경골어류에는 있다. 그러나 경골어류 가운데는 뱅어의 암컷과 같이 비늘이 없는 것도 있고, 가시복과 같이 비늘이 특화된 것도 있으며, 가다랑어와 같이 복부 이외에는 퇴화하고 없는 종류도 있다.

초린이 생기는 체장은 어종에 따라 차이가 있는데, 정어리는 31.5mm, 빙어는 15.2mm, 잉어는 16~17mm, 꽁치는 20mm, 농어는 18~20mm 정도이다. 초린이 생기는 부위도 어종에 다라 다른데, 잉어는 등쪽 앞부분에서부터 생기고, 은어, 빙어, 농어 등은 미병부에서부터 생기어 몸의 전역에 퍼진다.

비늘은 조골세포의 분비에 의해서 형성되며, 조직학적으로는 전혀 구조를 달리하는 상하 두층으로 구성되어 있다. 상층은 균질한 무구조의 글라스 층이며, 비늘의 표면 전체를 덮고 있다. 하층은 상층과 비교해서 매우 두껍고, 평행하는 많은 섬유질의 얇은 판으로 구성되어 있다. 이 얇은 판의 섬유 배열양식에는 방사선형과 동심원형이 있다.

비늘은 동일한 종류에 있어서는 거의 일정한 형태를 나타내므로 분류상의 표징으로 되는 한편, 비늘의 표면에 나타나 있는 인문(鱗紋)에 의해서 연령이나 계군의 추정도 가능하다.

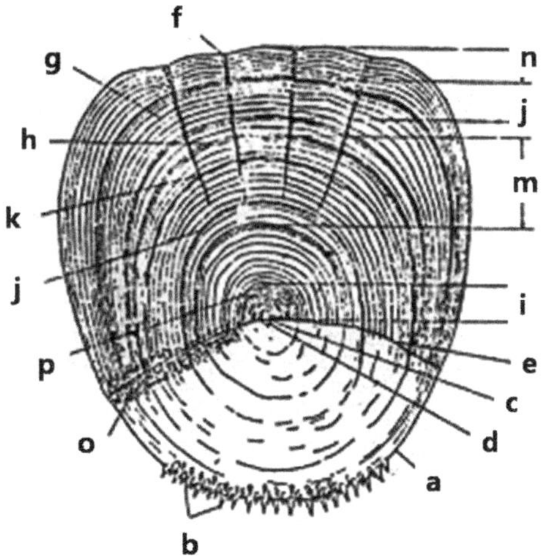

〈그림 6-1〉 비늘의 모식도

a: 후연, b: 극, c: 초점, d: 중심판, e: 경계선, f: 구, g: 성장선, h: 연륜 i: 위연륜, j: condition ring, k: 산란기호, l: 하천대, m: 성장대, n: 연역, o: 망목대, p: 회유기호

비늘의 형태는 방패비늘(Placoid scale), 코스민비늘(Cosmoid scale), 굳비늘(Ganoid scale), 둥근비늘(Cycloid scale), 빗비늘(Ctenoid scale) 등으로 나누어지는데, 연령사정에 이용되는 것은 둥근비늘과 빗비늘이다.

비늘의 전반부에는 〈그림 6-1〉과 같이 초점, 중심판, 성장선, 성장대, 휴지대, 연륜, 위연륜, 하지대, 회유기호, 산란기호, 구, 경계선, 연역, 망목대 등이 있다. 이러한 여러 형질에 의해서 형성되는 비늘 위의 총체적인 양상을 린상이라 한다.

초점은 성장의 중심이고, 중심판은 비늘의 초생부분에 해당하는 판상부이며, 성장선은 비늘의 상면인 소자층의 상면에 초점을 중심으로 어떤 간격을 두고 동심원적으로 생기는 융기선이다. 성장선 간의 간격은 어체의 성장과 정비례적인 관계를 가지고 있어 성장이 양호할 때는 간격이 넓고 불량할 때는 좁다. 간격이 좁은 휴지대의 출현이 주기성을 가질 때 연주기에 해당되는 휴지대를 연륜이라 한다. 연륜은 때때로 동륜이라고도 하며, 생기는 원인은 수온, 이료량, 생리적 조건, 생활환경 등의 급변이다.

연륜부분의 형태는 도미형, 연어형, 청어형 등으로 나누는데, 도미형에 속하는 어종으로는 도미류, 민어, 보구치, 흑조기 등이 있고, 연어형에는 꽁치, 멸치, Pink salmon, Red salmon 등이 있으며, 청어형에는 정어리, 고등어, 청어 등이 있다.

위연륜은 연륜 이외의 휴지대로 환경조건 또는 어류 자체의 내적인 조건이 일시적으로 변하여 부정기적으로 형성되는 비주기성 륜이며, 연륜과 연륜 사이의 성장대에 부정수로 나타난다.

Condition ring은 연륜과 비슷하게 생기지만 연륜이 아니며, 이 륜이 생기는 어종에서는 이중륜이 보인다.

산란기호는 생식기에 비늘이 흡수된 흔적이고, 하천대는 담수 혹은 함수로 회귀하는 어종의 비늘에 생기며, 구(도랑)는 대부분의 경골어류에서 초점을 중심으로 방사상으로 나타난다.

(2) 이석(Otolith)

비늘이 연령형질로서 적합하지 않을 때 이석을 사용한다. 어류의 내이에는 〈그림 6-2〉와 같이 통낭 내에 낙석, 소낭 내에 편평석, 호 내에 성상석이라는 단단한 석상이 있다. 이것을 총칭하여 이석(耳石)이라 하는데, 이 중 편평석이 가장 크므로 일반적으로 이석이라 할 때에는 이것을 의미한다.

이석에는 연륜이 형성되므로 연령사정에 많이 이용되는데, 주로 이용되고 있는 어종으로는 고등어, 정어리, Hake(대구의 일종) 등이다.

이석에서 시각적으로 연륜이 인식되는 것은 어체의 성장속도가 느리거나 빠름에 따라 그때 형성된 부분의 이석 결정조직이 치밀하여 반투명대가 되거나 덜 치밀하여 불투명대가 되기 때문이라고 한다.

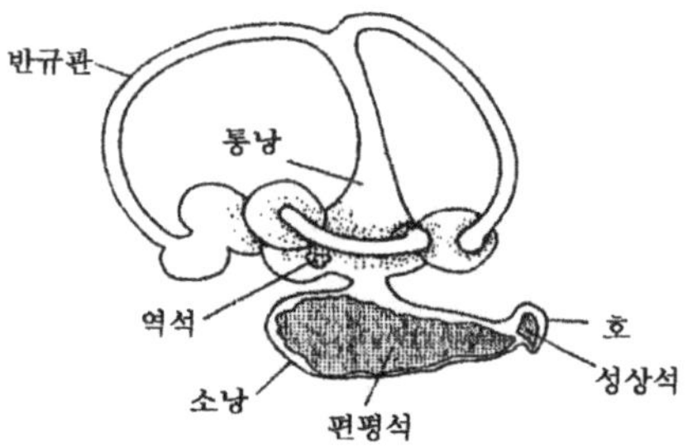

〈그림 6-2〉 경골어류의 내이와 이석

〈그림 6-3〉 가자미와 대구로부터 이석 추출

어류의 이석은 〈그림 6-3〉과 같이 머리의 좌우에 1개씩 2개를 적출할 수 있는데, 갈치, 갯장어와 가자미처럼 편평한 이석을 가진 어종도 있고, 대구, 명태와 참조기와 같이 통통한 것을 가진 어종도 있다.

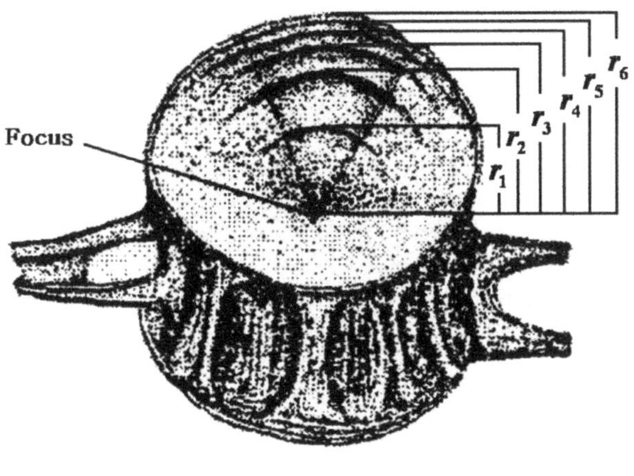

〈그림 6-4〉 어류의 척추골과 연륜

(3) 척추골(Vertebra)

척추골은 추체를 구성하는 뼈마디를 말하며, 경골어류에서는 추체, 신경궁문, 신경돌기, 혈도궁문, 혈도돌기 등으로 구성되어 있으나 연령형질로 사용되고 있는 것은 추체(Centrum)이다. 연륜은 〈그림 6-4〉와 같이 추체의 전후양면, 즉 V자상의 좁고 치밀한 부분에 동심원적으로 불투명대와 투명대가 배열되어 있다.

경골어류에서는 일반적으로 전방부터 9~25번째의 추체가 연령형질로 이용되고 있으며, 가오리류에서는 오직 추체만이 연령형질로 이용되고 있다.

2) 연령사정 방법

(1) 연령형질에 의한 방법

어체에서 연령을 암시하는 특징을 나타내는 형질을 조사하여 연령을 사정하는 방법이다. 어류가 몸의 성장과 함께 칼슘성분이 축적되는 부위에는 체내 생리활동과 칼슘 신진대사의 리듬에 따라 축적상태에 사소한 변화가 나타난다. 이러한 변화의 관찰이 용이한 형질을 사용하면 연령사정이 가능하다.

패류에서도 패각의 바깥 면에 성장무늬가 나타나는 종류가 많으므로 이 성장무늬를 잘 해독하면 연령을 알아낼 수가 있다.

(2) 연령사정의 보조적인 방법

어체는 연령에 따라 크기가 다르며, 생체의 기능도 차이가 있으므로 성장 단계마다 달라진 흔적을 추적하여 보면 연령을 알 수가 있다. 수산동물의 연령사정은 단위시간에 대하여 체장 또는 체중, 기타 적당한 몸 부분의 성장한 정도를 수(數) 또는 양(量)으로 구하여 추정하는 방법을 채택한다.

① 사육법(Rearing)

자연의 환경과 가깝도록 수조를 만들어 그 안에 어류를 사육하면서 단위시간 동안에 성장량을 구하여 연령사정의 보조적인 방법으로 이용하는 것을 말한다. 이 방법은 인위적인 사육에 의한 것이기 때문에 자연상태에 있는 것과 다른 결과를 가져오기 쉽다는 점과 장기간 동안 사육이 어렵다는 점이 단점이다.

② 표지방류법(Tagging)

표지방류에 의해서 방류 당시부터 재포 시까지의 시간에 대한 성장량을 알아 보조적인 방법으로 이용하는 것이다. 이 방법은 표지표가 어류에 붙어있으므로 일어나는 영향과 재포하기 힘들다는 담점이 있다.

③ Petersen법

이 방법은 1890년 덴마크의 Petersen에 의해 채용된 것으로서 〈그림 6-5〉와 같이 다수의 표본을 측정하여 어느 계량의 산포곡선을 구하여 연급군을 구하는 방법이다. 이 방법으로는 높은 연령을 식별하기 어렵고, 산포곡선의 첫 봉우리가 몇 살에 해당하는지를 분명히 알 수 없다는 약점이 있으며, 다음과 같이 표본구성에 유의해야 한다.

- 표본수가 충분히 커야 하고, 같은 해역에서 잡힌 것이어야 한다.
- 표본은 그 자원의 전체 연급군을 포함하면서 모집단의 연령조성에 비례하는 연령조성을 갖추고 있어야 한다.
- 계량한 결과에서 합리적으로 봉우리들이 뚜렷하게 분리되어야 한다.

3) 연령사정 절차

(1) 연령형질을 탐색한다.

연령지표를 가진 형질을 찾는 과정으로 보통 어류에서는 비늘, 이석, 척추골을 사용한다.

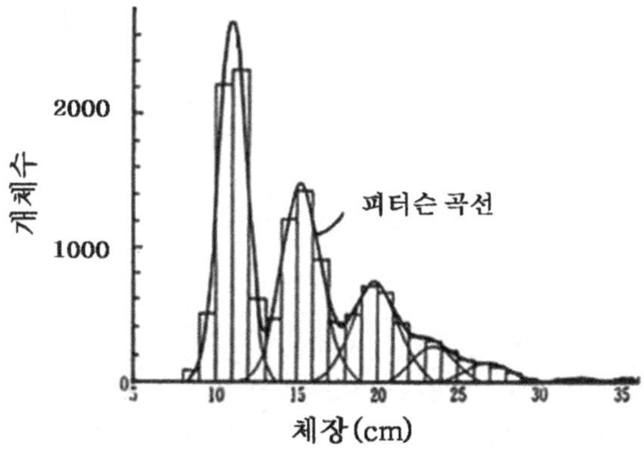

〈그림 6-5〉 황돔의 체장조성

(2) 채취부위를 선정한다.

연령표시가 뚜렷하고 측정하기 쉬운 형질의 채취부위를 고른다. 비늘은 〈그림 6-6〉과 같이 측선 부위의 것을 선정하되, 채취부위를 한번 결정하면 연령사정용 표본에서는 바꾸지 말아야 한다.

(3)연령형질의 크기와 체장 사이의 관계를 살펴본다.

연령형질 상에서 나이테가 형성될 때의 체장을 추정하기 위하여 연령형질의 크기와 체장 사이의 관계를 밝혀 둘 필요가 있다. 두 변수 사이의 회귀식을 구할 때 연령형질의 크기를 독립변수로 하고, 체장의 크기를 종속변수로 하는 것이 좋다. 연령형질의 크기와 체장 사이의 관계는 체장과 린장, 체장과 이석장, 체장과 척추골반경 등으로 나타내나 주로 체장과 린장과의 관계를 나타내면 아래의 식과 같이 나타낼 수 있다.

① $L = aS$ (L : 체장, S : 린장) : 양자의 관계가 원점을 통과하는 직 선식으로 체장이 0에서 비늘이 형성된다는 이론이므로 다소 모순이 있으나 보통 체장이 10~40mm에서 비늘의 초생이 나타나므로 근사적으로 적용하는 경우도 있다.

② $L = aS + b$: 양자의 관계가 원점 이외를 통과하는 직선식으로 b의 값이 비늘 초생시의 체장을 의미한다. 비늘의 초생시 체장을 구하는 방법에는 유어의 표피를 직접 관찰하여 구하는 직접적인 방법과 여러 개체의 체장과 린장과의 관계에서 추정하는 간접적인 방법이 있다.

③ $L = kS^n$: 양자의 관계가 원점을 통과하는 곡선으로 이러한 경우는 매우

드물다.

④ $L = kS^n + c$: 양자의 관계가 원점 이외를 통과하는 곡선식으로 $L - c = kS^n$ 이므로 양변에 대수를 취하면

$$\log(L - c) = \log kS^n$$
$$= \log k + n\log S$$

이다. 이것은 직선회귀하므로 n과 k의 값이 구해진다. 이 식에서는 비늘의 초생시 체장인 c의 값은 다른 방법으로 구하여야만 한다.

⑤ $L = aS^2 + bS + c$: 양자의 관계를 2차 포물선식으로 표시할 수 있으며, 최소자승법으로 a, b, c를 구하면 된다. 대부분의 어류는 엄밀하게는 이 식에 속한다.

(4) 연령형질의 크기와 나이테 크기의 관계를 살펴본다.

연령형질에 나타나는 나이테의 무늬는 아주 복잡하다. 표본에 따라서는 헛 나이테(위연륜)도 나타나며, 관찰자의 주관이 개입되기도 쉽다. 관찰 기록한 나이테가 객관적인 연령지표인지를 알아보고자 할 때에는 2가지 방법이 있다.

첫째 방법은 나이테 무늬의 출현빈도를 보고 판정하는 경우로 연령형질 상의 나이테 수를 헤아리고, 초점에서 각 나이테까지의 거리를 측정하여 거리별로 출현빈도를 구하여 검토하는 경우이다.

둘째 방법은 연령형질의 길이와 각 윤경(輪徑) 사이의 상관도를 보고 판정하는 경우로 가로축에 연령형질의 길이를 두고, 세로축에 초점부터 나이테까지의 거리(輪徑)를 두어서 좌표를 찍어보면 연령형질의 길이와 연령지표의 길이는 직선적인 관계가 있으므로 헛 나이테에 해당하는 좌표는 바른 나이테의 좌표 무리에서 떨어져 있음을 발견할 수 있다.

(5) 연륜 형성기를 추정한다.

연령형질 상에서 인식되는 나이테가 일 년 중에 몇 개가 형성되며, 어느 때에 형성되는지를 알아야만 한다. 최초의 나이테가 형성되는 시기를 구하는 방법은 태어난 해의 어린어류나 1세어의 연령형질을 1년 동안 매달 연속 조사하는 것이 바람직하나

모든 대상을 이와 같이 시행하기는 매우 어렵다. 그러므로 나이테 형성시기를 구하기 위해서는 1년을 통하여 다수의 연령형질을 연속 채집하고, 연령형질의 연변부 성장률을 구하여 월변화를 살펴보는 것이 기본적인 방법이다.

(6) 연륜의 크기를 확정한다.

연륜의 크기 r_i를 확정하는 과정은 어종에 따라 조금 까다로울 수 있다. 나이에 따라 연륜 r_i의 크기에 어떤 추세적인 변화가 보이지 않는 경우에는 연륜 r_i의 평균값으로서 연륜크기를 확정한다. 그러나 어떤 어종들에서는 나이에 따라 연륜 r_i가 감소하는 경향이 있다. 즉, 나이가 많을수록 줄어드는 현상인데, 이 현상을 Lee현상이라 한다. 그러나 Cornet fish(누치의 일종)와 같은 종은 Lee현상과 반대되는 현상을 나타내기도 한다.

(7) 연륜에서 연령을 결정한다.

연령형질의 형성시기가 그 어종의 산란기와 일치한다면 연륜은 곧 연령이 된다. 그러나 일치하지 않을 때는 연륜형성기와 산란기의 차이에 해당하는 기간만큼 연륜을 보정하여 연령을 결정할 필요가 있다. 그러나 산란기가 장기간에 걸치든지, 연륜의 형성시기가 짧은 기간 동안에 집중되지 않은 어종도 많다. 그러한 경우에는 보조적인 연령사정 방법을 다양하게 동원하여 조심스럽게 결정할 필요가 있다.

(8) 연령과 성장관계를 검토한다.

연륜이 형성되던 당시의 체장은 연령형질의 크기 R과 체장 L 사이의 관계를 사용하여 계산할 수 있다. 이것은 어류의 성장과 연령형질의 성장 사이에는 정상관 관계가 있다는 가정에 근거를 둔다.

4) 연령결정

앞에서 살펴본 바와 같이 연령형질의 형성시기가 그 어종의 산란기와 일치한다면 연륜은 곧 연령을 의미한다. 그러나 일치하지 않을 때에는 연륜형성기와 산란기의 차이에 해당하는 기간만큼 보정하여 연령을 결정할 필요가 있다.

그러나 산란기가 장기간에 걸치든지, 연륜의 형성시기가 짧은 기간 동안에 집중되지 않는 어종도 많다. 이러한 경우에는 보조적인 연령사정 방법 등을 다양하게 이용하여 결정할 필요가 있다.

5) 일주륜

뱀장어와 Hake(대구의 일종)의 이석의 표면을 1%의 염산으로 녹이고, 얇게 갈아서 광물현미경으로 관찰하여 보면, 1개의 투명대와 연속되는 불투명대 1개 사이를 1년간 성장한 부분으로 간주하는데, 그 곳에는 평균 약 360개 정도의 성장선이 있다. 이것은 하루에 1개씩 만들어졌다고 볼 수 있으므로 이 성장선들을 일주륜(Daily ring)이라고 한다. 그러므로 이것을 조사하여 역으로 부화된 날을 산출하기도 한다.

2. 성장

1) 성장의 뜻

성장은 살아있는 것의 고유한 특성 중의 하나로 수산자원은 개체가 태어나 시간이 지나면서 체장이나 체중이 불어나는 것을 말한다. 체중을 불리는 것에 초점을 맞춘 것을 양식(養殖)이라 하고, 개체수의 증가에 초점을 맞춘 것을 증식(增殖)이라 한다.

성장은 종에 따라 다르고, 계절에 따라 다르며, 나이와 성별에 따라서도 다른 경우가 많다. 성장을 다룰 때는 반드시 시간요소를 고려하여야 한다. 성장률이라는 말이 자주 쓰이는데, 이 말은 2가지의 다른 의미로 각각 쓰이고 있다.

첫째는 성장률이 성장속도를 뜻하는 경우로 단위시간동안 성장한 분량을 나타낸다. 성장지표를 V라 하면, 성장률 r은 성장량을 시간으로 나눈 값이 된다. 즉,

$$r = \frac{\Delta V}{t} \qquad (\text{단}, \Delta V = V_{t+1} - V_t)$$

이 된다. 개체의 성장에서는 성장지표로서 체중 또는 체장을 흔히 사용하며, 집단의 성장에서는 개체수 또는 생체량을 사용한다.

둘째는 성장률이 처음 크기에 대한 성장한 분량의 비율로 나타내기도 한다. 이 경우 성장률 G는

$$G = \frac{\Delta V}{V_t} = \frac{V_{t+1} - V_t}{V_t}$$

이다. G는 무차원의 수이며, 백분율로 표현하기도 한다.

성장률과는 달리 성장패턴으로서 성장을 표현할 때에는 시점마다 성장지표의 크기를 연속적으로 나타내는데, 이것을 성장곡선이라 한다.

성장이란 일반적으로 시간의 경과에 따라 사물이 지속적으로 증대되는 현상을 말한다. 즉, 생명체의 신진대사 작용의 결과로 일어나는 생물체의 부피증가이다. 따라서 성장량은 영양섭취를 통한 동화작용량에서 이화작용량을 뺀 나머지로 생각할 수 있다. 이 나머지는 세포의 증식 또는 피하지방의 축적으로 나타난다.

개체군의 크기가 불어나는 경우도 성장이라 하는데, 이때는 집단성장 또는 군성장(群成長)이라고 하며, 개체수의 증가현상을 취급한다. 개체가 발생하면 초기에 가속적으로 성장하다가 어느 시점을 지나면서 성장속도가 감소되는 것처럼 집단도 개체성장과 비슷한 형식을 나타낸다.

성장은 취급방법에 따라 절대성장과 상대성장으로 구분하는데, 절대성장은 성장량을 천문시간에 대한 함수로 나타내는 것으로 x축에 연령, y축에 생물체의 크기를 표시하고, 상대성장은 몸의 기준부위인 전장 또는 체장에 대한 몸의 다른 부분(체중, 두장, 체고, 체폭 등)을 나타내는 것으로 x축에는 기준부위인 전장 또는 체장을, y축에 다른 부분의 크기를 표시하고 한다. 이 두 성장양식은 어느 한 개체를 대상으로 하는 경우가 있고, 집단을 대상으로 하는 경우도 있는데, 개체를 대상으로 할 때는 개성장(個成長)이라고 하며, 이것을 특정한 개체를 연속 측정하면 그 개체의 이력을 알 수 있다.

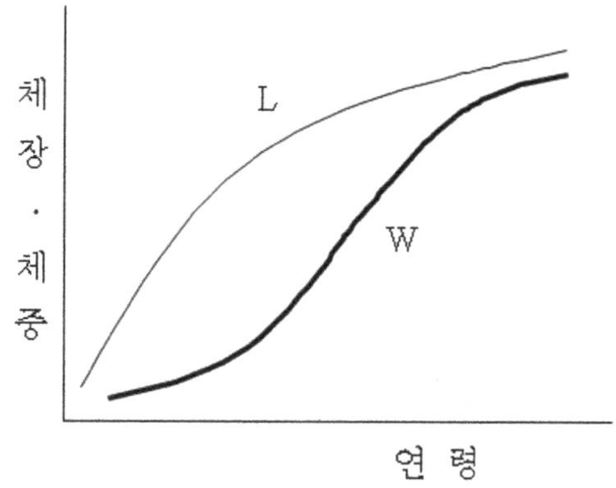

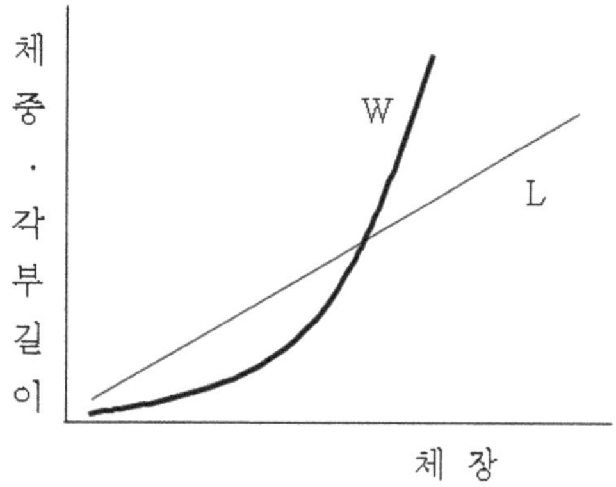

〈그림 6-7〉 절대성장(왼편)과 상대성장(오른편)

일반적으로 연령에 따른 체장과 체중의 성장양식은 〈그림 6-7〉의 왼쪽과 같이 각각 $\sqrt{x}$, S자곡선의 형태로 나타나며, 체장에 대한 체중과 각 부위의 상대 성장양식은 〈그림 6-7〉의 오른쪽과 같이 포물선식과 직선식의 형태로 나타난다.

2) 성장에 관여하는 요인

수산생물은 종이나 단위집단에 따라 고유한 성장형을 갖는데, 단위집단 안에서도 암수에 따라, 발생 시기나 환경요인에 따라 그 성장형이 바뀐다. 성장에 영향을 끼치는 요인으로는 수온, 먹이의 양과 질, 서식밀도, 서식수역의 광협 등이다.

① 성별

종에 따라서는 성장상태나 극한체장이 성별에 따라 다른 때가 있는데, 다랑어류나 쏨뱅이류에서는 수컷이 크지만 가자미와 새치류 등에서는 암컷이 더 크다. 이러한 성에 대한 성장의 차이는 성숙연령의 고저와 관계가 있는 것 같으며, 빨리 성숙하는 성은 대개 소형이다. 어류에서는 위의 예가 있기는 하지만 일반적으로 암컷의 성장이 수컷보다 빠르고, 극한체장이나 극한체중도 큰 경향이 있다.

② 발생 시기

같은 종에 있어서 발생 시기가 다른 어군의 성장상태를 조사하는 것은 매우 곤란하지만, 산란기가 연 2회 있는 종에서는 비교적 간단하게 발생 시기에 따른 성장의 양부를 비교할 수 있다. 일본의 각 해역에서 어획되는 전갱이는 1~3월에 발생되는 것과 6~7월에 발생되는 것이 있는데, 성장상태는 앞의 것이 더 빠르다. 멸치의 경우에도 2~5월에 발생하는 봄 멸치와 6~10월에 발생하는 가을 멸치가 있는데, 봄 멸치의 성장상태가 더 좋다. 이와 같은 이유는 봄에 산란된 경우에 여름과 가을을 보내는 반면에 가을 멸치는 겨울을 보내야 하므로 수온에서 차이가 있기 때문인 것으로 생각된다.

③ 수온

어체의 성장률은 온도에 크게 의존하는데, 1연간에 있어서 어류의 성장이 수온과 정비례하고 있는 점으로 보아서도 수온의 영향이 얼마나 큰 것인지를 알 수 있다. 어류의 활동이 활발하게 되면 식욕이 증진되고 다량의 먹이를 섭취하므로 섭취된 먹이의 양이 많을수록 성장이 좋아진다. 같은 어종에서도 수온차이가 있는 다른 해역에서 서식하는 집단 사이에는 성장률이 다른 경우가 많다.

④ 먹이양

먹이의 양과 질이 어류의 성장을 지배하는 가장 중요한 요인인 것은 실험 또는 양식상으로 명백히 알려져 있으며, 해양에 서식하는 어류에서도 이러한 현상이 알려져 있다.

다른 환경조건을 동일하게 하면 먹이의 양에 따라 성장이 달라지며, 성장량은 어느 한도까지는 먹은 양에 비례한다. 자연에서도 서식밀도가 낮아지면 성장이 좋아지는 예가 많은데, 이것은 개체당 먹이 분배량이 증가했기 때문으로 여겨진다.

⑤ 밀도

군거밀도는 성장에 크게 영향을 주는데, 양어지에서 실험한 결과 체중의 증중은 방양밀도에 반비례한다. 개체당 먹이량이 동일하여도 밀도가 낮으면 성장이 빠르고, 밀도가 높으면 성장이 억제된다. 밀도효과를 일으키는 암모니아태 질소 때문인 것으로 생각되는데, 밀도가 높으면 암모니아태 질소가 증가하여 성장이 억제된다.

⑥ 생활권의 광협

군거밀도가 같아도 넓은 곳에서 사는 어군은 좁은 곳에서 사는 어군에 비하여 개체 성장이 좋은 예가 있는데, 양어지에서 수질, 수온, 급이 조건을 같게 하고 면적만 다르게 하여 잉어를 길러 본 결과 넓은 곳에서 자란 잉어가 성장이 좋았다. 행동범위와 성장도는 정상관 관계가 있는 것 같다.

3) 성장과정

수산자원의 양 및 분포와 관련되는 여러 가지의 문제를 알아보기 위해서는 먼저 수산자원 생물의 발육단계와 생활주기에 대하여 알아두어야 한다.

(1) 발육단계

어류는 알로서 출생한 후 성장하여 성어가 된 후 죽음에 이르기까지의 일생동안 생리, 생태 형태가 차차 변한다. 이 변화의 과정을 발육단계라 한다.

성장은 시간의 경과에 따라 이루어지는 생물체 크기의 증가과정이고, 발육은 생물체 질의 단계적 변화를 나타내는 과정이다.

Nikolsky는 발육단계를 배체기(Embryo stage) → 자어기(Larva) → 미성어기(Immature) → 성어기(Adult stage) → 노어기(Senescence stage)로 나누었고, Watanabe는 난기(Egg stage) → 자어전기(Yolk sac stage) → 자어후기(Larval stage) → 치어기(Juvenile stage) → 유어기(Young stage) → 미성어기(Pre-adult stage) → 성어기(Adult stage)로 나누는데, 보통은 난기(Egg stage) → 자어전기(Pre-larval stage) → 자어후기(Post-larval stage) → 치어기(Young stage) → 미성어기(Pre-adult stage) → 성어기(Adult stage)로 나눈다.

이와 같은 발육단계를 기능상 2개로 나누면 종족유지단계인 성어기 → 난기 → 자어전기와 개체유지단계인 자어후기 → 치어기 → 미성어기로 나눌 수 있다.

① 난기

수정란의 난막 속에서 세포 분열에 따라 배엽형성과 기관형성 및 분화를 거치면서 발생이 진행되는 시기로 부화 직전까지의 기간을 말한다.

② 자어전기

난막을 뚫고 부화했지만 아직 복부에 난황을 가지고 있다. 그러므로 외부로부터 먹이를 취하지 않고, 난황을 흡수하며, 입이 열리고 먹이를 먹기 시작할 때까지의 기간을 말한다.

③ 자어후기

입이 열려 먹이를 먹기 시작할 때부터 각 지느러미의 가시 및 연조가 그 종의 고유 수만큼 나타날 때까지의 기간으로 형태적 변화가 현저한 시기를 말한다. 자웅이 처음으로 외부환경과 접촉하기 때문에 생리·생태가 변하며, 이때에 많은 개체수가 감소하게 된다.

④ 치어기

몸 표면에 단문·색체를 제외하고는 몸의 형태가 급속히 어미를 닮아가는 시기로 성장이 가장 왕성한 시기이다.

⑤ 미성어기

몸의 형태적 특징은 충분히 발달하고, 체형과 무늬, 색체는 성어와 거의 같으나 생식소는 미숙한 기간이다.

⑥ 성어기

몸의 크기와 형태가 충분히 발달하고, 생식능력을 완전히 갖춘 시기이다.

(2) 생활주기

생활주기란 같은 발육단계에서 1년을 주기로 하여 반복되는 과정을 말한다. 뱀장어와 같이 알에서 치어까지 2~3년이나 걸리는 어종도 있지만 대부분의 어종들은 수

개월밖에 걸리지 않는다.

따라서 생활주기는 미성어기와 성어기에 나타나며, 특히 성어기에 가장 뚜렷하게 나타난다. 기본적으로 생활주기는 색이기와 생식기이며, 양자 사이에 과도적인 주기로서 월동기가 존재한다.

① 색이기

색이기의 자원은 먹이생물이 많은 해역을 찾아 널리 분산해서 분포한다. 이 시기를 개체유지의 시기라고 할 수 있고, 생식기에 대비하여 체력을 축적하는 시기이기도 하며, 이때의 자원분포 범위는 가장 넓다.

② 월동기

수온을 비롯한 환경요인이 악화되고, 먹이생물이 부족해지는 계절에 색이활동을 줄이면서 환경의 호전을 기다리는 시기이다. 자원의 분포는 색이기에 비하여 어느 정도 좁아지며, 이 기간에는 색이기 동안에 축적된 체력을 유지하여 생식기를 맞이한다.

③ 생식기

자원생물이 산란장이라고 불리우는 생활구역의 특정지역에 집중하여 종족유지를 하는 시기이다. 이 기간 동안에 생식활동으로 소모된 체력은 색이기에 회복될 것을 예정하고 있다. 이 시기가 자원생물의 분포범위가 가장 좁아 어획하기가 유리하나 자원의 재생산이라는 측면에서는 보호를 해주어야 하므로 금어기를 설정하기도 한다.

4) 성장양식

생물체의 전체나 부분의 양이 불어나는 모습은 발육단계에 따라 다르지만, 보통은 생물의 한 생애를 통한 양의 증가모습을 한 개의 성장방정식으로 표현한다.

성장방정식은 보통 6가지가 있는데, 이 중에서 Bertalanffy가 1938년에 제시한 1분자 반응식이 1957년 Beverton and Holt가 적정어획이론식에 사용되면서 가장 많이 활용되고 있다.

(1) 직선적 성장식($y = a + bx$)

성장식 중에서 가장 간단 것으로 어류의 성장식에 적당한 경우는 없지만 제한된 짧은 기간 동안의 성장을 나타내는 경우에는 매우 편리하므로 자주 사용된다.

Baranov(1918)가 어류의 성장을 직선식으로 처음 사용하였으며, 가자미류와 몇몇 어종에서 어느 연령범위에서는 근사적으로 맞는 예가 있으나 성장이 느려지는 고령부분의 경향은 잘 나타내지 못한다. 직선식을 구할 때는 최소자승법을 사용하거나 회귀직선식을 이용하여 매개변수를 구하는데, 최소자승법은 복잡한 계산과정을 거쳐야 하므로 계산과정에서 틀리는 경우가 빈번하므로 계산기에서 회귀직선식을 이용하여 구하는 방법을 소개하기로 한다.

〈계산기 내의 회귀직선식을 이용한 직선적인 성장식 구하는 방법〉

〈표 6-1〉 매퉁이의 연령과 체장

연 령(세)	체 장(cm)
1	16.2
2	23.0
3	29.3
4	38.0

① 계산기의 ON(AC) 키를 눌러 작동시킨 후에 MODE 키를 누르고 2번을 누르면 표시판에 “LR"이 뜬다.

② SHIFT와 KAC(AC) 키를 누르고 각 값들을 쳐 넣으면 된다. 각 값들을 넣는 방식은 먼저 x 값의 수치를 치고 나서 x_D, y_D키(먼저 친 것이 x 값이라는 것임)를 누르고, y 값의 수치를 치고 나서 DATA(RUN) 키(1개의 값이 저장되었다는 것)를 누르면 된다. 2번째부터 나머지의 모든 값도 같은 방법으로 하면 된다.

③ 모든 값을 쳐 넣은 후에는 SHIFT 키를 누른 후에 A(7) 키를 누르면 a값이 나타나고, SHIFT 키를 누른 후에 B(8) 키를 누르면 b값이 나타나며, SHIFT 키를 누른 후에 r(9) 키를 누르면 r값이 나타난다. 여기서 r의 절대값이 1에 가까울수록 신뢰가 좋다는 의미이고, r = 1인 경우는 모든 값들이 직선 위에 있다는 것이며, 해양에서 실험할 경우에는 이 값이 비교적 작아 절대값이 0.7 정도만 되어도 상관관계가 있다고 본다.

④ 〈표 6-1〉의 값들을 위와 같은 방식으로 하면 a 값이 8.70이고, b 값이 7.17이며, 이때 r 값은 0.9974이다. 즉, $y = 8.70 + 7.17x$이며, 그림으로 나타내면 〈그림 6-9〉와 같다.

⑤ 계산기의 종류에 따라 회귀직선식을 사용하는 방식이 다르다. 여기서는 〈그림 6-8〉과 같은 CASIO $fx - 3600PV$ 모델을 가지고 설명한 것이다.

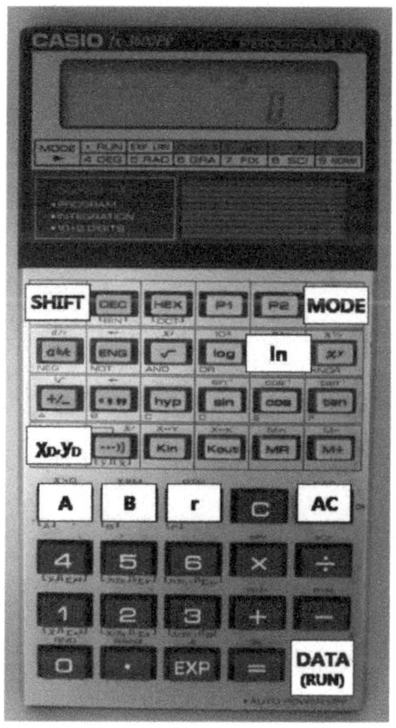

〈그림 6-8〉
CASIO $fx - 3600PV$ 계산기

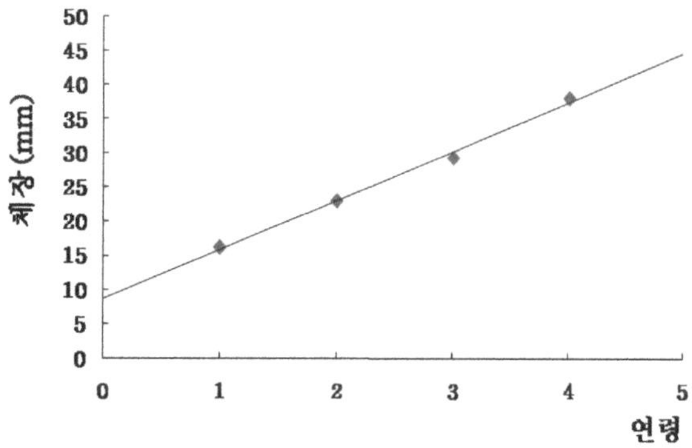

〈그림 6-9〉 $y = 8.70 + 7.17x$성장식

(2) 지수곡선 성장식 ($y = ae^{bx}$)

지수곡선식 $y = ae^{bx}$를 양변에 ln을 취하면

$$\ln y = \ln a + bx$$

가 된다. 여기서 $\ln y = Y$, $\ln a = A$라 하면

$$Y = A + bx$$

가 된다. 위 식에서 최소자승법을 이용하거나 회귀직선식을 이용하여 A, b값을 구하고, 다시 A값에서 a값을 구하면 된다. 그리고 이와 같은 경향을 보이는 경우에는 편대수방안지(x축은 보통 연령을, y축은 보통 체장이나 체중을 log값으로 나타낼 수

있는 용지)에 나타내면 〈그림 6-10〉과 같이 직선식 관계가 성립하는 것을 쉽게 알 수가 있다.

〈계산기 내의 회귀직선식을 이용한 지수곡선 성장식 구하는 방법〉

〈표 6-2〉 송어의 월령에 따른 체중

월(월령)	체 중(g)	월(월령)	체 중(g)
4(0)	0.15	9(5)	2.3
5(1)	0.16	10(6)	4.6
6(2)	0.55	11(7)	5.8
7(3)	0.60	12(8)	9.8
8(4)	1.0	1(9)	13.6

① 계산기의 ON(AC) 키를 눌러 작동시킨 후에 MODE 키를 누르고 2번을 누르면 표시판에 “LR"이 뜬다.

② SHIFT와 KAC(AC) 키를 누르고 각 값들을 쳐 넣으면 된다. 각 값들을 넣는 방식은 먼저 x 값의 수치를 치고 나서 x_D, y_D 키(먼저 친 것이 x 값이라는 것임)를 누르고, y 값의 수치를 치고 나서 ln 키를 누른 다음 DATA(RUN) 키(1개의 값이 저장되었다는 것)를 누르면 된다. 2번째부터 나머지의 모든 값도 같은 방법으로 하면 된다.

③ 모든 값을 쳐 넣은 후에는 SHIFT 키를 누른 후에 A(7) 키를 누르면 A값이 나타나면, 다시 SHIFT 키를 누른 후에 ln 키를 누르면 a값이 나타난다. 그리고 나서 SHIFT 키를 누른 후에 B(8) 키를 누르면 b값이 나타나며, SHIFT 키를 누른 후에 r(9) 키를 누르면 r값이 나타난다.

④ 〈표 6-2〉의 값들을 위와 같은 방식으로 하면 A 값이 -2.03이이므로 a 값은 0.13이고, b 값은 0.55이며, 이때 r 값은 0.9895이다. 즉, $y = 0.13e^{0.55x}$ 이며, 그림을 편대수 방안지에 나타내면 〈그림 6-10〉과 같이 직선식이 되고, 보통의 방안지에 나타내면 〈그림 6-11〉과 같이 지수곡선식이 된다.

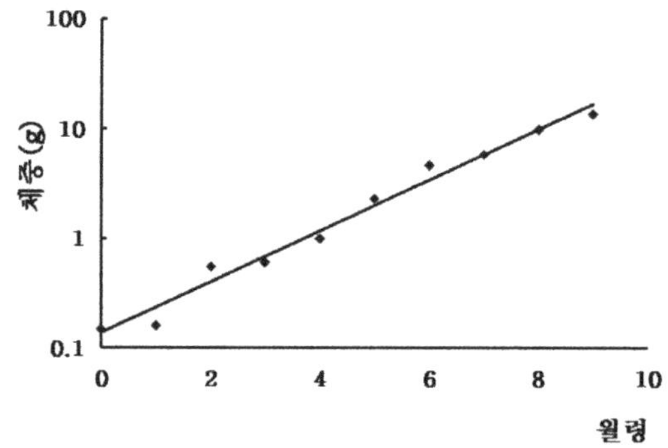

〈그림 6-10〉 $\ln y = -2.03 + 0.55x$ 의 성장식

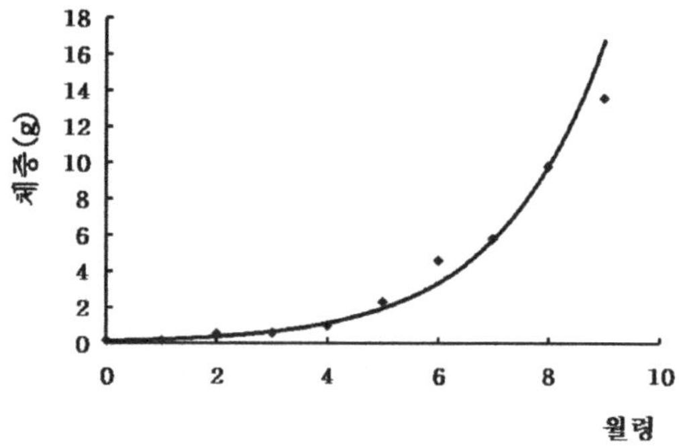

〈그림 6-11〉 $y = 0.13e^{0.55x}$의 성장식

(3) 포물선 성장식($y = ax^b$)

포물선식 $y = ax^b$를 양변에 ln을 취하면

$$\ln y = \ln a + b \cdot \ln x$$

가 된다. 여기서 $\ln y = Y$, $\ln a = A$, $\ln x = X$ 라 하면

$$Y = A + bX$$

가 된다. 위 식에서 최소자승법을 이용하거나 회귀직선식을 이용하여 A, b값을 구하고, 다시 A값에서 a값을 구하면 된다. 그리고 이와 같은 경향을 보이는 경우에는 양대수 방안지(x축과 y축 모두가 log값으로 나타낼 수 있는 용지)에 나타내면 직선식 관계가 성립하는 것을 쉽게 알 수가 있다.

〈표 6-3〉 멸치의 월령에 따른 체장

월령	체 장(cm)
1	3.1
2	4.6
3	5.6
4	6.5
5	7.5
6	8.2
7	8.6
8	9.1
9	9.6

〈계산기 내의 회귀직선식을 이용한 포물선 성장식 구하는 방법〉

① 계산기의 ON(AC) 키를 눌러 작동시킨 후에 MODE 키를 누르고 2번을 누르면 표시판에 "LR"이 뜬다.

② SHIFT와 KAC(AC) 키를 누르고 각 값들을 쳐 넣으면 된다. 각 값들을 넣는 방식은 먼저 x 값의 수치를 치고 ln누르고 나서 x_D, y_D키(먼저 친 것이 x

값이라는 것임)를 누르고, y 값의 수치를 치고 나서 ln 키를 누른 다음 DATA(RUN) 키(1개의 값이 저장되었다는 것)를 누르면 된다. 2번째부터 나머지의 모든 값도 같은 방법으로 하면 된다.

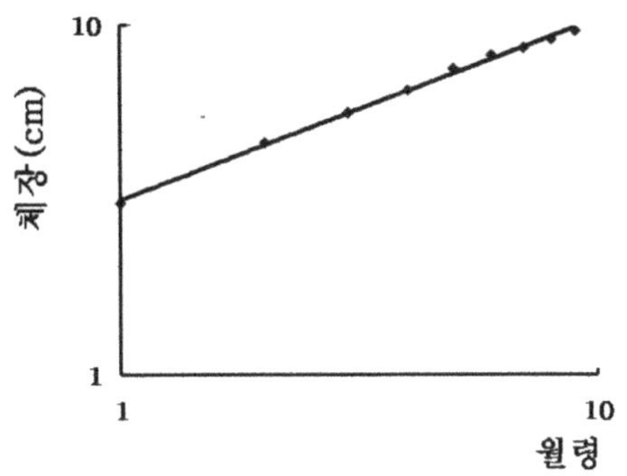

〈그림6-12〉$\ln y = 1.15 + 0.52 \cdot \ln x$

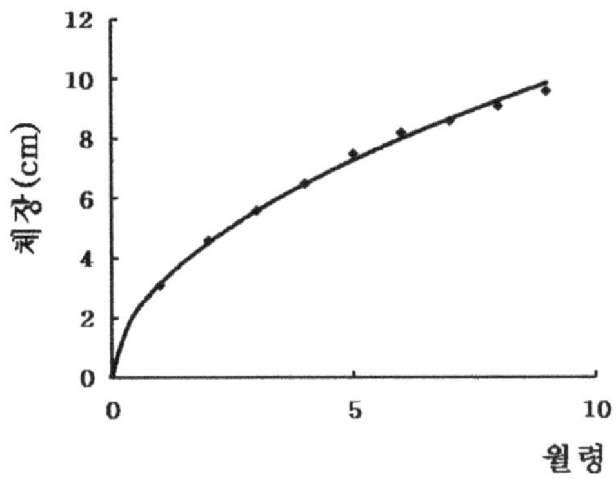

〈그림 6-13〉 $y = 3.17x^{0.52}$의 성장식

③ 모든 값을 쳐 넣은 후에는 SHIFT 키를 누른 후에 A(7) 키를 누르면 A값이 나타나면, 다시 SHIFT 키를 누른 후에 ln 키를 누르면 a값이 나타난다. 그리고 나서 SHIFT 키를 누른 후에 B(8) 키를 누르면 b값이 나타나며, SHIFT 키를 누른 후에 r(9) 키를 누르면 r값이 나타난다.

④ 〈표 6-3〉의 값들을 위와 같은 방식으로 하면 A 값이 1.15이이므로 a 값은 3.17이고, b 값은 0.52이며, 이때 r 값은 0.9985이다. 즉, $y = 3.17\,x^{0.52}$ 이며, 그림을 양대수 방안지에 나타내면 〈그림 6-12〉와 같이 직선식이 되고, 보통의 방안지에 나타내면 〈그림 6-13〉과 같이 포물선식이 된다.

(4) 1분자 반응식($y = c(1 + e^{a - bx})$)

가장 많이 사용되는 성장식이므로 뒤에서 상세히 설명하고자 한다.

(5) Logistic 성장식($y = \dfrac{c}{1 + e^{a + bx}}$)과 Compertz 성장식($y = c\,e^{-e^{a-bx}}$)

이들 식은 Logistic과 Compertz가 확립한 식으로 복잡하여 잘 사용되지 않는다.

3. Bertalanffy 성장식

1) 논리적 근거와 유도과정

1분자 반응식인 Bertalanffy 성장식은 연령이 증가함에 따라 체중이나 체장의 성장속도가 점차 줄어들어 어떤 값(극한체장 또는 극한체중)에 점점 접근해 간다는 것이다. 생물의 성장 메카니즘에 이 식이 적합하다고 von Bertalanffy(1938)가 제시한 이래로 포유류와 어류의 성장을 표현하는데 많이 사용되었고, Beverton and Holt(1957)가 적정어획 이론식에 사용하면서 현재까지 가장 널리 이용되고 있는 성장식이다. 그러나 이 식은 성장초기에 잘 맞지 않는다는 결점이 있으나 최근에는 컴퓨터를 사용하면서 측정치에 가장 적합한 최선의 매개변수를 시행착오법으로 찾아서 사용하는 방안이 제시되고 있다.

Bertalanffy 성장식은 생물의 체중증가율은 체중의 $\frac{2}{3}$ 승에 비례하는 동화작용량과 체중에 비례하는 이화작용량의 논리적 근거에 바탕을 두고 있다. 즉, 체중증가율은 동화작용량에서 이화작용량을 뺀 것과 같다는 것이다. 즉, 체중을 W라 하면, 체중증가량은

$$
\begin{aligned}
\frac{dW}{dt} &= \text{동화작용량 - 이화작용량} \\
&= aW^{m} - bW^{n} \\
&= aW^{\frac{2}{3}} - bW \qquad (6.1)
\end{aligned}
$$

이다. 여기서 체중은 체장의 3승에 비례하므로

$$W = \alpha L^3$$

이므로, 위 식을 길이 L로 미분하면

$$\frac{dW}{dL} = 3\alpha L^2$$

가 된다. 여기서 $dW = 3\alpha L^2 dL$ 이므로, 이것을 (6.1)식에 대입하면

$$\frac{dL}{dt}3\alpha L^2 = a(\alpha L^3)^{\frac{2}{3}} - b(\alpha L^3)$$

$$\frac{dL}{dt} = \frac{a(\alpha L^3)^{\frac{2}{3}}}{3\alpha L^2} - \frac{b(\alpha L^3)}{3\alpha L^2}$$

$$= \frac{a}{3\alpha^{\frac{1}{3}}} - \frac{b}{3}L$$

여기서 $\frac{a}{3\alpha^{\frac{1}{3}}} = A,\ \frac{b}{3} = B$라 놓으면

$$\frac{dL}{dt} = A - BL$$

$$= B\left(\frac{A}{B} - L\right) \qquad (6.2)$$

가 된다. (6.2)식이 0이 되기 위해서는 $B = 0$ or $\frac{A}{B} - L = 0$이어야만 한다. 여기서 $B = 0$ 이란 것은 어류가 태어나는 순간이므로 체장의 증가속도가 0이라는 뜻이고, $\frac{A}{B} = L$이란 뜻은 체장이 다 증가하여 더 이상 증가하지 않는 상태이므로 $\frac{A}{B}$는 L_∞를 뜻하며, 체장 L은 시간 t의 함수이므로 L_t로 표시하고, B를 k 라고 하면

$$\frac{dL_t}{dt} = k(L_\infty - L_t)$$

가 된다. 이 식을 풀기위하여 변형하면

$$\frac{dL_t}{L_\infty - L_t} = k\,dt$$

가 된다. 위식의 양변을 t로 적분하면

$$-\ln(L_\infty - L_t) = kt + c \quad (c\text{는 적분상수}) \qquad (6.3)$$

가 된다. L_t = 0일 때의 시간 t을 t_o라 하면

$$-\ln(L_\infty) = kt_o + c$$

$$c = -\ln(L_\infty) - kt_o$$

가 된다. 이 값을 (6.3)식에 대입하면

$$-\ln(L_\infty - L_t) = kt - \ln(L_\infty) - kt_o$$

$$\ln(L_\infty - L_t) = \ln(L_\infty) - k(t - t_o)$$

$$L_\infty - L_t = L_\infty e^{-k(t - t_o)}$$

$$L_t = L_\infty - L_\infty e^{-k(t - t_o)}$$

$$= L_\infty \left[1 - e^{-k(t - t_o)}\right] \qquad (6.4)$$

가 된다. 이것이 Bertalanffy 체장성장식이다. 이러한 방식으로 고등어에 대하여 나타내면 〈그림 6-14〉와 같다.

체중은 체장의 3승에 비례하므로

$$W = qL^3$$

$$W_\infty = qL_\infty^3$$

(6.4)식의 양 변을 3승하고 q를 곱하면

$$qL_t^3 = qL_\infty^3 \left[1 - e^{-k(t - t_o)}\right]^3$$

$$W_t = W_\infty \left[1 - e^{-k(t - t_o)}\right]^3 \qquad (6.5)$$

가 된다. 이것이 Bertalanffy 체중성장식이다. 이러한 방식으로 고등어에 대하여 나타내면 〈그림 6-15〉와 같다. 체중은 체장의 3승에 비례한다는 가정 하에 체장성장식을 변환한 것이다. 실제는 체중이 체장의 3승에 꼭 비례한다는 것은 아니므로 $W = qL^n$으로 하는 것이 바르며, 따라서 체중성장식도 n승으로 표현하는 것이 옳다.

$$W_t = W_\infty \left[1 - e^{-k(t - t_o)}\right]^n$$

그러나 체장과 체중 사이의 관계는 어체의 성숙상태나 위 내용물의 양 등에 영향을 받기 쉬우므로 n값이 3에 가까울 때는 엄밀한 계산을 하는 경우를 제외하고는 n = 3으로 계산하는 것이 편리하다.

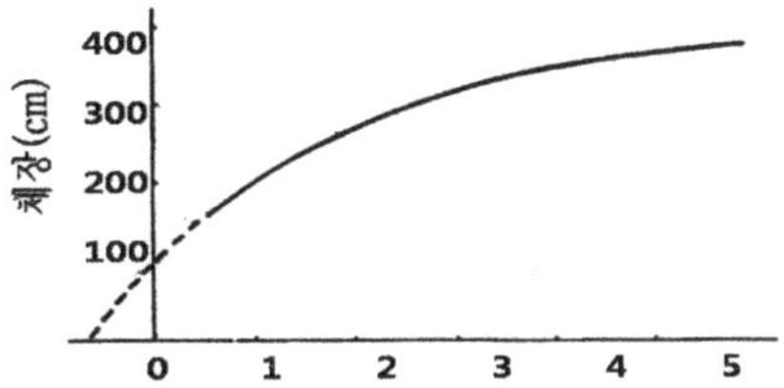

〈그림 6-14〉 고등어의 체장 성장곡선

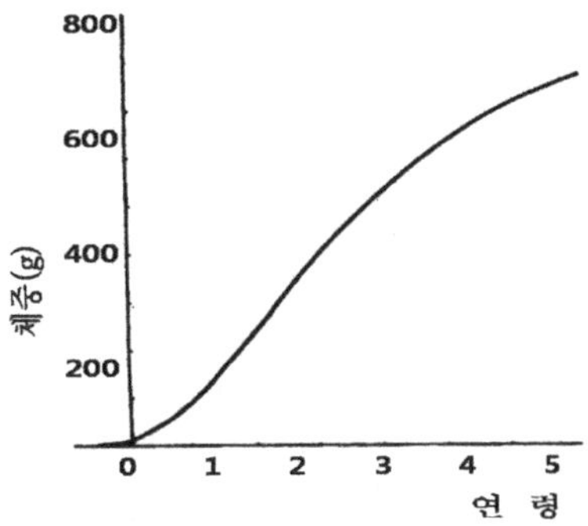

〈그림 6-15〉 고등어의 체중 성장곡선

2) 매개변수 추정방법

(1) k와 L_∞ 값의 추정

$t+1$년일 때의 체장 l_{t+1} 을 (6.4)식에 대입하면

$$l_{t+1} = L_\infty \left[1 - e^{-k(t+1-t_o)}\right]$$

이다. 이 식은

$$l_{t+1} = L_\infty \left[1 - e^{-k(t-t_o)} \cdot e^{-k}\right] \qquad (6.6)$$

로 고칠 수 있다. 한편 (6.4)식은 아래와 같이 변형될 수 있다.

$$\frac{l_t}{L_\infty} = 1 - e^{-k(t-t_0)}$$

$$1 - \frac{l_t}{L_\infty} = e^{-k(t-t_0)} \qquad (6.7)$$

이 식을 (6.6)식에 대입하면

$$l_{t+1} = L_\infty \left[1 - (1 - \frac{l_t}{L_\infty}) \cdot e^{-k}\right]$$

$$= L_\infty \left[1 - (e^{-k} - \frac{l_t}{L_\infty} \cdot e^{-k})\right]$$

$$= L_\infty (1 - e^{-k} + e^{-k} \bullet \frac{l_t}{L_\infty})$$

$$= L_\infty (1 - e^{-k}) + e^{-k} \bullet l_t$$

이 된다. 위 식에서

$$Y = l_{t+1}$$

$$A = L_\infty (1 - e^{-k})$$

$$B = e^{-k}$$

$$X = l_t$$

라 하면 Y = A + B·X의 직선식이 성립된다. 어느 연령의 체장 l_t를 X로 하고, 그 다음 해의 체장 l_{t+1}을 Y로 하여 회귀직선식이나 최소자승법을 이용하여 직선식의 매개변수 A와 B를 구할 수 있다.

이러한 방법으로 k와 L_∞를 구하는 것을 Walford의 방법이라고 한다. Walford 방법은 그래프를 사용하여도 k와 L_∞를 구할 수 있다. 〈그림 6-16〉에서 보는 바와 같이 자료의 근사식이 45°선과 만나는 점에서는 $l_t = l_{t+1}$ 이므로 L_∞에 해당된다. 근사식의 기울기는 e^{-k}가 되므로 $k = -\ln$(기울기)이다. 여기서 그림을 방안지에 크게 그리면 계산하지 않아도 거의 정확한 값을 구할 수 있다.

(2) t_0값의 추정

(6.4)식을 t_0에 대한 식으로 바꾸면

$$t_0 = \frac{1}{k} \ln(1 - \frac{l_t}{L_\infty}) + t$$

(6.8)

로 되므로 t_0를 구할 수 있다. 그러나 t와 l_t에 따라 계산된 t_0 값이 변이를 나타내는 경우가 많으므로 평균치를 사용하는 것이 바람직하다.

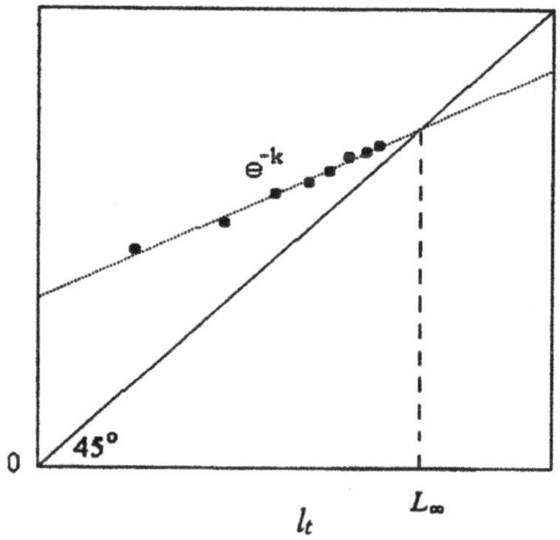

〈그림 6-16〉 Walford의 방법에 의한 k와 L_∞ 추정

제 7장 사망과 생존

1. 전사망계수와 생존율

어류의 개체군은 일반적으로 출생 시기를 달리하는 몇 개의 연령군으로 구성되어 있으며, 그 크기는 각 연령군의 생체량의 합이 된다.

어떤 개체군을 구성하고 있는 각 연령군들은 태어난 해를 달리하는 별도의 연급군에 속한다.

한 연급군에 속하는 개체들은 태어난 이래로 수명이 다할 때까지 모두 함께 살다가 죽는 날에 한꺼번에 죽는 것이 아니고, 일찍 죽는 개체도 있고, 수명을 다할 때까지 살다가 죽는 개체도 있을 것이다. 수산자원이란 것은 시간과 함께 개체수가 줄어들면서 점차 사라져가는 연급군들의 어느 시점에 있어서의 생체량의 합계가 된다. 그러므로 자원을 이해하기 위해서는 자원을 구성하는 각 연령군에 속해있는 각 연급군의 수량변동을 이해하는 것이 중요하다.

어류자원의 연급군은 그 생애의 초기에 대량으로 사망하며, 같은 개체군에 있어서도 해마다 초기사망 패턴에는 일정한 경향을 찾아볼 수 없을 정도로 환경 의존적이다. 그러나 어장에 가입하는 미성어기 이후에는 연급군 내에서 사망하는 속도는 대체로 일정하다고 알려져 있다.

1) 사망률과 생존율

지금 A라는 연급군이 1,000마리 있었는데, 1년 후에는 700마리만 생존하였고, 300마리가 죽었다면, 사망률 d는

$$d = \frac{300}{1,000} = 0.3 = 30\%$$

이고, 1년 후에 살아남은 생존율 ρ는

$$\rho = \frac{700}{1,000} = 0.7 = 70\%$$

이다. 죽은 300마리와 살아남은 700마리를 합치면 처음의 1,000마리가 되므로 사망률과 생존율을 합치면 1이 된다. 그러므로 생존율 $\rho = 1 - d$ 가 된다.

어느 연급군이 연초에 N_t마리였다가 1년 뒤에 N_{t+1} 마리가 되었다면, 그 한 해 동안 사망한 개체수 ΔN_t 는 (단, $N_t \geq N_{t+1}$)

$$\Delta N_t = N_t - N_{t+1}$$

이다. 년 초의 자원량 N_t에 대한 그 해 1년 동안 사망한 량 ΔN_t의 비율을 사망률이라 한다. 사망률 d는

$$d = \frac{\Delta N_t}{N_t} = \frac{N_t - N_{t+1}}{N_t} = 1 - \frac{N_{t+1}}{N_t} \tag{7.1}$$

이다. 이 식의 오른편 마지막 항 $\frac{N_{t+1}}{N_t}$는 년초의 자원량에 대한 연말까지 살아남은 양의 비율이 되므로 생존율이 된다. 생존율 ρ는

$$\rho = \frac{N_{t+1}}{N_t} = 1 - d \tag{7.2}$$

가 된다. 이와 같이 사망률이나 생존율은 중량의 비율이 아니고 개체수의 비율로 표현한다.

2) 전사망계수(전감소계수)

1,000마리였던 연급군이 1년 후에 700마리로 된 후에 매년 같은 사망률로 죽는다면 개체수의 변화는 어떻게 될까?

처 음 :			**1,000마리**
1년 후 :		1,000 × (1 - 0.3) =	700마리
2년 후 :	700 × (1 - 0.3) =	1,000 × (1 - 0.3) (1 - 0.3) =	
		1,000(1 - 0.3)2 =	490마리
.			.
.			.
.			.
t년 후 :		1,000 (1 - 0.3) t	

가 된다.

초기의 자원량을 N_0, 사망률을 d라 할 때 t년 이 경과한 후의 개체수 N_t는

$$N_t = N_0 \cdot \rho^t$$

으로 쓸 수 있다. 이 식의 양변을 ln을 취하면

$$\ln N_t = \ln N_0 + \ln\rho \cdot t \qquad (7.3)$$

가 된다. 이 식은 $Y = \ln N_t$, $A = \ln N_0$, $B = \ln\rho$, $X = t$로 두면 Y = A + B·X의 직선식이 되므로 (t, N_t) 좌표들은 X축에 시간 t를 두고 Y축에 개체수 N_t의 대수 값을 편대수방안지에 나타내면 직선이 됨을 알 수 있다.

(7.3)식에서 직선의 기울기에 해당하는 $\ln\rho$를 -Z로 바꾸면

$$\ln N_t = \ln N_0 - Z \cdot t \qquad (7.4)$$

로 된다. 이와 같이 시간 t와 t에 있어서의 개체수의 대수값 $\ln N_t$ 사이에 직선관계가 있을 때 , 그 직선 기울기의 절대값이 전사망계수라 한다. 전사망계수라 함은 자연사망을 한 것과 인간에게 잡혀죽은 어획사망을 포함한 전체사망이라는 뜻이다.

(7.4) 식에서 ln을 없애면

$$N_t = N_0 e^{-Zt} \qquad (7.5)$$

($N_t = N_0 e^{rt}$에서 자연증가율 r대신에 감소하는 계수 -Z로 한 것)

따라서 생존율 ρ 는

$$\rho = \frac{N_{t+1}}{N_t} = \frac{N_0 e^{-Z(t+1)}}{N_0 e^{-Zt}} = \frac{N_0 e^{-Zt} \cdot e^{-Z}}{N_0 e^{-Zt}} = e^{-Z}$$

로 되며, 이 식에서 사망률을 d라 하면

$$d = 1 - \rho = 1 - e^{-Z} \qquad (7.6)$$

(7.5)식을 미분하면

$$N_t = N_0 e^{-Zt}$$

$$\frac{dN_t}{dt} = -Z \cdot N_0 e^{-Zt}$$

$$= -Z \cdot N_t \qquad (7.7)$$

가 된다. 이 미분방정식의 왼편 항은 순간사망속도를 의미하므로 Z를 순간사망계수라고도 한다. 즉, 어느 시점 t에 있어서의 순간사망속도는 그 시점에서의 자원량에다 순간사망계수를 곱한 값이다.

지금까지 사망률이 일정하다고 가정한 가상적인 연급군을 다루면서 사망률, 생존률, 그리고 사망계수의 뜻과 연급군의 개체수 변동을 설명하였다. 바다에 자연상태로 존재하는 자원생물에 대해서 처음 발생량부터 시작하여 해마다 그 개체수가 어떻게 변하는지 직접 조사하는 것은 불가능하지만, 어느 해에 발생한 연급군이 어장에 가입한 이후에 개체수의 변하는 모습이 어획물의 연령조성에 반영되어 나타난다. 가로축에 연령을 두고, 세로축에 개체수를 두어서 어획물곡선을 그려보면 나이가 적을 때에는 빠르게 상승하고, 어느 연령에서 최고에 달하며, 그 후에는 점점 감소하는 경향을 나타낸다.

〈그림 7-1〉은 우리나라 말쥐치, 북해도 청어와 동니나해 황돔의 어획물곡선을 나타낸 것이다. 이들 그림에서 공통적으로 알 수 있는 것은 어느 시점까지는 마리수가 증가하여 최대값을 보이다가 그 이후부터는 일정하게 직선적으로 감소하는 경향을 보였

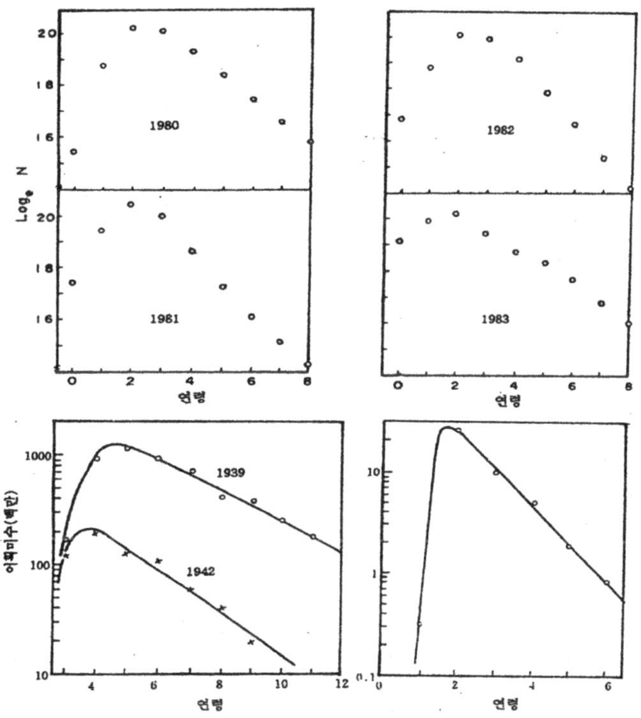

〈그림 7-1〉 어획물곡선

(a) 한국산 말쥐치 (b) 북해도 청어 (c) 동지나해 황돔

다. 이와 같은 경향을 보이는 것은 가입이 일시에 이루어지는 것이 아니고 잡히기 시작하여 최대값을 나타내는 곳까지가 가입이 이루어지는 시기이며, 가입이 다 된 이후에는 어획미수는 직선적으로 감소하는 것으로 보아 사망률이 일정함을 알 수 있다.

3) 전사망계수 추정

전사망계수 Z는 앞에서 설명한 바와 같이 어획물곡선에서 감소부분의 기울기를 구하여 추정할 수 있으므로 어획물곡선에서 추정하는 방법을 설명하고자 한다.

〈어획물곡선에서 전사망계수 추정하는 방법〉

어획물의 연령별 개체수 자료를 사용하여 가로축에 연령, 세로축에 개체수의 대수값을 나타내면 가입이 완료된 이후에는 개체수의 감소경향이 나타나는데, 감소부분만을 사용하여 최소자승법을 사용하거나 회귀직선식을 이용하여 감소직선의 기울기를 구하면 기울기의 절대값이 전사망계수 Z에 해당된다. 이 방법은 원래 한 연급군에서 나이에 따른 개체수 변화를 추적한 자료에 한하여 사용할 수 있는 것이지만, 다른 연급군들이 섞인 자원의 연령조성에서도 근사한 직선성이 나타나는 사례가 흔하기 때문에 이 방법으로 추정하는 것도 무방하다. 대체로 저서어류에서는 연령조성의 오른쪽 경사부분에서 직선성이 좋은데, 이것은 해마다 가입과 사망이 안정되어 있기 때문이라고 생각된다.

〈표 7-1〉 동지나해산 보구치의 연령조성

연령	0	1	2	3	4	5	6	7
개체수	83,525	102,942	50,179	14,218	4,770	1,279	309	86

〈풀이〉 위의 관계를 X축에는 연령을 Y축에는 개체수를 편대수방안지에 그림으로 나타내면 아래와 같다.

위의 어획물곡선에서 살펴보면 가입되기 시작하여 1년이 지나면 모두 가입되어 그 이후부터는 일정한 경향으로 감소하고 있으므로 6장에서의 지수적 성장식과 같이 회귀직선식을 이용하여 구하면 된다. 지수적 성장식 $\ln y =$

$\ln a + bx$ 에서 이 식의 기울기 값이 b이므로 b 값을 구하면 된다.

따라서 위의 표에서 1부터 7까지의 좌표 값들을 입력하되 y값을 입력할 때에는 ln을 취한다는 것을 기억하면 될 것이다.

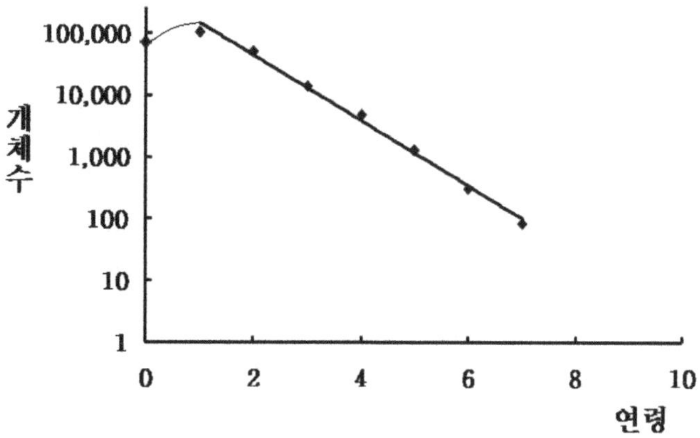

〈그림 7-2〉 보구치의 어획물곡선

그러면 기울기 b 값은 -1.209(r = - 0.9970)가 나온다.

따라서 전사망계수 Z는 1.21이 된다.

4) 생존율 추정

생존율 추정방법은 여러 가지가 연구되고 있으나 여기서는 두 시점의 자료 N_1, N_2 를 사용하는 방법만을 소개하기로 한다.

〈두 시점의 자료를 사용하여 생존률을 추정하는 방법〉

어느 어군의 두 시점에 있어서의 개체수 N_1, N_2를 알고 있다면, 그 기간 동안의 생존률 ρ는

$$\rho = \frac{N_2}{N_1}$$

이다. 두 시점 t_1, t_2 사이에 사망률이 일정하다고 간주한다면, 시간간격을 T(= $t_2 - t_1$)라 할 때

$$e^{-ZT} = \rho = \frac{N_2}{N_1}$$

$$-Z \cdot T = \ln \frac{N_2}{N_1}$$

$$\therefore Z = -\frac{\ln \frac{N_2}{N_1}}{T}$$

이다. 여기서 T 값은 년(Year) 단위를 사용한다.

〈예〉 3세 1,000마리인 고등어가 6세에 125마리가 되었다. 어느 개체군의 경우에도 사망률이 일정하였다고 보면,

3년간의 생존률 ρ = 125/1,000 = 0.125

Z = - ln(125/1,000)/ 3 = 0.6931

따라서 연간생존률 $\rho = e^{-0.6931} = 0.5$

이다.

경우에 따라서는 실존 개체수는 알 수 없으나 단위노력당어획미수(CPUE)와 같은 상대성 지수를 알고 있다면 같은 방법으로 생존률을 추정할 수 있다.

t_1, t_2 시점에서 단위노력당어획미수가 n_1, n_2이면 $t_1 \rightarrow t_2$ 사이의 생존률 ρ는

$$\rho = \frac{n_2}{n_1}$$

이다.

2. 자연사망과 어획사망

자원생물은 인간이 이용하지 않고 방치하더라도 자연사망이라는 개체수 감소의 역학적 작용을 받는다. 그러나 어구에 가입하여 어획되는 이용자원에는 어구에 가입하기 전까지 겪은 것과 동일한 자연사망에 새로이 어획사망이 부가된다. 따라서 가입 이후의 자원생물은 한층 높은 사망률의 압력을 받는다.

일반적으로 자연사망률이 높은 자원은 수명이 짧고, 어업에 이용되는 연령범위가 좁다. 그리고 이용자원에서 빠른 속도로 사라지는 양은 인간이 이용할 수 있음에도 불구하고 이용하지 않는 셈이다. 이러한 자원에 대해서는 어업이 자원에 끼치는 영

향을 생각하지 말고 어업을 강화하여 자연사망하는 몫을 가능하면 많이 어획으로 돌리는 것이 바람직하다. 따라서 어떤 자원이던 간에 그것을 유효하게 이용하려면 그 자원의 자연사망률을 알아야한다.

그러면 자연사망의 요인은 무엇이며, 성장에 따른 자연사망률의 변화, 수명 및 성장과 자연사망과의 관계 등을 살펴보기로 하자.

1) 자연사망의 요인

발생에서 가입까지의 사망요인은 가입 이후의 자연사망 요인도 되며, 최근들어 산업폐기물, 도시의 폐수 등에 의한 각 수역의 오염과 그것에 따른 플랑크톤의 이상발생과 연안과 내해, 하천 및 호소 등에 서식하는 어패류들을 폐사시키고 있는 실정이므로 그 영향의 조사와 예찰이 요망되고 있다.

(1) 천적

수계의 생태계에서 식물플랑크톤을 제외한 모든 생물은 다른 생물의 천적에 해당된다. 생태계에서 다양한 생물들이 먹이망(Food web)으로 서로 연결되어 군집을 이루고 있음은 먹고 먹히는 관계를 통하여 유기에너지가 전이되고 있음을 의미하므로 천적에 의한 사망은 자연사망의 가장 중요한 원인이라고 볼 수 있다.

(2) 질병 및 기생충

기생충도 군집의 유기에너지가 흐르는 미세통로의 하나이다. 질병은 어느 집단에 먹이망 회로를 통하여 내 보낼 수 있는 속도한계 이상으로 유기에너지가 유입될 때, 그 집단에 유기에너지가 과도하게 축적되므로 군집 전체의 에너지 흐름에 나타내는 체증을 타개하기 위한 개체수 조절의 한 메카니즘으로 작용하는 외형적 형상이다. 적조발생도 여기에 포함된다고 본다.

(3) 물리적 환경의 급변

해양의 물리적 환경은 육상의 생물환경과 비하면 놀라울 정도로 그 변동폭이 좁고, 매우 안정되어 있다. 그러므로 해양생물은 그러한 안정된 물리적 환경의 전제 위에 종의 생존이 구축되어 있어서 가끔은 무작위적으로 나타나는 환경의 급변을 수용하지 못하고 대량 사망하는 사례가 많다. 대량사망에 가장 예민하게 작용하는 물리적 요소는 수온이며, 연안수역에서는 염분과 용존산소도 중요한 요소가 될 수 있다.

(4) 인간에 의한 간접 사망

어획 이외에 인간에 의하여 사망압력을 받는 경우로 매립, 간척 등에 의한 지형변경, 공해물질의 유입 등이 여기에 해당된다. 어로작업 중에 어구에 들어 왔으나 상품성이 없어 바다에 다시 버려지는 것(Discard, 투기)도 거의 다 죽으므로 자연사망으로 취급하여야 한다.

(5) 일산(逸散)에 의한 감소

개체군의 일부가 이탈하여 어장범위 밖으로 나가서 어획의 대상이 되지 않는 경우이다. 이것은 자원 전체로 볼 때는 사라진 것이 아니지만 어획대상이 되지 못하므로 그 어장을 중심으로 생각할 때는 감소에 속한다. 일산은 환경요인이 급변할 때 피신하는 경우, 개체군이 커져서 밀도가 낮은 곳으로 이동하는 경우, 어획이 강화될 때 도피하는 경우가 있다.

2) 성장에 따른 자연사망률의 변화

청어의 매년 어획물의 연령조성을 오랜 기간을 두고 정리하면, 어느 해에 특히 많은 연급군이 존재하고, 그 연급군은 그 후 수년에 걸쳐 연속해서 어획물의 연령조성 중에 우위를 점유하고 있는 것이 관찰되었다(〈그림 2-3〉). 이러한 탁월연급군의 존재는 노르웨이산 청어뿐만 아니라 일본 근해의 청어에서도 잘 알려져 있다. 이러한 탁월연급군의 미수변화를 보면 어획자원으로 가입된 후의 감소율 또는 자연사망률이 거의 일정한 것으로 보인다.

고래는 자연사망 요인으로 Whale killer 등에 의한 포식, 내·외부의 기생생물이나 이료의 부족에 의한 영양불량으로써의 질병, 연안에 오르는 것과 같은 우연적 사고사 등을 들 수 있으나 해수류는 임신기간이 길고 새끼는 출생될 때까지 상당히 성장하고 있으며, 출생 후의 사망률은 다른 수산생물에 비해 극히 낮다. 또한 젖 먹는 기간이 길며, 어미의 보호를 받게 되고, 천적이 비교적 적으므로 사망률은 대단히 낮다. 물개의 경우는 젖 먹는 기간이 짧으며, 출생된 새끼는 잠시 동안 육상에서 지내게 되므로 생후 1년까지의 사망률은 0.33~0.50으로 높으며, 성숙된 암컷에서는 0.10~0.11로 낮고, 암컷은 7세 이상 되면 급격히 사망률이 높아진다.

3) 수명 및 성장과 자연사망과의 관계

생잔곡선이 어종에 따라 일정하다고 하면 자연상태에서의 사망계수는 수명의 역수에 비례할 것이라 생각하고 Tanaka(1960)는 도미, 청어, 가자미, 대구 등의 최고 연령과 자연사망계수와의 관계를 검토한 결과 직선관계를 얻었다. 이 관계식을 이용해서 어느 어종의 최고 연령이 대략 추측되면 자연사망계수가 추정된다.

대형 어류는 대게 수명이 길고, 단명하는 어종은 성장이 빠른 일반적인 경향을 보인다. Beverton과 Holt는 성장계수 k 와 자연사망계수 M과의 관계를 여러 어종에 대하여 검토해 본 결과 성장계수와 자연사망계수와는 비례관계가 있으며, 이 값이 크면 수명이 짧다고 하였다.

4) 자연사망계수와 어획사망계수

인간이 어획하지 않는 자원의 전감소계수는 그대로 자연사망계수가 되는데, 어획이 이루어지고 있는 자원에서는 자연사망과 어획사망이 함께 이루어지고 있으므로 문제가 복잡해지지만 이것을 이해하기 위해서 한 단계씩 설명하기로 한다.

어획으로 사망한 것과 자연사 한 것을 합치면 전체사망이 된다. 어느 자원이 연초에 N_t마리였다가, 일 년 동안 dN_t마리가 감소했다면, dN_t는 자연사망을 한 D_t마리와 어획된 Y_t마리의 합계에 해당한다.

$$dN_t = D_t + Y_t$$

그러므로 자연사망률 m과 어획사망률 f는 각각

$$m = \frac{D_t}{N_t} \quad , \quad f = \frac{Y_t}{N_t}$$

이다. 그런데 자연사망은 어획이 없다고 가정했을 때의 사망이므로 어획량 Y_t에는 어획되지 않았더라도 자연사 할 개체들이 포함되어 있다고 보아야 한다. 어획물 중에서 자연사망으로 분류해야 할 개체수는 $Y_t \times m$ 마리에 해당한다. 그러므로 실제 어획으로 인한 어획사망량은

$$Y_t - Y_t \times m = Y_t(1-m)$$

이 된다. 따라서 그 한 해 동안의 감소량 dN_t는

$$dN_t = D_t + Y_t(1-m)$$

이 되며, 이 식의 양변을 연초 자원량 N_t로 나누면

$$\frac{\Delta N_t}{N_t} = \frac{D_t}{N_t} + \frac{Y_t}{N_t}(1-m)$$

이 된다. 이 식의 왼편항은 (7.1)식의 전사망률 d가 된다. 그러므로

$$d = m + f(1-m)$$

이 된다. 양변을 각각 1에서 빼면

$$1-d = 1-[m+f(1-m)]$$

$$1-d = (1-m)(1-f) \qquad (7.5)$$

이다. 이식은 가입이 없다고 볼 때 전사망률과 자연사망률 및 어획사망률의 관계를 나타낸 것이다. (7.5)식의 왼편 항 $1-d$는 생존율을 뜻하므로 사망률이 매년 일정하다고 할 수 있다면 전사망계수 Z를 사용하면

$$1-d = \rho = e^{-Z}$$

로 쓸 수 있다. 그리고 (7.5)식은 자연사망의 생존율과 어획사망의 생존율을 곱한 값이 전생존율에 해당함을 의미한다. 자연사망률과 어획사망률이 매년 일정하다고 가정할 때 자연사망계수를 M, 어획사망계수를 F로 하여 (7.5)식을 고쳐 쓰면

$$e^{-Z} = e^{-M} \bullet e^{-F} = e^{-(M+F)}$$

가 된다. 그러므로

$$Z = M + F \qquad (7.6)$$

가 된다. 즉, 전사망계수는 자연사망계수와 어획사망계수의 합이다.

5) 어획사망계수 추정

전사망계수는 전사망속도를 의미하고, 자연사망계수는 자연사망속도를 의미하듯이

어획사망계수는 어획에 의한 사망속도를 의미한다.

개체군에 대한 자연의 사망압력은 일정한 것으로 본다 하더라도 인간의 불규칙적인 어로행위와 어선마다 사용하는 어구의 성능이 다양하고 끊임없이 변하는 점 등을 고려할 때, 어업의 결과에서 초래되는 어획사망이 일정하다는 것을 기대하기가 곤란하다. 그럼에도 불구하고 여러 나라에서 정밀한 계획아래 취합된 어업통계자료를 분석해 보면 어획률이 거의 일정한 경향을 나타내는 경우가 흔히 있다.

어획사망계수는 앞에서 살펴본 전사망계수와 자연사망계수를 알면 간단히 계산할 수 있으나 여기서는 별도의 어획사망계수 추정방법을 소개하고자 한다.

어획사망계수 F와 어획률 f의 관계는

$$F = -\ln(1-f)$$

이다.

(1) 직접 조사하는 방법

만일 자원량을 알고 있다면 어획량으로부터 어획률을 바로 계산할 수 있다. 자원량은 전수 조사나 또는 표본 조사를 통하여 추정이 가능하다. 해양의 어류에서 이 방법을 실제 사용해 볼 수 있는 경우는 산출된 난의 수를 조사하여 산란군의 암컷의 수를 추정하는 경우이다. 산출된 난의 수는 플랑크톤 채집망으로 조사하고, 암컷 1마리당 평균산란수를 안다면 산란에 참여한 암컷 성어의 수를 추정할 수 있다.

(2) 조업면적을 사용하는 방법

만일 자원이 고르게 분포하고, 어떤 구역 a에 있는 모든 어류들이 어획되었다고 보면, 자원이 분포하는 전 구역을 A라 할 때, 어획률은 $\left[\frac{a}{A}\right]$와 같다. 이때 어획이 전 조업기간 Δt 동안에 일어났다면

$$F \cdot \Delta t = \frac{a'}{A}$$

(여기서 a'는 모든 어선이 조업한 해역면적의 합계이다)

이다. 물론 이 방법은 어구가 실제 소해한 면적을 사용하여야만 하는데, 〈그림 7-3〉과 같은 트롤어구라면 투망완료부터 양망시작까지 예망한 시간동안의 예망거리와 전

개판 사이의 간격을 곱한 넓이이다.

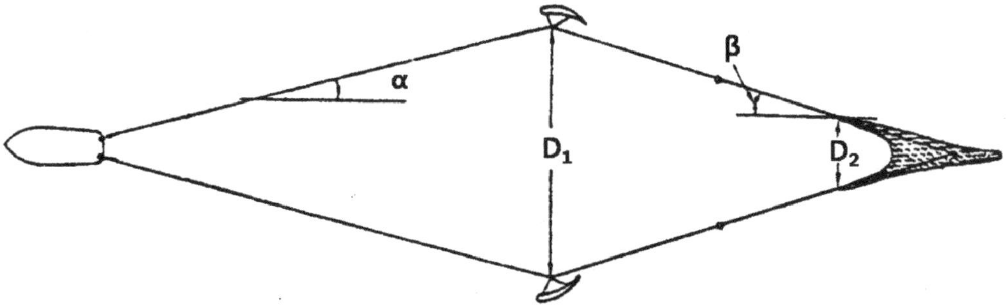

〈그림 7-3〉 트롤어구가 소해하는 면적의 모식도

D1 : 전개판의 간격, D2 : 그물의 전개폭
α : 끌줄의 진행각도, β : 그물의 진행각도

여기서 오차가 발생할 수 있는데, 첫째는 어구가 지나가는 구역 내에 있는 어류들은 모두 어획된다고 보는데 실제에는 도망가는 것도 어느 정도는 있기 때문에 어획률의 추정값이 다소 높게 평가된다는 것이다. 둘째는 어획노력이 편중되는 문제인데, 어장이 형성되면 어선들이 좁은 장소에서 집중적으로 이루어지기 때문에 CPUE 값이 작아도 어류밀도는 다소 높을 수 있으므로 어획사망률의 추정값이 낮게 평가될 수도 있다는 것이다.

(3) 표지방류에 의한 방법

표지방류된 어류의 재포 성적으로부터 어획률을 추정하는 것은 가장 잘 알려진 방법 중의 하나이다. 만일 표지방류된 어류가 속한 개체군이 전체자원과 같다고 하면 어획률과 전사망률은 재포수에서 쉽게 계산할 수 있다.

(4) 전사망계수의 변화를 이용하는 방법

전사망계수 $Z = a + b \cdot E$ 에서 어획사망계수 F는

$$F = b \cdot E = q \cdot E$$

$$\therefore b = \frac{F}{E} \tag{7.7}$$

이다. 여기서 b는 단위어획노력이 어획사망속도에 기여하는 정도를 의미하게 되므로

b를 기호 q로 대치할 수 있으며, 여기서 q를 어획능률이라고 하며, 단위노력당어획량(CPUE)이라고도 한다.

(5) 어획방정식을 사용하는 방법

사망이 계속되고 있는 어느 기간 T 동안의 평균개체수 $\overline{N}$는 T의 처음 순간개체수 N_0에 대해서

$$\overline{N} = \frac{N_0}{Z \cdot T}(1 - e^{-ZT})$$

의 관계가 있다고 하였다. 기간 T = 1년으로 하면

$$\overline{N} = \frac{N_0(1 - e^{-Z})}{Z} \tag{7.8}$$

가 되고, 이 식 오른편의 분자 항은 1년간의 총 사망한 개체수에 해당한다.

$$N_0(1 - e^{-Z}) = N_0 \cdot d$$

년간 총 사망한 개체수 중에서 어획으로 사망한 개체수 Y는 전사망계수에 대한 어획사망계수의 비율에 해당하므로

$$Y = N_0(1 - e^{-Z})\left(\frac{F}{M+F}\right)$$

$$= N_0(1 - e^{-Z}) \cdot \frac{F}{Z} \tag{7.9}$$

이 되며, 이 식을 Baranov의 어획방정식이라고 한다. 여기에 (7.8)식을 대입하면

$$Y = \overline{N} \cdot F \tag{7.10}$$

가 된다.

제 8장 수산자원과 어획

1. 어획의 영향

자원변동의 기본법칙인 Russell의 가설에 있어서 자연증가의 3요소와 자원변동과의 상호작용에 대하여 살펴보았다. 여기서는 Russell의 가설에서 유일하게 인위적인 자원변동의 요소인 어획이 자원에 끼치는 영향을 살펴보기로 한다.

1) 처녀자원

미개발된 처녀자원의 변동은 Russell 가설을 빌어서 설명하면 다음의 식으로 나타낼 수 있다.

$$P_{t+1} - P_t = \Delta P_t = (R_t + G_t) - D_t$$

성어기의 한 개체와 치어기나 미성어기의 한 개체는 함께 개체군을 구성하지만 실제로 먹이를 이용하고 출생, 성장, 사망에 관여하는 정도는 현격히 다르다. 따라서 자연 개체군의 변동을 개체수가 아니라 체중의 단위로서 파악하는 것이 더 논리적이다.

어획대상이 되고 있는 자원은 미가입군과 공간적으로 어느 정도 분리되어 색이장, 산란장 및 월동장을 포함하는 한정된 해역에서 생활한다. 한정된 서식해역에 분포하는 처녀자원의 크기는 서식해역의 수용능력에 따라 정해질 것이다. 만일, 가입량이 과도하게 많으면 개체당 먹이량이 줄어들어 성장은 불량해지고, 종내 및 종간의 경쟁은 격렬해진다. 그 결과 자연사망이 증가하는 밀도효과가 자원에 적용된다. 따라서 다음과 같은 Logistic 식이 성립된다.

$$P_{t+1} - P_t = \Delta P_t = r_m\left(\frac{K - P_t}{K}\right) P_t \qquad (8.1)$$

자원의 자연증가량은 위의 식에서 정해진다. 이 자연증가량이 자원의 크기에 따라 자연히 조절되므로써 처녀자원의 크기는 무한히 증대하지 않으며, 또한 무한히 감소하지도 않는다. 이것은 처녀자원이 가입률, 성장률 및 사망률의 부단한 변화에 따라 어떤 범위 내에서 증감을 보이면서 변동하여 평균적으로는 변화가 없음을 뜻한다. 즉, $P_{t+1} - P_t = 0$ 이므로 자연증가량은

$$\Delta P_t = r_m\left(\frac{K - P_t}{K}\right) P_t = 0$$

로 되어 처녀자원은 가입량과 성장량의 합이 연사망량과 평형을 이루는 상태를 유지한다.

2) 자원의 크기와 자연증가량

〈표 8-1〉은 자연증가율 r_m이 1.1이고, 평형상태에서 크기가 1,000톤인 자원이 여러 수준의 크기에서 달성하는 자연증가량을 나타낸 것이다.

〈표 8-1〉에서와 같이 생활구역의 수용능력에 상당하는 1,000톤의 수준에 있는 자원에서는 자연증가가 전혀 없다. 이때의 자원은 "자원변동"에서 살펴 본 것처럼 1,000톤의 수준을 중심으로 하여 상하로 증가와 감소를 번갈아 나타내면서 변동하여 평균적으로 1,000톤의 크기에서 평형상태를 유지한다는 것이다.

그러나, 만일 평형상태보다 10톤이 적은 990톤의 수준에서 자원의 크기를 유지하면 10.9톤의 자연증가량이 생긴다. 이 자연증가량으로써 자원은 본래의 평형상태로 돌아간다.

자연증가량은 자원의 크기를 이 평형수

〈표 8-1〉 자원의 크기와 자연증가량

자원량(P_t)	자연증가량(ΔP_t)
1,000	0
990	10.9
950	52.3
900	99.0
800	176.0
700	231.0
600	264.0
550	272.3
520	274.6
510	274.9
500	275.0
490	274.9
480	274.6
450	272.3
400	264.0
300	231.0
200	176.0
100	99.0
50	52.3
10	10.9
0	0

준보다 낮추면 낮출수록 증가하여 평형 자원량의 절반인 500톤에서 275톤의 최대값이 나타낸다. 자원의 크기가 500톤 이하로 낮아지면 자연증가량은 점차 감소하기 시작한다.

그러므로 최대자연증가량의 값을 구하기 위해서는 (8.1) 식을 표준형으로 고쳐 꼭지점의 좌표를 알아내거나 최대점에서의 미분한 값이 0이므로 이 값을 이용하여 구하면 된다. (8.1)식은

$$\Delta P_t = r_m\left(\frac{K - P_t}{K}\right) P_t$$

$$= r_m \cdot P_t - \frac{r_m}{K} \cdot P_t^{\,2} \qquad (8.2)$$

와 같다. (8.2)식을 표준형으로 고치면

$$= -\frac{r_m}{K}(P_t^2 - K \cdot P_t)$$

$$= -\frac{r_m}{K}\left[P_t^2 - K \cdot P_t + \left(\frac{K}{2}\right)^2 - \left(\frac{K}{2}\right)^2\right]$$

$$= -\frac{r_m}{K}\left(P_t - \frac{K}{2}\right)^2 + \frac{r_m \cdot K}{4}$$

이 된다. 즉, 꼭지점의 좌표가

$$\left(\frac{K}{2}, \frac{r_m \cdot K}{4}\right)$$

가 되므로 자원량 P_t가 $\frac{K}{2}$일 때 자연증가량 ΔP_t가 최대가 되는데, 이 때의 값은 $\frac{r_m \cdot K}{4}$ 가 된다.

다른 방법으로 구하면 (8.2)식을 미분한 값이 0이 되므로

$$0 = r_m - \frac{2r_m}{K} \cdot P_t$$

$$P_t = \frac{r_m}{\frac{2r_m}{K}} = \frac{K}{2}$$

이 된다.

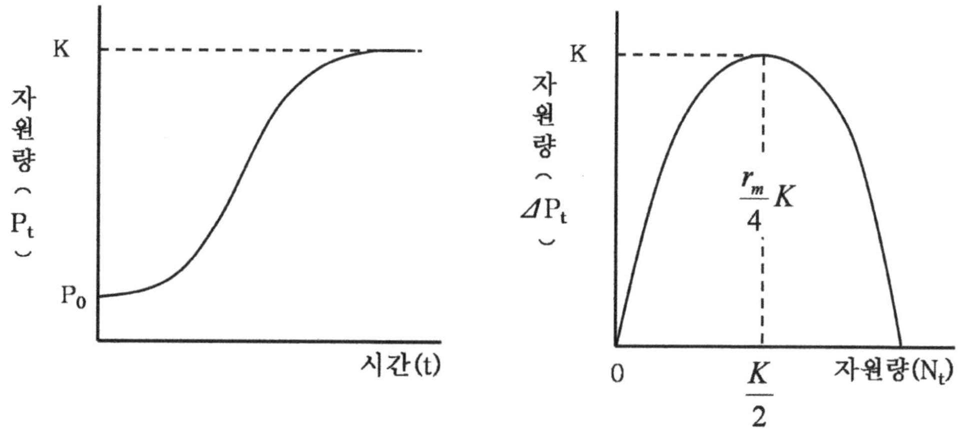

〈그림 8-1〉 자원량의 변화에 따른 자연증가량의 변화

이 값을 (8.2)식에 대입하면 $\Delta P_t = \dfrac{r_m \bullet K}{4}$ 가 된다. 따라서 이 식은 〈그림 8-1〉과 같이 원점을 지나 꼭지점$(\dfrac{K}{2}, \dfrac{r_m \bullet K}{4})$를 통과하여 $(K, 0)$을 지나는 곡선이다. 그러므로 자연증가량은 0과 K의 자원량에서는 0이 되고, $\dfrac{K}{2}$의 자원량에서는 최대값 $\dfrac{r_m \bullet K}{4}$ 를 나타낸다.

3) 어획에 대한 자원의 양적 반응

생활구역이 부양할 수 있는 한계까지 불어나 자연증가량이 0에 가까운 처녀자원은 어획의 압력을 받으면 반발한다. 즉, 어획의 감소 정도에 대응하는 적당한 자연증가량이 생겨 자원을 회복시키는 복원력이 작용한다.

자연증가량에는 최대값이 존재하며, 최대자연증가량보다 많은 양이 어획되는 자원은 복원력을 잃어버린다. 이 경우에는 어획량을 최대의 자연증가량 이하로 신속히 낮추지 않는 한 자원은 결국에 고갈되고 만다. 이와 같은 점을 보다 상세히 살펴보고자 한다.

앞에서 예를 든 r_m이 1.1, K = 1,000톤의 자원에서 매년 50톤씩 어획하여 솎아

내면, 첫 해의 자원량은 950톤이므로 (8.1) 식에 의하면 자연증가량은

$$\Delta P_t = r_m \left(\frac{K - P_t}{K}\right) P_t$$

$$= 1.1 \times \left(\frac{1{,}000 - 950}{1{,}000}\right) \times 950 = 1.1 \times 47.5 = 52.3 \text{ 톤}$$

이 된다. 이 자연증가량은 다음 해의 자원량 1002.3톤(950 + 52.3)에 포함되겠지만 그 중 50톤이 어획되어 자원량은 952.3톤이 되므로 위와 같은 방식으로 다시 계산하면 자연증가량은

$$1.1 \times \left(\frac{1{,}000 - 952.3}{1{,}000}\right) \times 952.3 = 1.1 \times 45.4 = 50.0 \text{ 톤}$$

이 된다. 같은 방법으로 구하면 그 다음 해부터는 자원량이 952.3톤으로 일정해지고, 자연증가량도 50톤으로 일정해진다. 즉, 어획량과 자연증가량이 같으므로 평형상태에 도달하게 되며, 평형상태에 도달하는데 걸리는 기간은 2년이다.

같은 방법으로 매년 100톤씩 어획을 하여 솎아내면 첫 해의 자원량은 900톤이므로 위와 같은 방식으로 계산하면 자연증가량은

$$1.1 \times \left(\frac{1{,}000 - 900}{1{,}000}\right) \times 900 = 1.1 \times 90 = 99.0 \text{ 톤}$$

이 된다. 즉, 자연증가량은 99톤이 되므로 이 자연증가량은 다음 해의 자원량 999톤(900 + 99)에 포함되겠지만 그 중 100톤이 어획되어 자원량은 899톤이 되므로 위와 같은 방식으로 계산하면 자연증가량은

$$1.1 \times \left(\frac{1{,}000 - 899}{1{,}000}\right) \times 899 = 1.1 \times 90.8 = 99.9 \text{ 톤}$$

이 된다. 이 99.9톤의 자연증가량은 그 다음 해의 자원량 998.9톤(899 + 99.9)에 포함되겠지만 그 중 100톤이 어획되어 자원량은 898.9톤이 되므로 위와 같은 방식으로 계산하면 자연증가량은

$$1.1 \times \left(\frac{1{,}000 - 898.9}{1{,}000}\right) \times 898.9 = 1.1 \times 90.9 = 100.0 \text{ 톤}$$

이 된다. 즉, 자연증가량이 100.0톤이 되면서 자원량이 898.9톤으로 일정해진다. 즉, 어획량과 자연증가량이 같으므로 평형상태에 도달하게 되며, 평형상태에 도달하는데 걸리는 기간은 3년이다.

같은 방법으로 매년 200톤씩 어획을 하여 솎아내면 〈표 8-2〉와 같이 6년째에 평

형상태에 도달하게 된다. 즉, 매년 200톤씩 솎아내면 처음에 자원량은 차츰 줄어드나 자연증가량은 차츰 증가를 하여 자원량이 761.6톤, 자연증가량이 200톤이 되면 해마다 같은 자원량과 자연증가량을 유지하게 되어 평형상태에 도달하게 된다.

평형상태에 도달하는데 걸리는 기간은 〈표 8-2〉에서와 같이 매년 어획량이 많을수록 길어진다.

그러면 매년 300톤씩 어획을 하게 되면 어떻게 될까? 위에서와 같은 방식대로 계산하면 〈표 8-2〉와 같이 자원량은 매년 감소하는데, 감소하는 정도는 처음에 많이 감소하다가 차츰 줄어들다가 다시 증가하는 경향을 보인다. 반면에 자연증가량은 해마다 증가하여 275톤에 도달하였다가 급속히 감소하는 경향을 보였으며, 어획량과 같은 300톤의 자연증가량은 나타나지를 않았다. 즉, 어획을 300톤씩 매년 하게 된다면 평형상태에 도달하지 않고 결국에는 자원이 줄어들어 고갈되고 만다는 것이므로 하루 빨리 최대자연증가량 이하로 어획을 하여야만 한다. 즉, 이 자원의 경우 275톤이 최대자연증가량이 되므로 매년 275톤 이하로 어획을 하게 되면 평형상태에 도달하게 되며, 275톤을 초과하여 어획을 하게 되면 이 자원은 어획의 압력을 지탱하지 못하고 결국에 고갈되고 말 것이다. 그러므로 275톤은 MSY가 되는 셈이다.

4) 어획에 대한 자원의 질적 반응

앞에서 살펴본 계군의 속성에 비추어 생각하면, 수산자원에서는 양의 변화 없는 질의 변화란 있을 수 없고, 질의 변화가 없이는 양의 변화도 없음을 알 수 있다.

자원의 질적 속성 가운데서 가장 중요한 것은 연령조성이다. 이 절에서는 처녀자원을 처음으로 개발하기 시작할 때, 어획을 강화했을 때, 그리고 어획을 완화했을 때 자원이 나타내는 질적 반응을 연령조성의 변화를 중심으로 하여 살펴보기로 한다. 또한, 질적 변화에 따른 자원량 및 사망량의 변동도 아울러 검토하기로 한다.

지금, 생후 3년째의 생활이 시작됨과 동시에 경제적으로 이용 가치가 있는 크기에 도달하여 인간의 접근이 가능한 해역으로 매년 1,000마리씩 이동(가입)해 들어와서는 수명을 다할 때까지 거기서 생활주기를 반복하면서 매년 사망률이 0.3(생존율은 0.7)으로 생존 개체수가 감소되어 가는 어떤 처녀자원을 가정하여 보자.

이러한 처녀자원에 대해서 어획을 시작하면 종전의 자연사망 과정에 어획사망 과정이 부가되므로 사망률은 높아질 것이다. 어획으로 인해 사망률이 0.3에서 0.5로 증가한 것으로 생각하고, 자원의 양적 및 질적인 변동을 살펴보면 〈표 8-3〉과 같다. 미이용 처녀자원의 상태에서 자원량은 3,334마리이고, 매년 1,000마리의 연간사망량으로써 가입량과 균형을 취하고 있으며, 연령분포는 3세에서 22세에 이르는 20개의 연급군으로 구성되어 연도별연령조성과 연급별연령조성이 일치한다.(〈표 8-3〉의 경과시간 0)

자원양과 연령조성이 일정한 자원을 평형자원이라 하며, 평형자원의 자원량과 연령조성을 각각 평형자원량 및 평형연령조성이라고 한다.

이와 같은 평형자원에 처음으로 어획이 가해져 사망률이 0.5(생존율 0.5)로 높아지면 1년 후의 연초에 3세군(가입군)은 1,000마리로써 개발이전의 상태와 같으나 경과시간 0에서 1,000마리였던 3세군은 1년 경과할 동안에 자연사망 및 어획으로 500마리를 잃어 나머지의 500마리가 4세군으로 살아남는다(만일, 자원이 처녀상태에서 시점 1까지 계속되었다면 이 1,000마리로부터 1년 동안 700마리가 살아남아 4세군으로 되었을 것이다).

〈표 8-2〉 어획에 대한 자원의 양적 반응

어획량 (Y_t)	자원량 (P_t)	자연증가량 (ΔP_t)
0	1,000	0
50	950	52.3
	952.3	50.0
100	900	99.0
	899	99.9
	898.9	100.0
200	800	176.0
	776.0	191.2
	767.2	196.5
	763.7	198.5
	762.2	199.4
	761.6	200.0
300	700	231.0
	631.0	256.1
	587.1	266.7
	553.8	271.8
	525.6	274.3
	499.9	275.0
	474.9	274.3
	449.2	272.2
	421.4	268.2
	389.6	261.6
	351.2	250.6
	301.8	231.8
	233.6	196.9
	130.5	124.8

다음 시점 1에서 500마리의 4세군은 또 1년 동안에 절반을 사망으로 잃고, 어획 2년 후인 시점 2에 250마리가 5세군으로써 살아남는다. 이 후에도 매년 1세씩 나이를 먹음에 따라 절반씩 줄어, 어획 후 10년이 지난 시점 10에서는 13세가 되어 최후의 1마리가 남는다. 이 마리는 어획 후 11년째 들어서서 14세를 채우는 도중에 사망하여 시점 0에서 자원에 가입했던 연급군은 완전히 어획자원에서 없어진다.

마찬가지로, 시점 0에서 82마리였던 10세군의 개체수는 매년 절반씩 줄어 어획

후 6년이 경과한 시점 6에서 최후의 1마리가 살아남고, 다음 해 이 1마리가 사망함으로써 어획자원에서 사라진다. 또한, 시점 0에서 10마리였던 16세군은 어획 후 3년이 경과한 시점 3에서 최후의 1마리가 살아남았다가 다음 해
에 어획자원에서 사라진다. 다른 연급군도 이와 똑같은 변화를 겪는다.

〈표 8-3〉을 통해서 어획의 압력을 처음으로 받기 시작한 자원이 나타내는 질적인 변화는 다음과 같다.

〈표 8-3〉 매년의 가입량이 1,000마리이고, 사망률이 어느 연령에도 0.3인 평형처녀자원에서 어획이 가해져 사망률이 0.5로 증가했을 때의 자원량 및 사망량의 변동

연령 \ 경과시간 (연)	0	1	2	3	4	5	6	7	8	9	10
3	1,000	1,000	1,000	1,000	1,000	1,000	1,000	1,000	1,000	1,000	1,000
4	700	500	500	500	500	500	500	500	500	500	500
5	490	350	250	250	250	250	250	250	250	250	250
6	343	245	175	125	125	125	125	125	125	125	125
7	240	172	123	88	63	63	63	63	63	63	63
8	168	120	86	61	44	31	31	31	31	31	31
9	118	84	60	43	31	22	16	16	16	16	16
10	82	59	42	30	22	15	11	8	8	8	8
11	58	41	30	21	15	11	8	6	4	4	4
12	41	29	21	15	11	8	6	4	3	2	2
13	28	20	15	10	7	5	4	3	2	1	1
14	20	14	10	7	5	4	3	2	1	1	
15	14	10	7	5	4	3	2	1	1		
16	10	7	5	4	3	2	1	1			
17	7	5	4	3	2	1	1				
18	5	3	3	2	1						
19	4	2	2	1							
20	3	2	1								
21	2	1									
22	1										
자원량	3,334	2,644	2,334	2,165	2,083	2,040	2,021	2,010	2,004	2,001	2,000
전사망량	1,670	1,330	1,169	1,092	1,083	1,019	1,011	1,006	1,003	1,001	1,000
자연사망량	860	685	602	557	537	525	521	518	517	516	515
어획사망량	810	645	567	525	506	494	490	488	486	485	485

① 미이용 상태에서 유지되던 평형연령조성이 파괴되어 얼마 동안 크게 변동하

다가 차차 안정되어 새로운 평형연령조성을 달성한다. 연령조성이 새로운 평형상태로 안정되기까지 10년이 걸리고 있다. 이 10년은 어획이 시작된 해에 가입된 1,000마리의 연급군이 이용자원의 일원으로 가입되면서부터 새로운 사망률의 영향을 받아 해마다 절반씩 줄어 최후의 1마리가 살아남기까지 걸린 기간에 해당된다.

② 오래된 연급군이 어획자원에서 차차 없어져 어획자원을 구성하는 연급군의 수가 감소한다. 미이용 상태에서는 3세에서 22세에 이르는 20개이던 연급군이 어획 후 차차 줄어들어 새로운 평형연령조성을 달성했을 때에는 연급군의 수가 11개로 된다.

③ 저령어의 조성비가 증가한다. 새로 달성된 평형연령조성에서 각 연령군의 절대 마리수를 보면 3세군은 최초부터 1,000마리였고, 4세군은 어획 1년 후부터 벌써 500마리의 수준에서 매년 유지되고 있음에도 불구하고 상대적인 조성비는 계속 증가하고 있다. 나머지의 연령군에 대해서도 마찬가지인데, 이는 고령의 연급군이 자원에서 차례로 없어지고, 또 높아진 사망률로 인하여 나이를 더함에 따라 생잔개체수가 급격히 감소하기 때문이다.

처음으로 어획의 압력을 받는 자원에 나타나는 양적인 변동을 살펴보기로 하자.

④ 미이용 상태에서 평형수준을 유지하던 자원량(마리수)은 차차로 감소하여 새로운 평형수준에 안정된다. 감소하는 모양은 처음에는 급격하다가 새로운 평형자원량에 가까워질수록 완만해진다. 미이용 상태에서는 3,334마리이던 평형자원은 어획의 압력으로 매년 감소하여 10년 후에는 2,000마리의 새로운 평형자원량에서 안정된다.

⑤ 사망량은 어획 첫 해의 최고 수준에서 차차 감소하여 새로운 평형자원에서는 가입량과 동등해지면서 안정된다. 새로운 평형자원의 사망량은 자원이 미이용 상태에서 나타난 사망량과 같으므로 사망량 그 자체는 변동을 보이지 않는다.

〈표 8-3〉을 보면, 연간 사망량은 자원이 미이용 상태에 있을 때 가입량과 동일한 1,000마리였으며, 어업이 개시된 첫 해에 1,670마리로 증가하였다가, 이후 차차 줄어 새로운 평형자원에서는 다시 1,000마리로 안정된다.

⑥ 자연사망량이 감소한다. 이는 어획사망 과정의 개입으로 인해 자연사망할 개

체가 어획되기 때문이다. 〈표 8-3〉을 보면, 첫해의 전사망량 1,670마리 중 자연사망한 것은 860마리로써 어획사망한 810마리 가운데 140마리는 자원이 개발되지 않았더라면 자연사망할 것이다.

본래는 자연사망할 개체가 어업에 의해 사망하는 양은 차차 많아져 어획 10년 후의 새로운 평형자원에서 최대가 된다. 새로운 평형자원에서 잡힌 485마리의 어획량은 어업이 없었더라면 모두 자연사망할 개체이다.

〈표 8-3〉의 새로운 평형자원에서 자연사망은 515마리로써 어획사망보다 많다. 이러한 사실은 자연사망하는 몫을 더 이용하여 어획량을 더 증가시킬 수 있는 여지가 아직도 남아 있음을 뜻한 것이다.

어획을 한층 강화하여 사망률을 0.8로 높이면, 이 평형자원은 〈표 8-4〉와 같이 변동을 겪는다. 어획강화 5년 후에 새로운 평형자원으로 바뀌며, 222마리의 자연사망보다 훨씬 많은 778마리의 어획량을 나타내게 된다. 〈표 8-3〉의 경우와 똑같이 전사망량은 1,000마리로써 가입량과 같다.

그러나 자원량은 1,250마리로써 매우 적어지고, 자원을 구성하는 연급군의 수도 극도로 줄어 3세군과 4세군이 자원의 연령조성을 거의 독점하게 된다. 양적으로 크게 감소한 자원은 비록 평형상태에 있지만 환경의 변화에 매우 약하고, 성어의 절대수가 부족하여 산란량이 적어지면서 자원의 재생산과정이 약화된다.

따라서 매년 1,000마리가 가입한다는 가정이 성립하지 않게 되고, 가입량의 감소는 이용자원량의 격감을 초래할 것이므로 시급히 어획률을 낮추어서 자원에 대한 압력을 완화해야만 할 것이다.

〈표 8-5〉는 어획을 완화하여 사망률을 이전의 0.5로 낮춘 결과로, 자원이 다시 이전의 평형상태로 되돌아가기까지의 양적 및 질적인 변동을 나타낸 것이다. 이 표를 통해서 어획이 자원에 미치는 하나의 중요한 영향을 알 수 있다.

⑦ 어획의 강화로 인해 자원이 새로운 평형상태에 도달하는데 걸리는 시간은 짧고, 어획의 완화로 자원이 양적으로 더 높은 수준의 새로운 평형상태로 돌아가는데 걸리는 시간은 길다. 이와 같은 사실은 어획의 강화로 자원을 고갈시키기는 쉬워도 어획의 완화로 자원을 회복시키기는 어렵다는 것을 뜻한다.

〈표 8-4〉에서 전사망률 0.5의 압력을 받는 평형자원량 2,000마리의 자원이 어획강화로 인해 전사망률 0.8의 높은 어업의 압력하에서 1,250마리의 평형자원량을 달

〈표 8-4〉 매년의 가입량이 1,000마리이고, 사망률이 어느 연령에도 0.5인 평형자원에 어획을 강화하여 사망률을 0.8로 높였을 때의 자원량 및 사망량 변동

연령 \ 경과시간 (연)	0	1	2	3	4	5
3	1,000	1,000	1,000	1,000	1,000	1,000
4	500	200	200	200	200	200
5	250	100	40	40	40	40
6	125	50	20	8	8	8
7	63	25	10	4	2	2
8	31	13	5	2	1	
9	16	6	3	1		
10	8	3	1			
11	4	2	1			
12	2	1				
13	1					
자 원 량	2,000	1,400	1,280	1,255	1,251	1,250
전사망량	1,600	1,121	1,024	1,005	1,001	1,000
자연사망량	355	249	227	223	223	222
어획사망량	1,245	872	797	782	778	778

〈표 8-5〉 매년의 가입량이 1,000마리이고, 사망률이 어느 연령에도 0.8인 자원에 어획을 완화하여 사망률을 0.5로 낮추었을 때의 자원량 및 사망량의 변동

연령 \ 경과시간 (연)	0	1	2	3	4	5	6	7	8	9	10
3	1,000	1,000	1,000	1,000	1,000	1,000	1,000	1,000	1,000	1,000	1,000
4	200	500	500	500	500	500	500	500	500	500	500
5	40	100	250	250	250	250	250	250	250	250	250
6	8	20	50	125	125	125	125	125	125	125	125
7	2	4	10	25	63	63	63	63	63	63	63
8		1	2	5	12	31	31	31	31	31	31
9				1	2	6	16	16	16	16	16
10						1	3	8	8	8	8
11								2	4	4	4
12									1	2	2
13											1
자 원 량	1,250	1,625	1,812	1,906	1,952	1,976	1,988	1,995	1,998	1,999	2,000
전사망량	625	812	906	953	976	988	994	997	999		1,000
자연사망량	322	428	467	491	503	509	512	513	514		515
어획사망량	303	394	439	462	473	479	482	484	485		485

성하는데 5년이 걸렸다. 그러나 〈표 8-5〉에서 알 수 있는 바와 같이 전사망률 0.8의 압력하에서 1,250마리의 수준을 유지하는 평형자원이 어획완화로 종전의 2,000마리의 평형수준으로 회복하는 데에는 10년이 걸린다.

이상과 같이 살펴본 어획의 영향은 매년의 가입량이 일정하고, 자연사망률 및 어획사망률이 매년 변하지 않으며, 자연사망률과 어획사망률이 모든 연령에 대하여 일정하게 작용한다는 가정에서 유도된 결론이다. 따라서 이 결론이 실제에 그대로 적용될 수는 없을 것이다.

그러나 저어자원들 중에는 이러한 가정들이 성립되는 경우도 종종 있으므로 위에서 살펴본 사항들은 자원과 어획과의 원리적인 관계를 나타내는 것이라고 생각하면 된다.

2. 수산자원의 자기조절 기구

자원생물의 개체군에서는 외부영향에 의해 크기가 변동되면 본래의 평형상태로 돌아가려는 복원력이 작용함을 앞에서 설명한 바 있다. 이 복원력의 작용이 있으므로 자원은 어획에 반발하여 존속하고 어업이 유지된다.

복원력이 작용하기 위해서는 시시각각 변동하는 환경과 자원의 상태에 관한 정보를 자원자체에 전달하는 기구가 있어야 할 것이다. 이 기구를 자원의 자기조절 기구라 부른다. 그것에 대해서는 이때까지 살펴본 개체군 크기의 변동 및 어획에 대한 자원의 반응을 검토하면서 단편적으로 설명한 바 있다. 그러나 자원과 어획과의 관계를 더 확실하게 이해하는 뜻에서 정리해 보기로 한다.

자원이 과도하게 증가하여 서식밀도가 과밀해지면 일반적으로 다음과 같은 자기조절 기구가 작용한다(자원이 지나치게 감소하면 반대로 작용한다).

① 과밀로 생활공간이 부족해진다.
② 과밀로 먹이를 비롯하여 생활에 필요한 여러 가지 물자가 부족해진다.
③ 신진대사 산물의 축적으로 생활환경이 악화된다.
④ 동계교배의 반복으로 유해유전자가 축적된다.

이 가운데서 ①, ②, ③은 개체군의 환경을 인위적으로 개선하면 그 작용을 배제할 수 있다. 그러나 ④는 개체군의 구성원이 변해서 유전자 조성이 달라지지 않는 한 배재할 수 없는 생물의 내적요인이다.

개체군은 생존을 위한 내부의 요구에 따라 환경을 이용하고, 환경의 변화에 반응하면서 항상 자신을 스스로 조절하는 생물 개체와 같이 하나의 유기체로 파악될 수 있다.

〈그림 8-2〉는 수산자원 생물의 개체군이 나타내는 자기조절 기구의 작용을 보여주고 있다. 평형자원량은 자원 자체의 고유한 번영능력과 환경저항에 의해 결정된다.

만일, 자원이 증가하면 자기조절 기구가 작용하여 성장이 나빠진다. 그 결과 성숙연령이 높아져 성어의 개체수가 적어지고, 암컷 1마리의 포란양이 감소한다. 또한, 산출된 알의 난황이 적어 부화율과 자어의 생존율이 떨어지고, 초기감소가 증가하여 가입량이 감소한다. 이로써 자원은 증가를 멈추고 감소로 기울어져 평형자원량으로 회복된다.

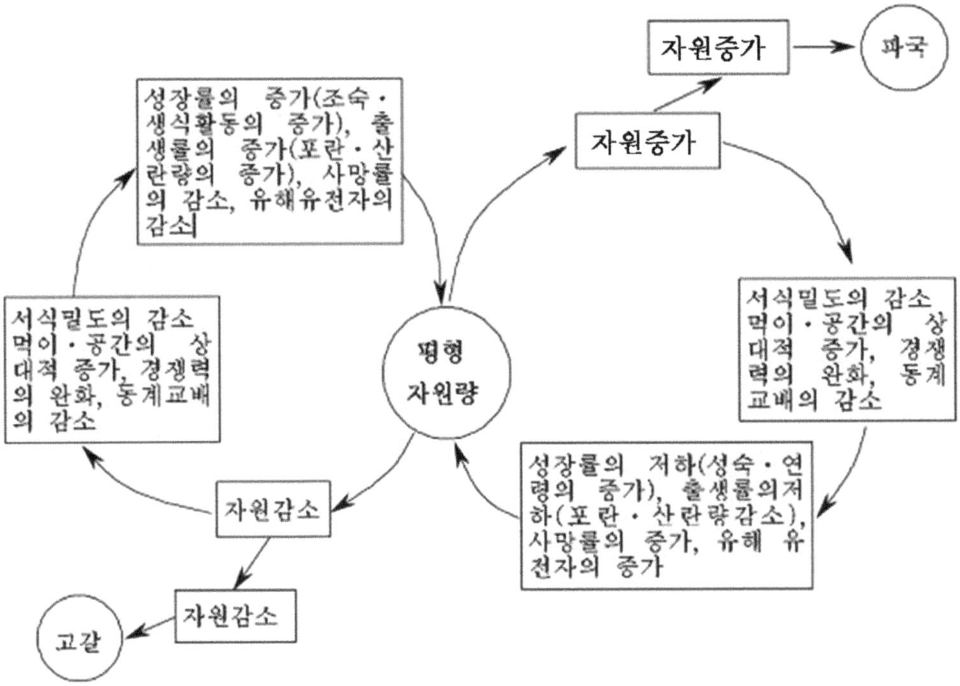

〈그림 8-2〉 자원생물이 평형자원량을 유지하는 자기조절 기구의 작용

반대로 자원이 감소하면 성장이 향상되어 개체가 조숙하는 경향이 나타나 자원의 회전이 빨라짐과 동시에 성어의 개체수가 많아진다. 또한, 양호한 성장으로 암컷의 포란양과 산란양이 개선되어 출생률이 증가할 것이므로 자원은 평형상태로 회복된다.

환경이 극단적으로 호적해져 생활구역의 생산력이 비정상적으로 높은 상태가 형성되면 자기조절 기구의 작용이 지연된다. 그 결과 자원은 정상적인 상태의 생활구역이 가지는 수용능력을 넘어서 양적으로 팽창한다. 이러한 개체군은 환경이 정상적으로 돌아오면 종국적으로 파괴된다. 이러한 파국에 직면하는 어류 개체군의 예는 드물지만, 플랑크톤이 나타내는 적조현상은 좋은 예이다.

이에 대하여 좀 더 상세히 설명하면, 우리나라는 6월 말에서 7월 중순에 이르기까지 장마가 계속되어 육지로부터 영양염류가 많은 민물이 많이 유입되어 연안이 식물성 플랑크톤의 번식에 좋은 환경인 저염분의 해수가 되어 평상시에 서식할 수 있던 마리수보다 훨씬 많은 수의 식물성 플랑크톤이 번식하여 서식하게 된다. 그러나 7월 하순부터 8월에 이르러 비가 오지 않고 대기온도가 높아지면 해수의 수분이 증발되어 해양환경이 평상시로 돌아가게 되면 서식할 수 있는 식물성 플랑크톤의 수는 감소하게 된다. 그러나 이들 식물성 플랑크톤들이 일부만 미리 죽는다면 적조라는 문제는 발생되지 않으나 끝까지 서로 살려고 버티다가 결국에는 환경의 악화로 모든 식물성 플랑크톤이 죽게 되어 해양에 빨간 띠를 형성하게 되는데, 이러한 현상을 적조현상이라고 한다. 그러나 최근의 적조현상은 매우 복잡한 형태를 갖기 때문에 아직까지도 뚜렷한 해결책이 없는 실정이다.

그러나 계속적으로 어획을 강화하는 경우에는 자원의 감소를 계속 조장하여 자기조절 기구의 작용을 마비시키면 자원은 종국에 가서 고갈되고 어업은 멸망하게 되는데, 남빙양의 고래가 좋은 예이다.

제 9장 수산자원의 적정 이용

1. 적정어획

처녀자원에 어업을 행하기 시작하면 자원의 자연증가가 촉진되어 자원의 현존량을 다치지 않게 하면서 이용할 수 있는 양이 생긴다. 솎아내는 양을 높일수록 자연증가량은 많아지므로 어획노력의 증가에 따라 어획량은 차차 증가하게 된다. 그러나 어획노력이 어느 한도 이상을 넘어서 지나치게 자원을 제거하면 자연증가량이 적어지고 어획량이 차차 감소한다.

따라서 최대의 어획량을 지속적으로 매년 얻을 수 있는 자원량을 유지하기 위해서는 어획노력을 어떻게 결정하여야만 하는가가 중요한 의미를 갖는다. 이것은 〈표 8-2〉로부터 알 수 있는 바와 같이 자원으로 하여금 자연증가를 최대로 달성하게 하여, 이 최대의 자연증가량을 어획하자는 것이다.

그러나 자원변동에 관여하는 요인의 작용을 해석하기에 따라 다른 각도에서 자원을 유효하게 이용하는 방법이 모색될 수도 있다.

자원이 가입되면 그 개체수는 자연사망과 어획사망의 두 사망과정에 의해 감소해가지만, 한편으로 살아남은 개체는 성장을 계속한다. 그러므로 자연사망으로 인한 자원의 미이용을 줄이기 위해서는 어획사망의 비율을 어느 정도까지 높여야 하는지, 또 최대의 어획량을 얻기 위해서는 어체가 어느 수준까지 성장하는 것을 기다렸다가 어느 연령 때부터 잡아야 하는지, 이른바 어획사망률과 가입연령을 결정해야만 할 것이다.

또한, 재생산에 직접 참여하는 성어의 절대수가 지나친 어획으로 부족해지면 가입량이 줄어들 것이므로 가입량을 최대로 확보하기 위해서 성어군의 양을 어느 수준에 유지시키는 것이 좋은가 하는 문제도 제기된다.

자원을 최대로 유용하게 이용하는 어획의 이론은 많이 제시되어 있지만 Russell의 가설에서 자연증가의 변동요소를 어떻게 해석하고 취급할 것인가에 따라서 세 가지의 이론으로 대별할 수 있다.

기업으로서 어업의 입장을 고려하면 적정어획량은 최소의 노력으로써 최대의 생산을 지속적으로 올릴 수 있는 어획량을 뜻하는 것이다. 그러므로 적정어획량의 문제는 주어진 자원에서 최대의 어획량을 올리는 것을 생각하는 생물학의 견지에서 뿐만 아니라 공급과 수요의 상호관계에 따르는 이윤을 생각하는 경제학의 관점에서도 연구되어야만 한다.

1) 최대잉여생산 이론(잉여자연생산의 이론)

이는 Russell의 식에서 가입, 성장, 자연사망의 세 자연증가요소를 분리하지 않고 통합하여 자원변동을 해석하고, 자연증가량을 최대로 높일 수 있는 자원량이 유지되도록 어획량을 결정하는 방법이다.

Russell의 방정식에서 자원량이 평형상태를 유지하기 위해서는

$$R_t + G_t = D_t + Y_t \tag{9.1}$$

식이 성립하여야만 한다.

자원을 어떤 수준에서 유지시켜야 최대의 어획량을 달성할 수 있는가 하는 문제를 제기한 학자 중에서 영국의 Graham M.은 1935년에 Sigmoid곡선이론을 제안했다.

해양의 어떤 빈 공간에 소량의 자원생물을 두면 자원은 어떠한 속도로 증가할 것인가 하는 의문에서 Graham의 이론은 시작된다.

Graham은 자원이 S자형의 Sigmoid곡선을 따라서 양적으로 적은 처음에는 완만하게 증가하고, 적당히 증대된 곡선의 중간 부분에서 최대의 증가속도를 나타낸 뒤, 그 이상으로 증가할 수 없는 최대의 서식밀도에 접근할수록 둔화하는 것으로 자원의 증가를 이해하고, 최대의 어획량은 자원을 최대수용능력의 중간부분에서 유지시킬 때 가능하다고 시사했다.

여기서 주목해야 할 점은 Sigmoid곡선에 따라 증대하는 자원에서 얻는 최대어업생산은 자원밀도가 가장 높은 수준에서가 아니라 그보다 낮은 밀도에서 나타난다는 것이다. 이것은 어획의 이론에서 가장 기본이 되는 법칙이며, 앞에서 설명한 바 있다.

개체군의 증대를 기술하는 Sigmoid곡선의 하나로서, 앞에서 살펴본 바 있는

Logistic곡선이론을 적정어획의 추정에 적용하여 실제 어업관리에 공헌한 사람은 미국의 Schaefer M.B.이다.

1954년에 Schaefer는 식 $\Delta P_t = r_m(\frac{K - P_t}{K}) P_t$ 에서 주어진 자원의 자연증가량만큼 어획을 한다면, 자원량은 일정한 수준에서 유지되며, 자원이 일정한 수준에 있는 한 자연증가량도 언제나 일정하다는 어획이론을 제시했다. 이 자연증가량은 어획되어 자원의 현존량에는 조금도 보탬이 되지 않으므로 잉여생산이라고 불리며, 또한 일정한 양의 수준에서 계속 생산되므로 지속적생산량이라고도 할 수 있다.

〈표 8-1〉과 〈그림 8-1〉에서 알 수 있는 바와 같이 지속적생산량은 자원의 크기가 $\frac{K}{2}$일 때 최대의 수준에 달한다. 이것을 최대지속적생산량(Maximum Sustainable Yield)이라 하며, 보통은 MSY라고 부른다.

이 이론을 실제의 어업에 적용하기 위해서는 자원량을 매년 추정하여 $\frac{K}{2}$의 수준에서 유지되도록 하여야만 할 것이다. 그런데 자원량을 추정하는 데에는 많은 방법이 있지만, 추정에는 여러 가지 오차가 생기고, 또 시간과 비용에 있어서 막대한 대가를 치러야만 한다. 이 때문에 자원량 대신에 어획노력량을 조사하여 최대지속적생산량을 구하는 방식이 강구된다.

〈표 8-1〉과 같이 자원량을 K에서 낮추는 것은 어획을 통해서 이루어진다. 어구성능 및 어획능률이 일정하면 1회의 어획노력을 투하했을 때 잡히는 단위노력당어획량은 자원이 평형상태에 있는 한 일정할 것이다.

따라서 연간어획량은 단위노력당어획량에다 어획노력량을 곱한 것이다. 단위노력당어획량을 q, t년의 연간어획노력량을 X_t라 하면, 연간어획량 Y_t는

$$Y_t = q \cdot X_t \qquad (9.2)$$

가 된다.

〈표 8-1〉에서 알 수 있는 것처럼 자원량 P_t는 최대평형자원량 K 에서 어획량인 (9.2)식을 뺀 양이므로

$$P_t = K - Y_t$$

에 해당하며, 이 식에서 Y_t는 (9.2)식과 같으므로

$$P_t = K - q \cdot X_t \tag{9.3}$$

가 된다.

$\Delta P_t = r_m(\frac{K - P_t}{K})P_t$의 식에서 자연증가량 ΔP_t만큼 어획을 한다면 자원량은 일정하게 어느 평형상태에서 유지되므로 위 식에서 ΔP_t 대신에 Y_t를, P_t 대신에 (9.3)식을 대입하면

$$Y_t = r_m\left[\frac{K-(K-q \cdot X_t)}{K}\right](K-q \cdot X_t)$$

$$= r_m \cdot q \cdot X_t - \frac{r_m \cdot q^2}{K} X_t^2 \tag{9.4}$$

이 된다. 이 식에서 r_m, q, K는 모두 상수이므로 $r_m \cdot q = a$, $\frac{r_m \cdot q^2}{K} = b$라 놓으면 (9.4)식은

$$Y_t = a \cdot X_t - b \cdot X_t^2 \tag{9.5}$$

식이 된다.

이 식이 연간 지속적어획량 Y_t와 연간 어획노력량 X_t간의 관계를 나타내는 식으로써 〈그림 9-1〉과 같은 포물선이 된다.

위의 (9.5)식을 표준형으로 고치면

$$Y_t = a \cdot X_t - b \cdot X_t^2$$

$$= -b(X_t^2 - \frac{a}{b}X_t)$$

$$= -b\left[X_t^2 - \frac{a}{b}X_t + (\frac{a}{2b})^2 - (\frac{a}{2b})^2\right]$$

$$= -b(X_t - \frac{a}{2b})^2 + \frac{a^2}{4b}$$

가 된다.

따라서 어획노력량 $X_t = \frac{a}{2b}$로 유지시킬 때 최대지속적어획량 $Y_t = \frac{a^2}{4b}$를 올릴

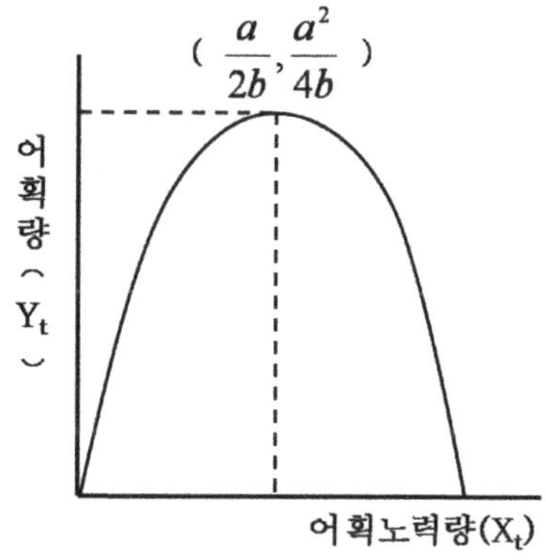

〈그림 9-1〉
어획량과 어획노력량과의 관계

수 있다는 것이다. 즉, MSY는 $\frac{a^2}{4b}$가 된다.

〈예제 5-1〉 아래의 표는 멸치 유자망어업의 사용 폭 수에 따른 어획량이다. Schaefer-Graham이 주장하는 MSY를 구하여라?

Year	Fishing effort (×103폭)	Catch(×103M/T)	CPUE
1981	197	23	0.12
1982	342	37	0.11
1983	332	34	0.10
1984	1,090	53	0.05
1985	837	50	0.06
1986	728	39	0.05
1987	1,160	35	0.03
1988	1,080	34	0.03
1989	465	32	0.07
1990	418	32	0.08

〈풀이〉 MSY를 구하기 위해서는 (9.5)식에서 a, b 값을 구하면 된다. 그러기 위해서는 먼저 단위노력당어획량(어획량/어획노력량)을 구하여야만 하므로 이를 구하면 위의 표와 같다.

(9.5)식에서 양 변을 어획노력량 X_t로 나누면 아래와 같이 1차식이 된다.

$$Y_t = a \cdot X_t - b \cdot X_t^2$$

$$\frac{Y_t}{X_t} = q = a - b \cdot X_t \qquad (9.6)$$

즉, 단위노력당어획량과 어획노력량과의 관계는 (9.6)식과 같이 직선식의 관계가 있으므로 위의 표에서 최소자승법 또는 회귀직선식을 이용하여 6장에서와 같이 구하면 $a = 0.13$, $b = -8.3 \times 10^{-8}$, $r = -0.9330$이 된다.

즉, $q = 0.13 - 8.3 \times 10^{-8} \cdot X_t$이되며, 그림으로 나타내면 〈그림 9-2〉와 같다.

$q = 0.13 - 8.3 \times 10^{-8} \cdot X_t$에다 양변에 어획노력량을 곱하면 아래와 같이 된다.

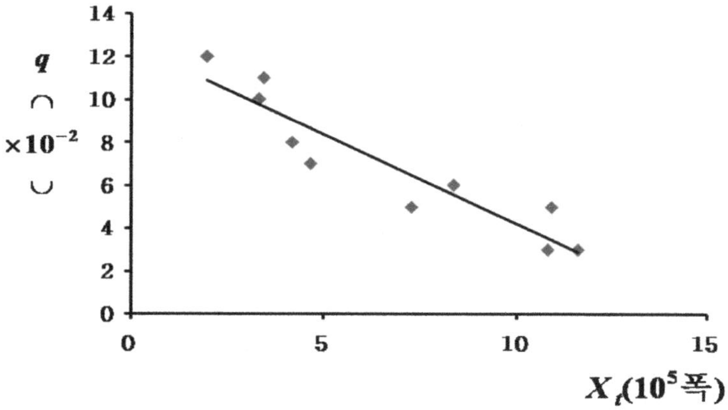

〈그림 9-2〉 $q = 0.13 - 8.3 \times 10^{-8} \cdot X_t$

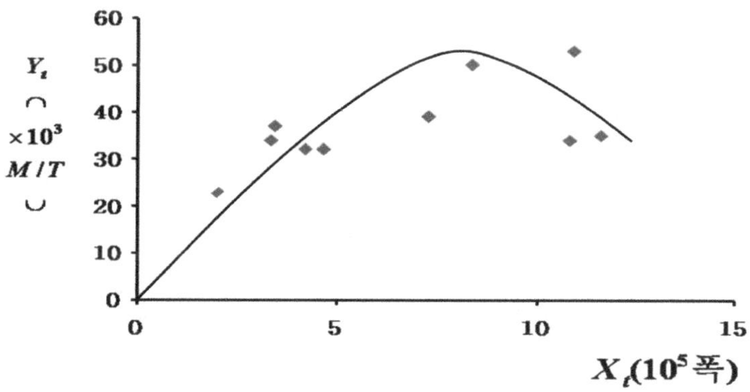

〈그림 9-3〉 $Y_t = 0.13X_t - 8.3 \times 10^{-8} \cdot X_t^2$

$$Y_t = 0.13X_t - 8.3 \times 10^{-8} \cdot X_t^2$$

이를 그림으로 나타내면 〈그림 9-3〉과 같다. 여기서 어획노력량

$X_t = \frac{a}{2b} = \frac{0.13}{2 \times 8.3 \times 10^{-8}} = 783{,}133$폭 으로 유지시킬 때 MSY

$Y_t = \frac{a^2}{4b} = \frac{0.13^2}{4 \times 8.3 \times 10^{-8}} = 50{,}904(M/T)$이 된다.

2) 가입량 최대이용 이론(가입량 유효이용의 이론)

이 이론은 Russell 방정식의 자연증가요소를 별도로 취급한 것으로 1918년 소련의 Baranov F.I.에 의하여 발표되었다가 1957년 영국의 Beverton R.J.H.과 Holt S.J.라는 두 학자의 공동연구에 의하여 이론이 완성되었다.

이 이론에서의 가정을 살펴보면 〈그림 9-4〉의 왼편 그림과 같이 자연사망률은 일정하고 자원밀도와는 독립적이며, 모든 연령에서 동일하다. 그리고 성장률은 연령의 증가에 따라 일정한 경향으로 감소하나 자원밀도와는 관계가 없다. 또한, 어획사망률도 자연사망률과 마찬가지로 일정하고 자원밀도와는 독립적이며, 모든 연령에서 동일하다.

가입량에 대한 이 이론의 전개를 보면, 자원생물이 알에서 자치어를 거쳐 어업에 가입하기까지의 사망요소는 각 시점에 있어서의 개체군의 밀도에 종속적으로 작용하여 어미의 양과 가입량과의 관계가 〈그림 5-6〉의 "가"와 같이 존재한다고 생각하였다.

Beverton과 Holt는 매우 낮은 수준의 가입량을 가져올 만큼 어미의 양은 존재하지 않으며, 어미의 양이 어느 수준 이상만 존재하면 가입량은 매년 일정한 것으로 간주하였다.

이와 같은 가정 하에 전개된 Beverton과 Holt의 어획이론을 간단히 설명하면 "자원생물이 가입하면 사망요소의 작용으로 개체수는 감소하지만 나이가 많아짐에 따라 생잔개체의 체중은 성장에 의하여 증가한다. 그러므로 너무 어릴 때부터 너무 많이 잡기 시작하면 마리수에서는 유리하나 중량면에서는 불리할 것이다. 그리고 너무 나이가 들어서 잡기 시작하면 어획마리수에서는 불리하지만 어체의 체중에서는 유리할 것이다. 따라서 양극단의 어디에서는 최대의 어획중량을 얻을 수 있을 것이다"라는 생각에서 출발하였다.

이 이론을 좀 더 구체적으로 나타내면 가입마리수 R, 자연 및 어획에 의한 연간 사망률을 d라면 가입 후 t년이 경과한 어느 한 연급군의 자원량 N_t는 기하급수적으로 감소하므로

$$N_t = R(1-d)^t \quad \left[N_t = N_0(1+r)^t,\ N_0 = R,\ r = d\right] \qquad (9.7)$$

으로 쓸 수 있다.

나이가 $t_{\rho'}$일 때 R마리로써 가입한 이 연급군이 (9.7)식과 같이 나이가 먹음에 따

라 개체수가 감소하면서 최대수명 t_λ세까지 매년 일정한 어획사망률 F 로 어획되는 총 체중 Y 는

$$
\begin{aligned}
Y &= \sum_{t=t_{\rho'}}^{t_\lambda} F \cdot P_t \\
&= \sum_{t=t_{\rho'}}^{t_\lambda} F \cdot N_t \cdot W_t \qquad (P_t = N_t \cdot W_t) \\
&= \int_{t_{\rho'}}^{t_\lambda} F \cdot N_t \cdot W_t \, dt \qquad (9.8)
\end{aligned}
$$

로써 나타내진다. (9.8)식에서 N_t는 이 연급군이 t세로 있을 때의 생잔마리수이고, W_t는 t세 때의 평균체중이며, P_t는 t세의 자원량을 중량으로 나타낸 것이다.

(9.8) 식에서 Y는 어느 해에 발생한 연급군이 성장함에 따라 어획자원에 가입하여 최후의 1마리가 수명을 다할 때까지 어업에 의해서 잡히는 총어획량이다. 그런데, 평형자원에 대한 어업을 생각하면 (9.8) 식의 Y는 평형자원으로부터 올리는 연간어획량과 일치한다. 즉, 〈표 8-3〉에서 경과 시간 0일 때 3세로 가입한 군이 수명을 다할 때까지 어획에 의하여 사망한 량과 평형상태에 도달한 10년째 해의 연간어획량과는 같다는 것이다. 따라서 (9.8) 식으로부터 표현되는 Beverton과 Holt의 어획방정식에 의한 어획량은 연간평형어획량이다.

Beverton과 Holt의 어획이론에 대하여 쉽게 그림으로 나타내면 〈그림 9-4〉와 같다. (9.8) 식에서 평형어획량을 우리 인간의 힘으로 인위적으로 조절할 수 있는 요소는 가입연령 $t_{\rho'}$와 어획사망률 F뿐이다. 〈그림 9-4〉에서 오른쪽 두 그림을 검토해 보면, 윗 그림은 (9.8)식에서 가입연령 $t_{\rho'}$를 고정한 채 어획사망률 F를 달리함에 따른 어획량의 변화를 나타냈고, 아래의 그림은 어획사망률 F를 고정한 채 가입연령 $t_{\rho'}$를 달리했을 때의 어획량 변화이다. 이 두 그림으로부터 알 수 있는 것은 최대의 어획량을 올릴 수 있는 어획사망률 및 가입연령의 수준이 존재함과 동시에 또 이 수준을 넘거나 그 이하에서는 어획량이 감소함을 알 수가 있다. 다시 말하면 천부의 가입량이 자원에서 사라질 때까지 그것을 최대로 유효하게 어획할 수 있는 어획사망률과 가입연령이 존재한다는 것이다.

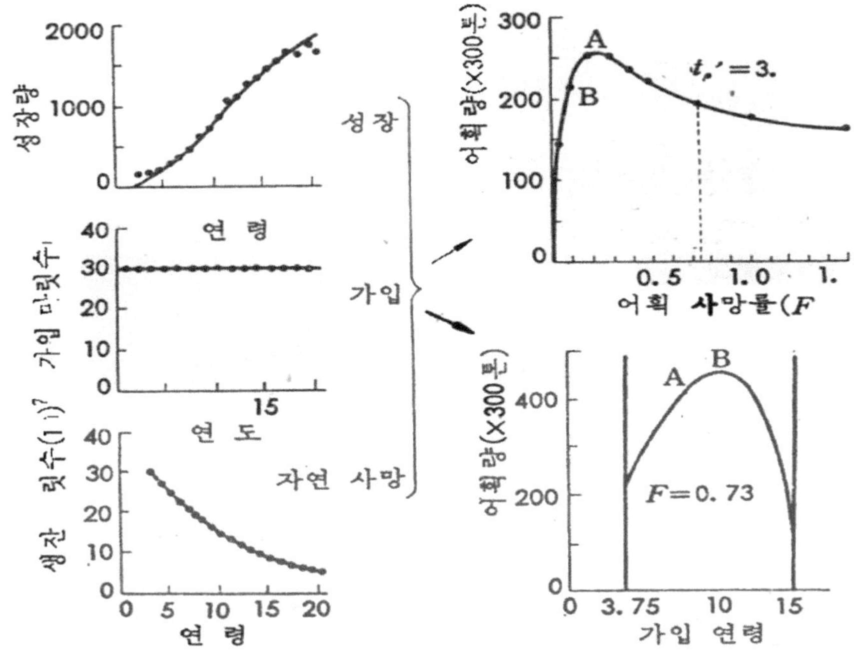

〈그림 9-4〉 Beverton과 Holt에 의한 어획의 이론

앞에서 설명한 N_t는

$$N_t = N_0 \cdot e^{-Zt}$$

(개체군의 기하급수적 증대 $N_t = N_0 \cdot e^{rt}$에서 자연증가율 $r = -Z$)

이다. 여기서 초기자원량 N_0는 가입량 R과 같고, 감소계수 Z는 어획사망률 F와 자연사망률 M과의 합이며, 가입 이전의 자원량은 빼야 하므로

$$N_t = R \cdot e^{-(F+M)(t-t_{\rho'})}$$

와 같이 된다. 또한, Bertalanffy 성장식에서 W_t는

$$W_t = W_\infty \left[1 - e^{-k(t-t_o)}\right]^3$$

이다. (9.8) 식에서 N_t, W_t 대신에 위의 식들을 대입하면

$$Y = \int_{t_{\rho'}}^{t_\lambda} F \cdot N_t \cdot W_t \, dt$$

$$= \int_{t_{\rho'}}^{t_\lambda} F \cdot R \cdot e^{-(F+M)(t-t_{\rho'})} \cdot W_\infty \left[1 - e^{-k(t-t_0)}\right]^3 dt \qquad (9.9)$$

이 된다. 여기서 R을 좌항으로 이전하고 적분을 풀면,

$$\frac{Y}{R} = F \cdot W_{\infty} \cdot e^{-M(t_{\rho'} - t_{\rho})} \cdot \sum_{n=0}^{3} \frac{\Omega_n \cdot e^{-nk(t_{\rho'} - t_0)}}{Z + nk} \cdot \left[1 - e^{-(Z+nk)\lambda}\right] \quad (9.10)$$

(단, n = 0, 1, 2, 3일 때 각각 Ω_n= 1, -3, 3, -1이다)

이 된다. 이것이 Beverton과 Holt가 도출한 이론식이다.

여기서 Y 는 어획중량, R은 가입량, F 는 어획(사망)계수, M 은 자연사망계수, t_ρ는 어장에 가입하는 최소연령, $t_{\rho'}$는 어구에 가입하는 최소연령, Z 는 감소계수(전사망계수 = F + M), λ는 어획을 받게 되는 연령범위($\lambda = t_\lambda - t_{\rho'}$), W_∞는 최대중량, k와 t_0는 성장에 관련된 계수이다.

자원조사에 의하여 F, M, λ 및 t_ρ= $t_{\rho'}$와 성장곡선의 각 요소가 구해져 있으면 (9.10)식의 값을 계산할 수 있다. 또한, 가입당 어획중량 $\frac{Y}{R}$도 계산되며, $\frac{Y}{R}$는 R이 일정할 때에는 Y에 비례할 것이다.

저서어 대상 어업들의 경우에 어획중량 Y 는 망목의 대소, 즉 망목에 걸리는 최소연령 $t_{\rho'}$와 어획강도에 의하여 결정되는 F 에 따라 정해지므로 Y 는 $t_{\rho'}$와 F 의 독립변수의 함수로 나타낼 수 있다. 즉,

$$\frac{Y}{R} = f(F, t_{\rho'})$$

이다.

그러므로 이들 3자의 관계를 하나의 곡면으로 나타낼 수가 있다. 이와 같이 3자의 관계를 하나의 곡면에 나타낸 것을 등생산(등어획)량곡선(Yield isolepth diagram)이라고 한다.

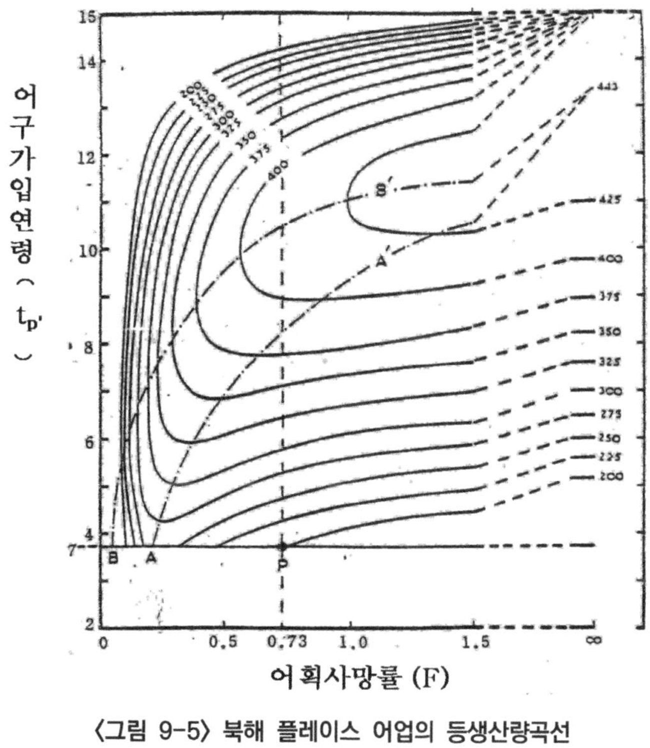

〈그림 9-5〉 북해 플레이스 어업의 등생산량곡선

적정어획량을 결정하고 실제로 자원을 합리적으로 결정하기 위하여 〈그림 9-5〉와 같이 등생산량곡선을 작성한다.

등생산량곡선은 일반 지도의 등고선과 같은 모양을 하고 있는 것으로 생각하면 이해하기 쉽다. 그림의 각 곡선의 숫자는 어획량 *Y*를 뜻한다. 이 등생산량곡선을 가로축에 평행하게 절단한 횡단면이 〈그림 9-4〉의 오른쪽 위 그림에 해당하고, 세로축에 평행하게 절단한 종단면이 〈그림 9-4〉의 아래 그림에 해당한다.

〈그림 9-5〉에서 AA'와 BB'의 점선이 이 그림을 지도의 등고선으로 비유해서 해석하면 능선에 해당하며, 〈그림 9-4〉의 오른쪽 부분의 두 그림에 표시된 A 및 B와 일치하는 것이다.

이 이론에 의거하여 관리되고 있는 자원은 북해의 주요 저서어족인 Plaice(가자미의 일종)이다. Plaice는 북해의 얕은 바다에 서식하는 어종으로 암컷과 수컷은 각각 5~7세와 6~8세가 되는 해의 겨울에 처음으로 생식활동에 참여한다. 암컷 1마리의 산란수는 35만개인데, 초기사망률이 높기 때문에 평균 100만개의 알이 성숙연령에 달하는 개체수는 10마리에 지나지 않고, 나머지는 초기감소로 모두 사망하게 된다.

〈그림 9-5〉에서 점 P에서의 가입연령은 3.7세, 어획사망률은 0.73으로써 어업이 행해지고 있었고, 어획량은 약 6만 톤임을 보여준다. 그러나 가입연령을 높이거나 어획사망률을 낮추어 점 P를 점선 AA'와 BB'의 쪽으로 이동시키는 방향으로 어업을 관리하면 더 높은 어획량을 얻을 수 있음을 시사하고 있다.

실제에 있어서 점 P의 이동방향과 새로운 위치의 결정에는 경제, 정치, 외교 등의 문제가 관련되며, 수산자원의 기능은 이 결정에 요구되는 판단의 한 기준을 제공하는데 그치는 경우가 많다.

점선 AA'의 곡선은 등생산량곡선과 가입연령이 접하는 점(등생산량곡선과 어획사망률을 나타내는 X축을 평행이동 시킬 때 접하는 점)을 연결한 선으로 같은 어획량을 올리는 데에 가장 적은 가입연령을 의미한다.

점선 BB'의 곡선은 등생산량곡선과 어획사망률(등생산량곡선과 가입연령을 나타내는 Y축을 평행이동 시킬 때 접하는 점)이 접하는 점을 연결한 선으로 같은 어획량을 올리는 데에 가장 적은 어획사망률을 의미한다. 따라서 인류의 입장에서 보면 최소의 노력으로 최대의 효과를 올릴 수 있으므로 BB'의 곡선을 MSY로 볼 수 있다.

이와 같이 가입량 최대이용 이론으로 한국 근해 자원을 평가한 예는 국립수산과학원에서 말쥐치와 덕대의 자원해석 등이 〈그림 9-6〉과 〈그림 9-7〉과 같이 있다.

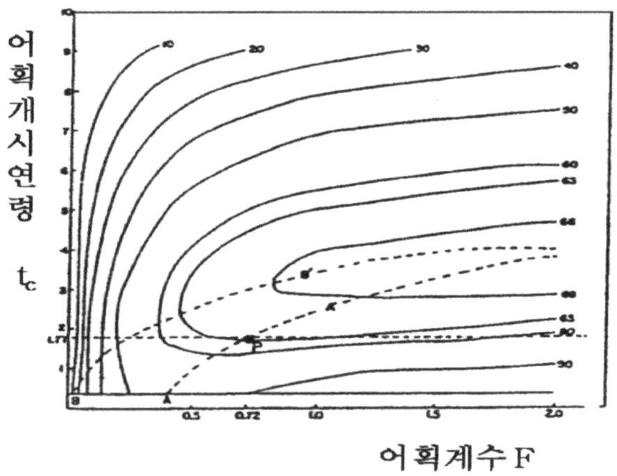

〈그림 9-6〉 말쥐치의 등어획량곡선

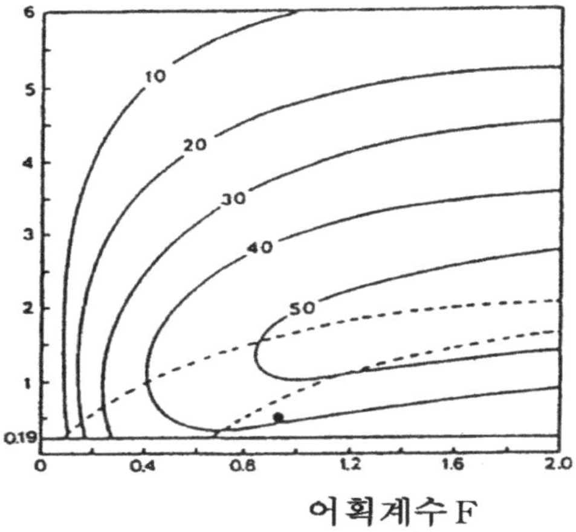

〈그림 9-7〉 덕대의 등어획량곡선

3) 최대잉여재생산 이론(잉여재생산 이론)

캐나다의 Ricker W.E.는 Russell방정식의 자연증가요소 중에서 이용자원의 성장과 자연사망은 고려하지 않고 가입만을 최대로 하는데에 관심을 갖고 재생산 이론을 1954년에 발표하였다.

그는 자원생물이 알에서 시작하여 가입하기까지의 초기 발육단계의 어느 시점을 전후하여 사망과정이 달라진다고 생각하였다. 즉, 이 시점 이전의 단계에서는 사망요소가 자치어의 밀도와는 관계없이 작용하고, 이 시점 이후부터는 밀도에 종속적으로 사망요소가 작용하는 것으로 가정하여 어미의 양과 가입량 간에는 〈그림 9-8〉의 재생산곡선과 같은 관계가 있음을 보고했다.

재생산곡선은 유성생식을 하는 자원생물의 어미세대의 양과 이 세대에서 생산되는 새끼 세대의 양 사이의 관계를 여러 세대에 걸쳐서 나타내는 곡선이다. 각 세대의 양은 어미 세대에서 산출된 알의 총수로써 나타내는 것이 원칙이지만 〈그림 9-8〉과 같이 어미 세대와 새끼 세대의 양을 자원량과 가입량으로써 나타내어도 무방하다.

이 곡선은 원점에서 시작하여 원점을 통과하는 45° 직선과 적어도 1회는 반드시 원점 이외의 곳에서 만나며, 45° 선의 오른쪽 아래로 향해서 끝나는 것이 특징이다.

이 45° 선을 치환선이라 하며, 치환선과 재생산곡선의 교점에서는 연속하는 두 세대의 재생산이 같은 수준에서 유지되는 상태를 나타낸다. 재생산곡선에서 가입량은 곡선에서 세로축과 평행하게 아래로 향하는 임의의 선분 AC로써 어미의 양에 따라 변한다. 이 선분에서 재생산곡선과 치환선 간의 선분 AB는 각 세대의 재생산량을 같은 수준에서 유지시키면서 올릴 수 있는 지속적생산량이라 할 수 있다. 지속적생산량의 선분 가운데서 치환선과 평행하는 직선이 곡선과 만나는 접점에서의 선분 AB가 가장 길다. 그것은 자원의 재생산을 최대한으로 보장하는 어획량을 나타낸 것이다. 다시 설명하면 S에서는(치환선 상에서는 어미의 양과 가입량이 같다) 어미의 양 0T 만큼이 산란에 참여하면 돌아오는 가입량은 ST 만큼 되므로 잉여분이 없게되는데, P에서는 어미의 양 0R 만큼이 산란에 참여하면 돌아오는 가입량은 PR 만큼 되므로 PQ 만큼 어획한 후 QR(=0R)만큼만 산란에 참여하게 하면 가입량은 또 PR 만큼되므로 PQ 만큼 해마다 어획할 수 있으므로 이 부분이 잉여분이 되는데, 이 잉여분을 최대로 하기 위해서는 치환선을 평행이동시켜 재생산곡선과 접하는 점인 A가 된다. 즉, 이곳에서는 AB 만큼 해마다 어획할 수 있으므로 최대잉여분을 얻을 수 있다. 이것이 Ricker가 주장하는 MSY이다.

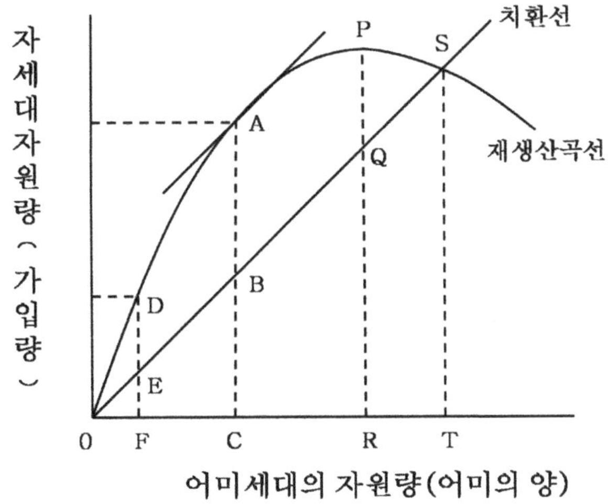

〈그림 9-8〉 재생산곡선

Ricker는 이 재생산 이론을 연어류의 어획에 적용하여 성과를 올렸는데, 그 식은 아래와 같다. 소하미수를 E, 회귀미수를 R이라 하면

$$R = a \cdot E \cdot e^{-bE} \qquad (9.11)$$

이다. 여기서 a, b는 상수이다. (9.11)식의 양변을 E로 나누면

$$\frac{R}{E} = a \cdot e^{-bE}$$

이다. 위의 식을 양 변에 ln을 취하면

$$\ln\frac{R}{E} = \ln a \cdot e^{-bE}$$

$$= \ln a + \ln e^{-bE}$$

$$= \ln a - b \cdot E \qquad (9.12)$$

로 된다.

$\ln\frac{R}{E}$ 와 E 와는 직선회귀하므로 최소자승법을 사용하거나 회귀직선식을 사용하여 a, b의 상수를 구할 수 있다.

4) 경제적인 이론

지금까지 MSY에 대한 대표적인 3가지 이론을 설명하면서 어획량을 어류의 마리수나 중량으로 다루었다. 그러나 어획은 어업자에 의하여 이루어지고 있으며, 어업은 일종의 생산 산업이기 때문에 어업자는 경제적인 이익을 추구하기 위하여 어업을 경영한다. 따라서 어업 그 자체는 경제 원리에 따라 이루어지고, 어획량은 경제 원리에 의하여 수행된 어로행위의 결과물이다. 이러한 입장에서 자원을 이용할 때 자원의 상태가 어떻게 변하는지를 살펴서 자원을 파괴시키지 않고 이용할 수 있는 최선의 방안을 모색해보자는 것이 경제적인 이론이다. 경제적인 모델의 특징은 여러 가지 양을 금액으로 환산하여 계량하며, 경비라는 개념을 포함시킨다.

만일 어가(魚價)가 어획량이 많건 적건 간에 관계없이 일정하다면, 노력량에 대한 어획생산 수익금액의 곡선은 〈그림 9-9〉에서 물량곡선 L과 같게 된다. 어가가 변한다면 어획량의 적을 때에는 어가가 높고, 많을 때에는 어가가 낮아지므로 곡선 L은 왼쪽 경사가 더 급해지고, 봉우리 오른편 경사가 완만해지는 경향이 된다. 어획노력량이 증가함에 따라 처음에는 어획생산 수익금액의 외형은 거의 비례적으로 증가하지만 어느 수준에서 산의 봉우리를 이루고, 그 이상으로 노력량이 증가하면 어획량 자체가 줄어들기 때문에 수익금액이 감소한다.

그런데, 한편으로 어업은 반드시 경비가 소요되는데, 어업에 소요되는 경비는 2가지 성질의 경비가 포함된다. 하나는 어획노력량과 관계없이 일정한 기본경비가 있고, 다른 하나는 어획노력량에 비례하는 변동경비가 있다. 기본경비는 항만 이용이나 어획물 유통을 위한 시설건설비 등이며, 변동경비는 어선 건조비, 연료비, 어구재료비,

인건비 등이다. 변동경비를 노력당 일정한 것으로 가정하면, 경비는 〈그림 9-9〉에서 직선으로 표시한 바와 같다. 이 직선의 세로축 절편은 고정경비에 해당하고, 직선의 경사는 노력당 변동경비에 해당한다. 외형수입곡선 L과 경비를 나타내는 직선 C 사이의 차이부분이 순경제이익(Net Economic Yield)에 해당되며, 어업자가 투입한 자본에 의하여 얻어지는 이익이다. 순경제이익은 어느 수준의 노력량에서 최대가 되는데, 이것을 최대순경제이익(MEY, Maximum Economic Yield)이라고 한다. MEY의 위치는 경비직선을 평행이동 시켜 외형수입곡선 L과 접하는 점 E에서 가로축에 수선을 내릴 때의 위치이며, 수선이 직선과 교차하는 점과 E점 사이의 크기가 곧 MEY가 해당된다. MEY를 실현시키는 노력량보다 더 많거나 또는 보다 적은 노력량을 투입한다면 순경제이익은 감소하게 된다.

그런데, 외형수입곡선 L에서 최대의 총수입금을 실현하는 위치는 꼭지점 M이다. 〈그림 9-9〉에서 MEY가 실현되는 노력량은 최대외형수입 M을 실현시키는 노력량보다 적다. 실제로 어업자의 순경제생산을 최대가 되게 하는 노력량은 외형수입을 최대로 하는 노력량보다 반드시 적다. 그럼에도 불구하고 최대의 이익을 추구하는 어업에 의하여 자원의 남획이 일어나고 있는 점은 쉽게 이해되지 않는다.

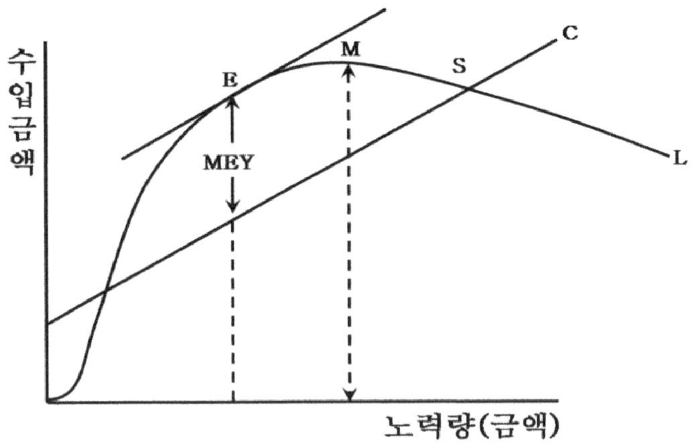

〈그림 9-9〉 노력량과 생산량의 금액관계
L : 외형수입곡선, C : 경비곡선

즉, 어떤 자원을 어획하는 어업자가 하나가 아니고 여럿이면, 각 어업자로서는 일반적으로 어업의 전체 규모를 모르며, 외형수입이 경비보다 많은 동안에는 순이익이 발생하므로 각자가 노력량을 증가시켜서 이윤을 더 올리려 할 것이다. 그뿐만 아니라 이익을 남기고 있는 그 어업에 새로 참가하려는 사람도 있게 된다. 만일 어업에 종사하는 것이 개인 의사에 따라 자유롭게 할 수 있고, 어업투자를 MEY 수준에서 정지시키는 강제규제가 없다면 결국 어업에서 순이윤이 없어지게 될 때까지,

즉 〈그림 9-9〉에서 경비와 외형수입이 같아지는 점 S까지 어획노력이 증가하게 된다. S점에서는 더 이상 누구도 순이익이 생기지 않으므로 노력량의 증가가 멈출 것이다. 그런데, 만일 노력량의 증가가 멈추는 이 S점이 어업생물학적 MSY를 초과하는 수준에 해당된다면 자원은 남획상태를 초래하게 될 것이다. 불행하게도 옛날부터 중요한 어업의 대상이 되어온 유용한 자원에서는 거의 모두가 S점이 어업생물학적인 MSY를 훨씬 초과하고 있다.

더욱 나쁜 것은 자원의 남획상태가 심해질수록 물량적인 어획량이 줄어들며, 그럴수록 그 어획물이 단가가 높아져서 외형수입곡선의 산봉우리 오른편 경사가 점점 줄어들고, 경비직선의 경사보다 조금 낮은 수준으로 됨에 따라 노력량 투입을 자율적으로 멈추는 정지점 S가 훨씬 더 오른편으로 이동하게 되어 어업자들은 어장에서 끊임없이 어업을 하게 된다. 즉, 단가가 오를수록 바다 속의 자원에게는 슬픈 종말이 예고되는데, 서해의 참조기 자원이 상자당 수십만원을 호가하는 그러한 예에 해당된다. 그리하여 참조기 자원의 감소로 인하여 생태계에 이상한 징후가 발생하고 있는데, 그것은 옛날처럼 동지나해에서 우리나라 연평도까지 회유를 해오다다가 법성포 주변에서 산란하는 경우에는 산란할 수 있는 참조기기의 크기가 큰데 비하여 최근에 동지나해에서 잡히는 참조기는 어린 개체에서도 알이 배에 들어있는 경우가 많이 있다.

만일, 이러한 자원이 어떤 특정 기업이나 어업자에게 독점되어 있어 다른 사람의 참여가 통제되어 있다면 그 기업은 당연히 기업으로서 최고의 이윤을 올리는 MEY 수준을 유지하려고 할 것이므로 남획상태는 일어나지 않을 것이라고 생각된다. 그러나 일반해면어업에서는 많은 어업자가 자원을 나누어 이용하므로 각 어업자는 자기 몫을 많게 하려고 이윤이 있는 한 노력량을 필연적으로 증가시키게 된다. 국가적인 경제차원에서 최대의 이익을 가져다 주는 MSY 수준 또는 MEY 수준에 자원을 유지시키려고 한다면 어업자들의 각성이 요구되고, 그렇지 않은 경우에는 어업에 대하여 강력한 규제를 가하고, 감시하고 통제하던가 아니면 자원을 특정업자에게 독점시키는 것이 좋을 것이라고 생각된다.

아직까지도 어업은 어떠한 경영논리로 경영하기보다는 오랫동안 어업을 해온 경험을 바탕으로 이루어지는 경우가 많고, 지금도 어획량을 많이 올리기만 하면 수입이 많은 것으로 생각하고 있으며, 후손들한테 물려줄 천연의 식량자원이라기 보다는 하루 빨리 돈을 벌어 다른 업종으로 전환하려는 생각을 갖고 있다. 이러한 생각들이 지배적인 이상 우리나라 어업의 앞날은 암울하며, 지금이라도 자원관리나 해양환경 오염에 관심을 가져야만 할 것이다.

2. 남획과 그 징후

1) 남획의 정의

어느 수산자원에서 어획량이 계속하여 감소하는 경우가 많은데, 이것은 개체군의 생활구역 내에서 나타나는 국부적인 현상이면 어장환경 요인의 변화에 의한 것이라고 생각되지만, 생활구역 전체를 통해서 나타나는 현상이면 개체군 자체의 감소에 기인한다고 판단하는 것이 옳을 것이다.

남획은 앞에서 살펴본 적정어획 이론에 따라 각각 다르게 정의되는데, 먼저 개체군의 로지스틱 증대 이론과 관련하여 설명하기로 한다.

〈표 8-1〉과 〈그림 8-1〉과 같이 수산자원은 어획의 압력을 받으면 자연증가량을 가지고 이 압력에 반발한다. 자원량이 0과 K를 제외한 어떠한 자원량의 수준에서도 자원은 적절한 자연증가량을 내지만, 자연증가량에는 최대값이 있는데, 이 값은 자원량이 $\frac{K}{2}$ 일 때 실현됨을 앞에서 설명한 바 있다.

어획량이 최대자연증가량보다 낮은 수준에서 일정하게 유지되면 자원은 어획에 반응하여 어획량만큼 자연증가량을 나타내어 평형상태로 수렴한다. 그리고 어획량이 일정하게 유지되는 한 이 자연증가량은 지속적생산량이 된다.

남획이란 자원의 최대자연증가량보다 많은 양을 솎아내는 어획이라고 정의할 수 있다. 따라서 처녀자원의 개발 초기에도 남획이 있을 수 있다. 그러나 남획의 징후는 자원량이 $\frac{K}{2}$ 이하로 떨어지고 나서부터 어떤 지체시간을 두고 나타난다. 지체시간의 장단은 자원에 따라 다르며, 남획이 시작되고 나서 그 징후가 나타날 때까지의 지체시간에 관한 지식이 적정어획량보다 더 중요할 수도 있다.

다음에는 재생산이론의 견지에서 남획을 검토하여 보면, 〈표 8-4〉와 같이 극도로 높은 어획률로써 자원을 이용하면, 성어의 절대수의 부족으로 인해 자원의 재생산력이 떨어진다. 이러한 상황을 〈그림 9-8〉의 재생산곡선으로써 설명하여 보자.

지속적 재생산량을 웃도는 어획, 즉 재생산곡선 상에서 45°의 치환선을 넘어서 더욱 아래로 뻗치는 선분(DE 또는 AB보다 큰 선분)에 상당하는 어획을 계속하면 얼마 가지 않아 자원의 전멸을 가져올 수 있다. 그러므로 이 어획은 남획으로 보아야 한다.

반대로 45°선에 미달하는 어획수준(지속적생산량을 밑도는 어획량)에서도 지속적생산량이 크게 된다고는 할 수 없다. 따라서 45°선에 미달하는 어획은 자원을 유효하게 이용하지 않는 것이 된다.

이러한 논리는 〈그림 8-1〉의 최대잉여생산량을 나타내는 포물선의 경우에 대해서도 마찬가지로 적용된다. 포물선의 아래에 있는 수준에서 어획하면 자원을 다 이용하지 않는 셈이 된다. 뿐만 아니라 이 양이 그대로 자원의 현존량에 부가됨으로써 오히려 지속적생산량을 감소시키는 결과를 초래한다. 그러나 이와 같은 경우에는 남획에 비하면 어업을 위해서는 훨씬 나은 편이다.

20세기에 들어와 어선이 동력화되고 대형화됨에 따라 어획능률의 향상과 함께 어장이 확대되었다. 미개발 어장에서 어업이 행해지면 처음에는 어획강도가 높아짐에 따라 어획량도 급격히 증가한다. 그러나 어획강도가 계속 강화되거나 과도한 수준을 유지하면 어획량은 늘지 않고 오히려 줄기 시작한다.

한편으로는 동물성 단백질의 수요가 급속하게 늘어 어획량이 감소할수록 어가는 반대로 높아지게 되어 어업에 대한 투자는 계속되어 어획강도는 더욱 강화된다. 이와 같은 상황이 2차 대전 후의 선진수산국이 겪은 어업의 실태이다.

2) 남획의 징후

어획이 과도하게 행해지면 자원량이 점진적으로 감소하여 생물의 체장, 체중, 자원의 연령조성, 어황 등에 여러 가지의 징후가 나타난다. 이것을 남획의 징후라 하고, 이 징후는 자원의 질에 나타나는 것과 어획통계에 나타나는 것이 있으며, 징후를 들면 다음과 같다.

① 어획노력이 일정하거나 강화되어도 총어획량이 줄어든다.

② 단위노력당어획량(CPUE)이 차차 감소한다.

①과 ②의 어획노력량과 총어획량과의 관계로써 추정된다. 이 징후는 저인망어업에서 일어나기 쉽다. 이는 저인망의 어구능률이 높고, 소형어도 어획되기 때문이다. ①과 ②의 징후는 반드시 동시에 나타나는 것이 아니며, 또 이 징후의 발현시기가 정확하게 남획의 시기를 표시하는 것도 아니다. 그 이유는 어느 자원의 어장이 개척되고 어획이 차차 강화되어 그 때까지 어획의 대상에 포함되지 않았던 저령군까지 어획하게 되면, 실제로는 남획상태에 있음에도 불구하고 어획노력의 증가에 따라 총어획량이 증가하기 때문이다.

남빙양의 고래를 예로 들면, 어획량에는 아무런 징후가 보이지 않았을 때에도 자원의 연령조성에 있어서는 고령군이 이미 감소하고 있었던 것이다. 따라서 어획량에서 본 ①과 ②의 징후는 다음 ③의 징후보다 늦게 나타나는 것 같다.

③ 어획물의 연령조성에 있어서 고령어의 혼재율이 감소하고, 저령어의 혼재율이 증가하여 어획물의 전체의 평균체장과 평균체중은 감소한다.

④ 어획물곡선의 산봉우리 오른쪽의 경사가 점점 급해진다(해마다 증가한다).

③과 ④는 어획물을 통해서 나타나는 자원의 질적인 변화이다. 어획이 강화되면 자원의 연령범위가 좁아지고, 고령어의 비율이 감소하여 전체적인 평균체장과 평균체중이 떨어진다. 이것은 세로축에 연령을 가로축에 어획마리수의 로그를 취해서 어획물의 연령조성을 나타낸 어획물곡선에 있어서 오른쪽 직선부의 경사를 증가시킨다.

⑤ 각 연령군의 평균체장과 평균체중은 대형화 한다.
어획이 강화되어 개체군의 밀도가 감소하면 1마리당 먹이는 증가하여 각 연령군의 성장율이 좋아져 평균체장은 커진다. 정어리에서 보면 1941년경 이후의 흉어기에 들어서는 동일 연령군의 체장과 체중이 증가한 예가 있다.

⑥ 단위어획량의 분포형이 정규분포이던 것이 분포의 봉우리가 점점 왼쪽으로 치우쳐서 나중에는 지수형으로 된다.
이것은 투망했을 때 잘 잡히는 경우보다 못 잡는 경우가 많아짐을 의미한다.

⑦ 단위어획량의 변동계수가 점점 커진다. 단위어획량 C의 변동계수 V_c는

$$V_c = \frac{\sigma^2}{\overline{C}}$$

이다. σ^2는 C_i 의 분산이며, $\overline{C}$는 CPUE이다. V_c 의 변동이 적다는 뜻은 어

획할 때마다 어획량에 그다지 변동이 없고, 투망할 때마다 고르게 어획된다는 뜻이다. 반대로 V_c 가 크다는 뜻은 투망에 따라 못 잡을 때도 있고, 잘 잡을 때도 있어서 그 차이가 크다는 뜻이다.

이상의 여러 징후의 각각은 남획의 필요조건이지 충분조건은 아니므로 남획에 대한 정확한 판단은 상기한 여러 가지 징후를 종합하여 신중히 검토하여야 한다.

어업자원 가운데에서 특별히 남획되기 쉬운 어종들의 공통적인 특징을 나열하면 다음과 같다.

① 수명이 길다

수명이 긴 종류는 자연사망률이 낮고, 어획자원으로 가입하여 장기간에 걸쳐 성장하면서 이용되므로 남획당하기 쉽다. 북태평양의 넙치가 대표적인 예이다. 이에 비하여 멸치, 오징어, 새우 등과 같이 수명이 1~2년 미만이고, 자연사망률이 높은 자원은 자원의 감소에 끼치는 어획의 영향이 상대적으로 낮아 여간해서는 남획에 이르기가 어렵기 때문에 이들에 대해서는 국가에서 상당한 어획노력량을 허가해주고있다.

② 성숙기에 이르는 기간이 길다.

고래, 물개 등은 성숙기에 이르기까지 오랜 기간이 걸리는데다가 출생률이 낮아 가입량이 적으므로 남획되기 쉽다.

③ 해저에 서식하며 이동성이 미미하다.

가자미, 게 등과 같이 저어자원이나 이동성이 미미한 자원은 트롤어업 등에 의하여 남획되기 쉽다.
한편, 고등어, 전갱이, 다랑어류 등과 같이 해양의 표·중층을 회유하는 부어자원은 일시에 다량으로 어획되는 일이 드물고, 산란수도 많으므로 남획되기 어려운 어종이다.

④ 하천에 소상하여 산란한다.

연어, 송어 등과 같이 하천에 소상하는 것은 집중적으로 어획되므로 남획되기 쉽다.

우리나라 연안의 고급어종을 비롯한 많은 어종들이 남획상태에 이르렀다고 생각되어 국가에서도 자원관리형어업을 추구하다가 최근에는 자율관리형어업을 부르짖고 있으며, 방류사업과 어초사업 등도 실시하고 있는 실정이다.

제 10장 수산자원량 추정

수산자원의 변동은 자원량이 시간에 따라 어떻게 변하는가를 말하는 것이므로 자원량을 아는 것이 기본이다. 그러나 수산자원 생물은 물속에서 생활하기 때문에 그 절대량을 알기가 쉽지 않다. 눈으로 직접 보고 헤아리기가 매우 어려우므로 부득이 간접적으로 추정할 수밖에 없다. 수산자원량의 추정을 위한 방법은 생태학의 다른 분야보다 더 발달해 왔다. 자원량 추정은 자원을 파악하는데 매우 중요한 사항이고, 자원량이 추정되면 자원의 관리와 효율적인 이용에 중요한 정보로써 사용할 수 있기 때문이다.

추정법은 자원총량 추정법과 자원의 상대지수 표시법이 있는데, 상대지수 표시법은 여러 가지 이유로 자원총량의 추정이 불가능할 때 자원량 추정을 통하여 알고자 하는 자원변동의 경향을 알 수 있는 차선책으로 채택된다.

총량 추정법에는 직접적인 방법으로 전수조사법과 시험채취에 의한 부분조사법이 있고, 간접적인 방법으로 표지방류한 것의 재포결과를 사용하는 방법과 총산란량을 추정하여 친어 자원량을 추정하는 방법, 어획노력량과 어획량의 상관관계를 해석하여 추정하는 방법 등이 있으며, 최근에는 어종과 어체 크기까지도 알아낼 수 있는 계량 어군탐지기가 개발되어 어군탐지기를 사용하는 방법들이 활성화되고 있으며, 인공위성을 통한 원격탐사 방법들도 검토되고 있다.

1. 직접 조사법

1) 목시법(目視法)

해면에 무리를 지어 유영하는 다랑어류, 고래류 등과 떠다니는 해조류 밑에 모여 생활하는 방어 등의 치어 등을 연속적으로 사진을 촬영하여 개체군의 크기를 추정하는 방법을 말한다. 또는 소규모 하천이나 호소 또는 천해에서는 잠수하여 직접 관찰한 결과로부터 자원량을 추정할 수 있다. 그리고 연어와 송어같이 강을 거슬러 올라갈 때 어도에 관측탑을 설치하여 직접 계수하기도 하고, 자동계수기를 설치하여 소상하는 양을 알아낼 수도 있다.

2) 부분관찰법

생물의 총수를 실제로 눈으로 보고 수를 헤아리는 것은 생물집단의 크기를 추정하는 가장 소박하고 직접적인 방법이지만, 큰 집단이 넓은 범위에 분포하거나 생물이 은폐물에 가려서 보이지 않을 때는 전수를 헤아릴 수가 없다. 그래서 한정된 범위를 조사하여 면적당 평균개체수를 세고, 이것을 그 집단이 분포하는 전 구역에 확대 계산하여 전수를 추정하는 방법이다. 거의 움직이지 않는 생물이나 부착생물, 패류 등의 개체수를 추정하려고 할 때, 분포하는 전체지역을 작은 구획으로 분할하고, 적당한 수의 작은 구획을 임의로 추출하여 추출된 작은 구획내의 생물수를 헤아리는 방법을 사용한다. 이때 작은 구획의 총수를 M, 직접 생물수를 조사한 구획수를 m, 조사한 각 구획의 생물수를 n_i라고 하면, 구획당 평균개체수 $\overline{n}$와 전체 총 개체수 추정치 N은 다음과 같다.

총 개체수 = 구획총수 × 구획당 평균개체수 이므로

$$N = M \cdot \overline{n} \tag{10.1}$$

여기서, 구획당 평균개체수 = 조사한 구획의 생물 총수 ÷ 조사한 구획수 이므로

$$\overline{n} = \frac{\sum_{i=1}^{m} n_i}{m}$$

이다. 이 식을 (10.1)식에 대입하면

$$N = M \cdot \frac{\sum_{i=1}^{m} n_i}{m} = \frac{M}{m} \cdot \sum_{i=1}^{m} n_i \tag{10.2}$$

이 된다. 이 경우에 오차를 줄이기 위해서는 조사하는 구획의 형평성이 맞아야만 한다는 것이다. 즉, 너무 자원량이 많은 곳만 조사할 경우 실제보다 추정치의 값이 높

게 나타날 것이고, 자원량이 적은 곳만 조사할 경우에는 실제보다 낮게 나타날 것이기 때문이다. 또한, 추정치의 오차를 줄이기 위해서는 조사구획수를 늘리는 방법도 있다.

3) 방형구법

생물이 분포하는 전 해역을 소구획으로 나누지 않고, 일정한 크기(보통은 가로 세로 각 1m)의 방형구(方型區)를 임의로 배치하여 조사하는 경우이다. 이 경우 분포하는 전 면적을 A, 방형구의 면적을 a라 하면, 방형구 면적만한 크기의 소구획 총수를 M이라 하면, 자원량 추정치 N은

총 개체수 = 방형구 총수 × 방형구당 평균개체수 이므로

$$N = M \cdot \bar{n} \tag{10.1}$$

여기서, 방형구당 평균개체수 = 조사한 방형구의 생물 총수 ÷ 조사한 방형구수이므로

$$\bar{n} = \frac{\sum_{i=1}^{m} n_i}{m}$$

이다. 여기서 방형구 총수 $M = \dfrac{A}{a}$이므로 이 값과 위의 식을 (10.1)식에 대입하면

$$N = \frac{A}{a} \cdot \frac{\sum_{i=1}^{m} n_i}{m} = \frac{A}{a \cdot m} \cdot \sum_{i=1}^{m} n_i \tag{10.3}$$

이다.

방형구를 사용할 때는 부분관찰법에서 설명한 것과 같이 형평성이 맞아야만 한다는 것이다. 면적이 너무 넓거나 조사대상 생물이 움직이고 있을 경우에는 방형구는 적용하기가 적당하지 않으므로 다음에 설명하는 라인 트랜섹트법이 현실적이다.

4) 라인 트랜섹트(Line transect)법

이 방법은 미리 정해둔 선을 따라 조사자가 일정한 속도로 이동하면서 정선 부근

에 있는 생물의 수를 세는 방법이다. 간단한 경우를 예를 들면, 정선에서 거리(폭) W 이내에 있는 개체를 헤아렸으면, 조사면적은 조사자가 이동한 거리 L과 좌우 조사폭 $2W$를 곱한 $2WL$이 된다. 그 면적에서 조사한 개체수를 n이라고 하면 자원량 추정치 N은

총 개체수 = (분포 총면적 ÷ $2WL$) × $2WL$에서 조사한 개체수 이므로

$$N = \frac{A}{2WL} \cdot n \qquad (10.4)$$

이다. 그러나 n은 관측폭 $2W$ 내에서도 정선으로부터의 거리에 따라 발견율이 감소하는 경향이 있다고 하여, 이 경향을 보정하는 것이 좋다는 주장도 있다.

2. 간접 조사법

1) 표지재포법

어획한 다수의 개체에 여러 가지 수단과 방법으로 표지를 한 다음 본래의 장소에 방류한 후에 다시 어획을 하면 표지개체와 비표지개체가 섞여서 재포될 것이다. 이때 표지개체와 비표지개체가 사망률 및 행동에 있어서 차이를 보이지 않고, 분포구역에서 고루 섞인다고 하면 다음과 같은 비례식이 성립한다. 즉, 표지방류미수를 n, 총어획미수를 M, 재포미수를 m, 초기자원량을 N 이라 하면

$$m : M = n : N$$
$$nM = mN$$
$$N = \frac{Mn}{m} \qquad (10.5)$$

〈그림 10-1〉

$$3 : 14 = 12 : N$$
$$3N = 14 \times 12$$
$$N = 56\text{마리}$$

이 된다. 이 식이 만족하려면 자원 중에 표지어가 고르게 섞였다고 보아야 한다. 보통의 경우 N은 매우 큰 수이지만 표지어의 수 n은 예산과 시간적, 기술적 제한 때문에 그리 크지 않다. n이 너무 적으면 추정값의 신뢰성이 적어진다. 이 방법은 아

래의 조건이 만족한다는 가정을 전제로 한다.

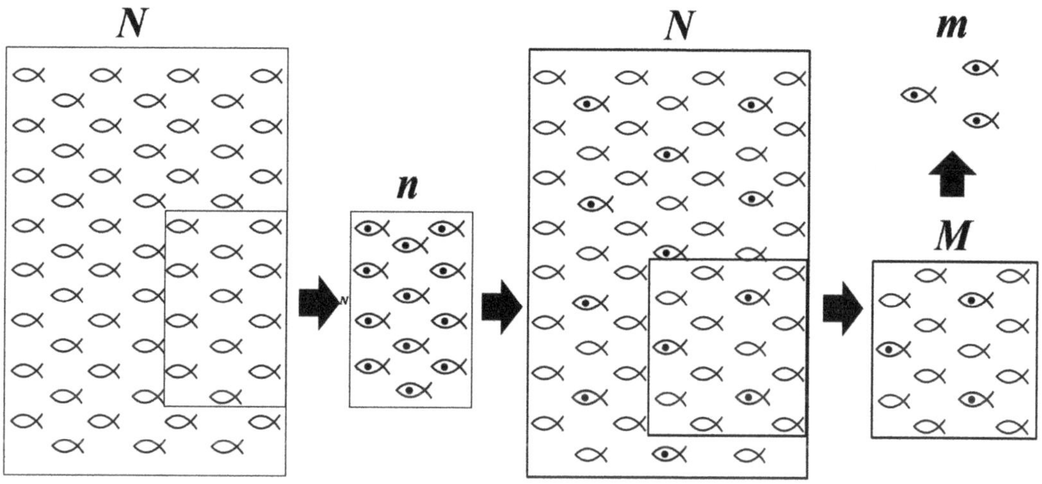

〈그림 10-1〉 표지재포법의 원리

ⓐ 표지는 탈락하지 않고, 표지부착 때문에 사망률이 변하지 않는다.
ⓑ 표지어는 원래의 자원 속에 고르게 분포한다.
ⓒ 노력량의 분포는 어군량의 분포에 비례한다.
ⓓ 조사기간 중 가입과 일산은 없다.
ⓔ 재포된 어류는 모두 발견되고, 보고되며, 기록된다.

2) 총산란량 산정법

산란장에서 채집된 알로서 산란장의 각 소구역에 있어서의 알의 분포밀도를 조사하고, 등분포밀도 내의 모든 알의 수를 계산한 결과 친어 1미당 산란수로 나누어 친어의 미수를 추정한 뒤, 이 추정치에 성비를 곱하여 성숙개체로서 구성되는 자원량의 크기를 추정하는 방법이다.

즉, 플랑크톤 네트로 채집한 난치자 표본에서 해면의 단위면적당 1일 평균산란수를 구한다. 이것을 전 산란장, 전 산란기로 환산하여 한 산란기 동안의 총산란량을 구한다. 암컷 1마리당 한 산란기 동안의 산란량을 알고 있으면, 총산란량을 그것으로 나누어 산란에 참여한 성숙 암컷의 수를 계산할 수 있다. 자원전체 중에서 성숙 암컷의 비율로 성숙 암컷수를 나누면 전체 자원량을 구할 수 있다. 이 때 필요한 매개변수로는 다음과 같다.

ⓐ 전 산란장의 면적

ⓑ 해면의 단위면적당 1일 평균산란수

ⓒ 한 산란기 동안의 총산란량

ⓓ 성숙 암컷 1마리의 한 산란기 동안의 산란량

ⓔ 자원 중에서 성숙 암컷의 비율

3) 어획통계법

국한된 해역에서 형성되는 어장의 조업기간이 단기간에 집중적으로 이루어질 경우에 다른 어장으로부터 이입과 이출이 없고(있다하더라도 이입량과 이출량이 같고), 자원량이 어획에 의해서만 감소한다고 가정할 수 있다면, 매일 매회 조업당어획량은 그 때의 자원량에 비례할 것이다.

어획이 자원에 영향을 주는 정도가 강하여 어획에 의한 자원량 감소가 뚜렷한 경우에 이 방법을 사용할 수 있다. 예를 들면, 어느 바다에서 100톤을 어획하였더니 단위노력당어획량이 절반으로 줄었다면 노력당어획량이 자원에 비례한다고 보면 처음의 자원량은 200톤이었다고 추측할 수 있다.

이와 같이 노력당어획량이 자원량에 비례하고, 자원이 어획에 의해서만 감소한다고 할 경우, 노력당어획량의 시간적인 감소경향을 이용하여 초기자원량과 어획능률을 추정할 수 있다.

이 방법은 Leslie and Davies(1939)가 일반 생태학 분야에서 일정지역의 야생들쥐수를 측정하는 시도로 처음 고안된 개념인데, 수산자원에는 Delury(1947, 1951)가 적용하고, 그 이론을 확장·전개하였으므로 흔히 Delury 방법이라고 한다.

어느 자원에 대해서 어획이 진행되고 있을 때, 어획이 개시된 이후 어획이 있었던 날로부터 t일째라면

t일째 조업을 시작할 때의 자원량 N_t

t일의 조업에서 올린 어획량 C_t

t일의 어획노력량 X_t

어획능률 q

로 하면, t일째의 단위노력당어획량(CPUE)은

$$\frac{C_t}{X_t} = q \cdot N_t \tag{10.6}$$

t일째 조업이 시작되기 전 $(t-1)$일까지의 누적어획량 K_t

최초의 자원량 N_0

로 하면, t일째 조업을 시작하기 직전의 자원량은 최초 자원량에서 전날까지 어획한 총량, 즉 누적어획량을 뺀 것과 같다.

$$N_t = N_0 - K_t$$

이 식을 (10.6)식에 대입하면

$$\frac{C_t}{X_t} = q \cdot (N_0 - K_t)$$

$$= q \cdot N_0 - q \cdot K_t \tag{10.7}$$

이 된다. 이것은 t일의 단위노력당어획량과 전일까지의 누적어획량 사이에는 직선적인 관계가 성립되며, 누적어획량이 커질수록 t일째의 노력당어획량은 감소함을 뜻한다.

이론적으로 여러 날 어획이 계속되어 어느 날 마지막 한 마리까지 다 어획되면, 그 다음날은 조업하였을 때 어획이 없을 것이며, 그 때까지의 누적어획량은 곧 최초의 자원량과 같게 된다.

가로축에 $(t-1)$일까지의 누적어획량, 세로축에 t일의 노력당어획량을 두고, 어획자료를 좌표로 잡아가면 어획좌표들은 오른쪽으로 경사를 나타나게 된다. 최소자승법이나 회귀직선식을 이용하여 q와 $q \cdot N_0$를 구하여, 어획능률과 최 초 자원량을 추정할 수 있다.

한편, 여기서 자원은 어획에 의해서만 감소된다고 가정하였으므로, t일의 전날 $(t-1)$일까지 투입된 누적노력량 E_t와 노력당어획능률 q를 사용하면, t일 조업개시 직전의 자원량 N_t는

$$N_t = N_0 \cdot e^{-q \cdot E_t}$$

이다. 이 식을 (10.6)식에 대입하면

$$\frac{C_t}{X_t} = q \cdot N_0 \cdot e^{-q \cdot E_t}$$

$$\ln \frac{C_t}{X_t} = \ln (q \cdot N_0) - q \cdot E_t \qquad (10.8)$$

로 된다. 이 식은 $(t-1)$일까지의 누적어획노력량과 t일의 노력당어획량 대수값 사이에는 직선적인 관계가 성립함을 의미한다. 즉

$$\ln \frac{C_t}{X_t} = Y,\ \ln (q \cdot N_0) = A,\ E_t = X$$

라 하면,

$$Y = A - q \cdot X$$

이므로, 최소자승법과 회귀직선식에 의하여 어획능률과 최초 자원량을 추정할 수 있다. 즉, Delury 방법은 연속된 단위기간 중의 노력량과 어획량 자료가 있으면 최초 자원량을 추정할 수 있는 방법이다.

3. 어탐법(수중음향을 이용한 자원량 추정)

어군탐지기에 의하여 기록된 영상으로부터 자원량을 추정하는 방법으로 계량어군탐지기(計量魚群探知機) 또는 과학어군탐지기(科學魚群探知機)의 등장으로 최근에 가장 많이 되고 있는 방법이다.

이 원리는 어군탐지기로부터 초음파를 보내어 돌아온 TS(Target strenth)를 가지고 분석하여 자원량을 알아내는 방법인데, 정도를 높이기 위하여 트롤조업과 병행하여 실시한 후 보정하는 방법 등이 이용되지만, 해저에 부착하여 서식하거나 가까이에 서식하는 어종들의 자원량을 추정하는 데에는 아직도 어려움이 많다.

그러므로 주파수가 다른 진동자를 246개 장치하여 각 방향으로 초음파를 보낸 후에 돌아온 TS를 가지고 입체적으로 자원량을 분석하여 추정하고 있으며, 이러한 자료를 디지털화 하는데 성공하여 자원량을 양적으로 나타낼 수 있는 단계까지 발전하였다.

1) 어군탐지기의 기초

(1) 어군탐지기의 원리와 구성

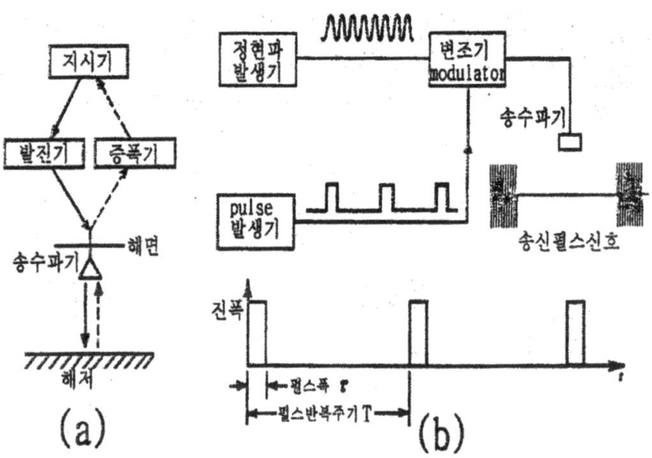

〈그림 10-2 〉 어군탐지기의 구성도

어군탐지기는 진동자로부터 해수 중에 음파를 발사하여, 어군에 의해 반사되어 돌아오는 에코를 수신하여 어군의 존재를 파악하는 장치이다. 어군탐지기에서 사용하는 음은 물이라는 매질 속을 전반하는 수중음으로 주파수가 20kHz이상 되어 귀에는 들리지 않는 초음파이고, 단일 주파수의 음(Coherent)이며, 지속시간이 짧은 펄스 음이라는 특징을 가지고 있다.

수중음은 전파속도가 빠르고, 전파손실이 적은 장점을 가지고, 파장이 짧은 것이 진동자의 소형화나 예리한 빔의 형성을 가능하게 하고, 또한 어류와 같은 작은 물체의 탐지도 가능하다. 단일 주파수음을 갖는 성질은 진동자나 어류에 의한 반사가 복잡한 지향특성을 일으키는 원인이 된다. 또 펄스 음을 사용함으로써 어류의 에코를 발사음과 구별할 수 있게 되고, 에코의 도래시간을 이용하여 진동자로부터 어류까지의 거리를 측정할 수 있다.

어군탐지기는 〈그림 10-2〉에 나타낸 것과 같이 초음파 주파수의 펄스 형태 전기신호를 만들어 내는 발진부와 그것을 수중 음향신호로 변환하는 진동자, 어군으로부터의 미약한 에코를 증폭하여 검파하는 수신부, 이것을 시각정보로써 표시하는 표시부로 구성된다.

(2) 수중음의 전파와 감쇠

음원으로 부터 발사된 음파는 전 방향에 방사상으로 확산하면서 전파해 간다. 전파(傳搬)하는 속도를 음속이라 부르고, 매질의 밀도나 탄성율에 따라 다르며, 공기중에서 약 340m/sec이나 해수중에서 약 1500m/sec나 된다. 그러면 음원을 출발한 음파의 파면은 구면상으로 퍼져가므로 음의 세기, 즉 단위면적을 통과하는 음의 강도는 〈그림 10-3〉과 같이 음원으로 부터 거리의 2승에 반비례해서 감쇠해 간다($I = I_e / r^2$). 이것을 확산감쇠라 하나 그 이외 전파 도중에 소리 에너지의 일부가

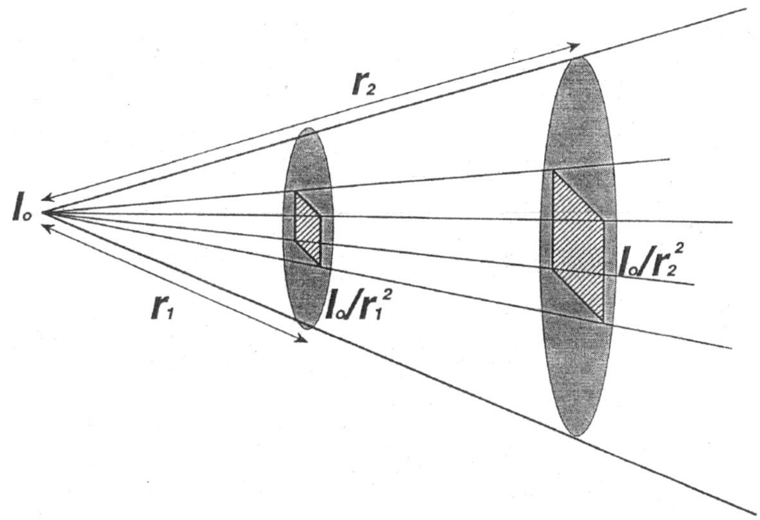

〈그림 10-3〉 음원의 감쇄현상

열손실로 인해 손실하는 흡수감쇠를 일으킨다. 흡수감쇠는 단위전파거리 당에 음향에너지의 일정비율이 소멸하는 감쇠이므로, 지수함수로 나타낸다($I = I_0 \cdot 10^{-0.1\alpha r}$). 흡수감쇠계수는 매질의 밀도나 점성에 의해 정해지고, 해수의 경우에는 염분농도나 수온의 영향을 크게 받으며, 일반적으로 고주파일수록 크다.

(3) 진동자와 지향특성

진동자는 전기 에너지를 음향에너지로 변환하는 장치이며, 보통 이 변환은 가역적

이다. 수중음향 진동자는 고체의 신축성을 이용한다. 티탄산바륨 등의 분말을 성형 소결해서 만들어진 세리믹은 전계를 주면 변형하는 효과가 있으므로 초음파 주파수의 전기신호를 전극에 가함으로써 신축진동을 일으킬 수가 있다.

진동자가 물과 접하는 면은 피스톤과 같은 형태로 진동하며, 진동면의 어떤 부분에서도 동위상, 등속도로 진동하므로 진동면과 수직인 방향인 음축에는 각 부위로부터의 음향에너지가 전부 집중되므로 지향성이 형성된다〈그림 10-4〉. 지향성은 파장에 비해 진동면이 크면 클수록 예리하게 되는 성질을 가지고 있다.

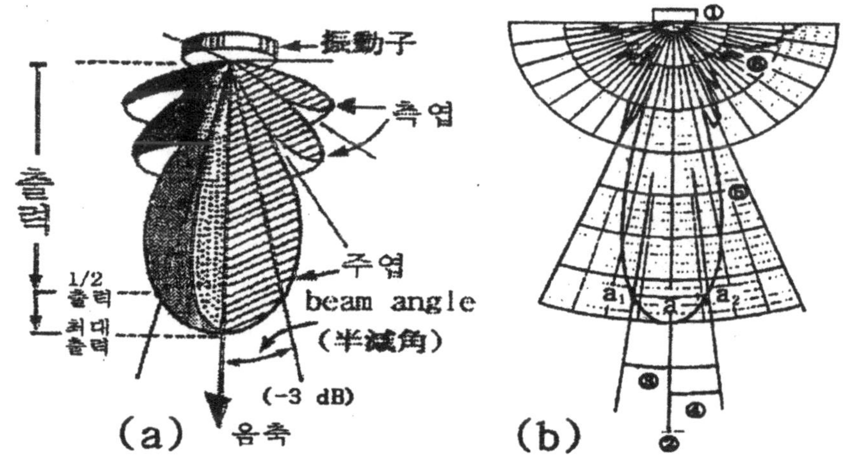

〈그림 10-4〉 음파의 지향성 형성

2) 어류의 음향산란

(1) 단체어(어군)의 산란과 반사강도

음파가 어류에 닿으면 그 세기가 산란되어 일부가 입사방향으로 되돌아온다. 이것을 후방산란이라 부르며, 그 크기의 정도를 나타낸 것이 후방산란단면적(Back scattering cross section : 기호σ_{bs})이고, 입사파 I_i와 단위 거리점에 되돌아온 점에서 후방산란파강도의 비로써 정의한다.

$$\sigma_{bs} = I_r \ / \ I_i \qquad (10.8)$$

반사강도(TS)는 후방산란단면적을 데시벨(dB)로 표현하는 아래 식과 같이 나타낸다.

$$TS[dB]=10\ \log\sigma_{bs} \tag{10.9}$$

〈그림 10-5〉에서 반경 a인 완전 반사구의 산란을 생각하면, 구에 의해 차단된 음향에너지와 구가 전방향으로 산란하는 음향에너지의 총량은 같게 되므로, 입사파 강도를 I_i , 구의 중심으로부터 음원방향으로 1m 떨어진 점에서의 반사파 강도를 I_r이라고 하면, 구에 의해 차단된 에너지량은 $\pi a^2 I_i$ 가 된다. 반사파강도 I_r은 이것을 반경 1m의 구의 표면적 4π로 나눈 것이므로,

$$I_r = \frac{\pi a^2 I_i}{4\pi} \tag{10.10}$$

이것을 변형하면,

$$\frac{I_r}{I_i} = \frac{a^2}{4} \tag{10.11}$$

가 된다. 따라서 완전반사구의 반사강도 T_0 는

$$T_0[dB] = 10\log\frac{a^2}{4} \tag{10.12}$$

가 된다. (10.11)식에서 알 수 있는 바와 같이 σ_{bs}는 산란체의 단면적에 비례한다. 이것은 어류의 음향산란을 생각할 때는 σ_{bs}가 체장의 2승에 비례한다는 기본적인 성질을 의미한다.

한편, 어류의 음향산란에 대한 음향에너지의 추이를 선형량으로 생각해 보기로 하자. 〈그림 10-6〉에서 진동자로부터 송신된 음의 강도(송파강도)를 $I_0[W/m^2]$라고 하고, 후방산란단면적 σ_{bs} 의 고기가 음축상의 거리 r에 있다고 하면, 어류에 입사하는 음향강도 I_i는, 거리 r의 전파과정에서 확산감쇠 및 흡수감쇠를 받아

$$I_i = I_0 \cdot \frac{10^{-0.1\alpha r}}{r^2} \tag{10.13}$$

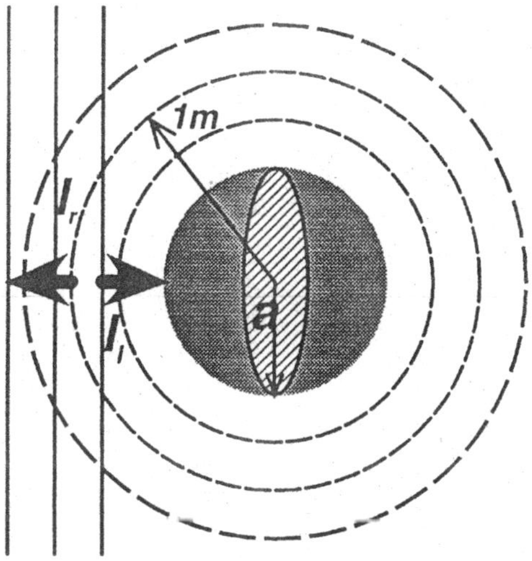

〈그림 10-5〉 완전 반사구의 산란

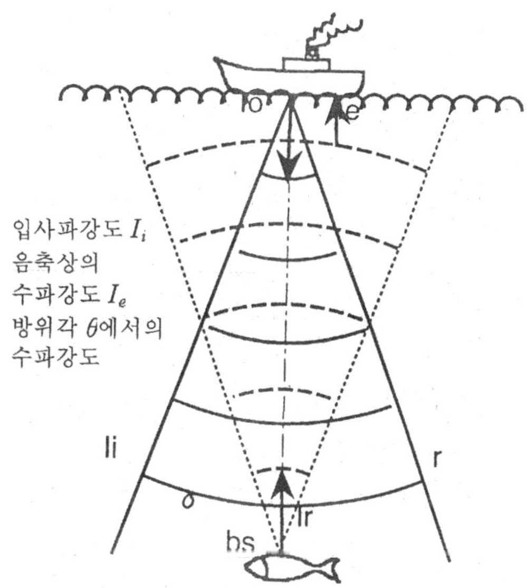

〈그림 10-6〉 진동자로부터 송신된 음의 강도

가 된다. 어류의 산란에 의해 음원방향으로 되돌아오는 산란파의 강도 I_r은, 이것에 어류의 후방산란단면적을 곱하는 것이 되고, 이것이 진동자 위치에 도 달하는 사이에 재차 송파시와 같은 비율의 감쇠를 받게 되므로, 수파강도 I_e 는

$$I_e = I_0 \frac{10^{-0.2\alpha r}}{r^4} \sigma_{bs} \qquad (10.14)$$

이 된다. 한편, 어류가 음축 상에 있지 않을 경우에는 그 방위각 Θ에 대한 진동자의 송수파 강도의 지향성함수의 적 $b^2(\Theta)$을 곱하는 것이 되므로

$$I_e = I_0 \frac{10^{-0.2\alpha r}}{r^4} b^2(\theta) \sigma_{bs} \qquad (10.15)$$

이 된다.

(2) 어군의 산란

어군에 의한 산란파는 개개의 어류로부터의 후방산란파의 합성파이다. 〈그림 10-7〉에서 어류의 분포가 보통 랜덤하고, 개개의 어류에 의한 2차적 산란이 없다고 하면 되돌아온 합성 에코강도 I_{em}은 개개의 어류로부터의 산란강도 I_{ei}의 대수합이

된다고 생각할 수 있다.

$$I_{em} = \sum_{i=0}^{N} I_{ei}$$

(10.16)

이러한 것들을 정량적으로 다루기 위해 어떤 각도 범위에서 감도가 같고, 그 이외의 범위에서는 감도가 같다는 등가이상(等価理想) 빔이라는 개념을 도입하여, $b(\Theta)$에 대한 등가빔폭 $\Psi[Sr]$를 다음과 같이 정의한다.

$$\Psi = \int_0^{4\pi} b^2(\theta)\, d\,\Omega$$

(10.17)

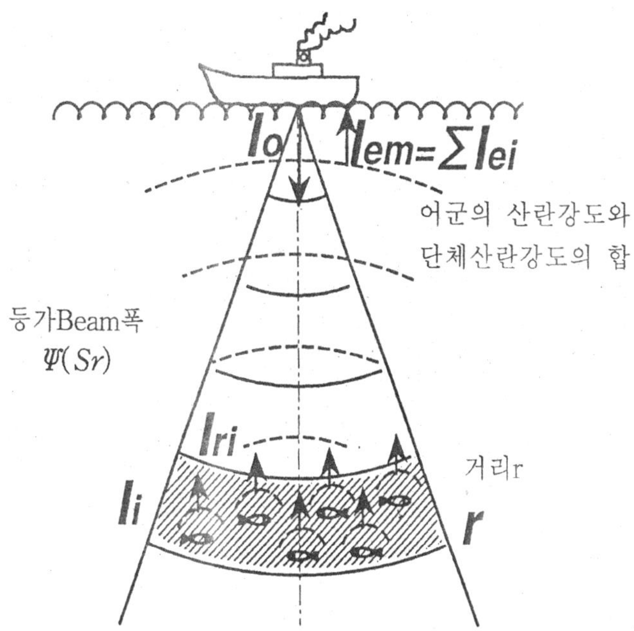

〈그림 10-7〉 어군에 의한 산란파

빔 내의 거리 r에 어류의 평균 후방산란단면적이 $\overline{\sigma_{bs}}$이고, 밀도 ρ_v[마리/m^3]의 어군으로부터 얻어진 에코의 수파강도는 1개체당의 산란강도에 대해 펄스각체적(殼體積) V내의 개체수를 곱한 것이므로,

$$I_e = I_0 \frac{10^{-0.2\alpha r}}{r^4} \rho_v V \overline{\sigma_{bs}} \qquad (10.18)$$

단,

$$V = \frac{c\tau}{2} r^2 \Psi \qquad (10.19)$$

따라서

$$I_e = I_0 \frac{10^{-0.2\alpha r}}{r^2} \cdot \frac{c\tau}{2} \cdot \Psi \cdot \rho_v \overline{\sigma_{bs}} \qquad (10.20)$$

식 중의 $\rho_v \overline{\sigma_{bs}}$ 는 단위체적당의 후방산란단면적을 의미하고 있으며, 이것을 체적후방산란계수 S_v(Volume backscattering coefficient), 그 데시벨 표현을 체적후방산란강도 SV(Volume backscattering strength)라고 부른다. 즉,

$$S_v = \rho_v \overline{\sigma_{bs}} \quad (10.21)$$

또는

$$SV[dB] = TS + 10\log\rho_v \quad (10.22)$$

3) 계량어군탐지기

(1) 계량어군탐지기의 원리와 구성

어군산란의 음향방정식 중에서 유일하게 대상물의 산란특성을 나타내는 파라미터(Parameter)는 체적후방산란강도이고, 장치나 전파에 관한 파라메타는 미리 측정 가능하거나, 또는 예측이 가능한 것이다. 따라서 에코레벨로부터 SV, 즉 어군량 정보의 취득이 가능하세 된다. (10.20)식을 변형하면 다음의 식이 잍어진다.

$$S_v = \frac{I_e}{I_0} \cdot \frac{r^2}{10^{-0.2\alpha r}} \cdot \frac{2}{c\tau} \cdot \frac{1}{\Psi} \quad (10.23)$$

그러나 (10.23)식의 $r^2 10^{0.2\alpha r}$ (데시벨 표현은 $20\log r + 2\alpha r$)은 거리 r, 즉 시간의 함수로 되어 있어, 시간축변수 증폭이 필요로 한다는 것을 의미한다. 거리에 비례해서 증대하는 전파감쇠를 보정하는 역할을 TVG(Time varied gain)라고 부른다.

TVG에 의한 보정에는 음향 물리법칙에서 야기되는 확산감쇠의 보정과 매질 고유의 흡수감쇠의 보정이 있다. 전자는 r^2으로써 매질이나 주파수와는 무관하게 결정되지만, 후자의 $10^{0.2\alpha r}$는 매질의 특성, 예를 들면, 수온, 염분, 주파수 등에 의존하는 것으로 사용할 때의 환경조건에 따라 결정된다. 흡수계수를 구하는 실험식은 예를 들면 Francois and garrison의 식이 이용된다.

이렇게 하여 모든 파라메타를 결정하게 되면 에코레벨로 부터 S_v 또는 SV를 계산할 수 있다. 그리고 대상 어류의 평균후방산란단면적 $\overline{\sigma_{bs}}$와 평균반사강도 $\overline{TS}$를 대입하면 고기의 밀도 ρ_v를 알 수 있게 된다.

$$\rho_v = \frac{S_v}{\sigma_{bs}} \quad (10.24)$$

$$10\log\rho_v = \overline{SV} - \overline{TS} \quad (10.25)$$

(2) 에코 적분기

〈그림 10-8〉은 계량어군탐지기의 구성과 그 기능을 나타낸 것이다. 식 (10.23)에서 나타낸 바와 같이 $10^{0.2\alpha r}$의 특성의 TVG를 통과한 에코전압 V(t)의 2승은 진동자로부터 r(r=ct/2)의 거리에 있는 두께 $c\tau/2$의 층 내의 어류 밀도에 비례하고, 이것을 펄스각체적으로 보정하면 단위체적당의 후방산란단면적의 총합이 되어, 체적후방산란계수 S_v가 구해진다.

$$S_v(t) = kV^2(t)\frac{2}{c\tau\Psi} \tag{10.26}$$

다음으로 $S_v(t)$를 어떤 심도 범위에 대해서 적분함으로써 단위면적당의 후방산란단면적인 면적후방산란계수 S_a가 구해진다.

$$S_a = \int_{z1}^{z2} S_v(z)dz \tag{10.27}$$

(단, z = ct/2, z : 수심, c : 음속)

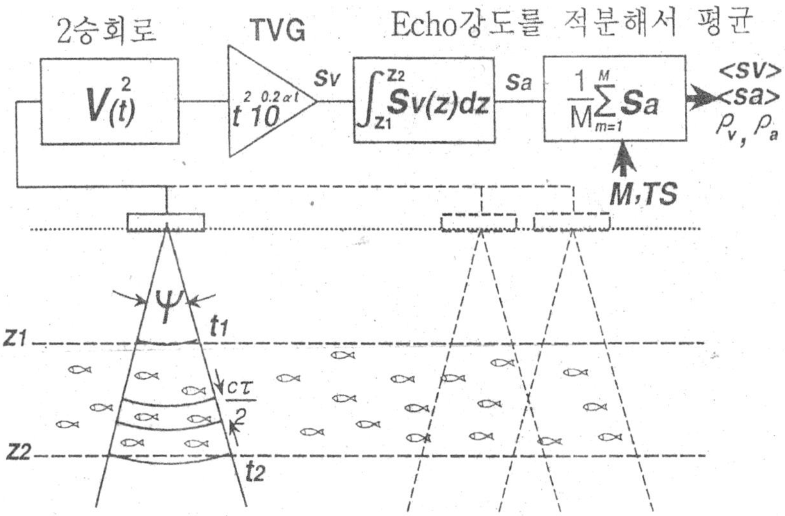

〈그림 10-8〉 계량어군탐지기의 구성과 그 기능

항주거리와 상관이 있는 에코 적분기의 출력을 얻기 위해서는 단위탐사거리(1해리)중의 발사펄스당의 적분출력신호를 평균하는 제 2의 적분을 행하여, 평균면적후방산란계수⟨ S_a⟩라고 하는 해리당의 적분출력을 얻는다.

$$< S_a > = \frac{1}{M}\sum_{m=1}^{M}\int_{z1}^{z2} S_v(z)dz \tag{10.28}$$

한편, 어류의 체적밀도를 ρ_v[마리/m^3]라 하면, 면적밀도 ρ_a[마리/m^2]는

$$\rho_a = \int_{z1}^{z2} \rho_v dz \tag{10.29}$$

이므로 이들로 부터 다음과 같은 관계가 성립된다.

$$< S_a > = \rho_a < \sigma_{bs} > \tag{10.30}$$

따라서 측정된 $< S_a >$와 고기의 평균후방산란단면적$< \sigma_{bs} >$으로 부터 어류의 면적밀도 ρ_a를 알 수가 있다. 즉, 조사해역의 면적을 이것에 곱함으로써 전 자원미수(全資源尾數)를 구하고, 대상어의 평균체중을 곱하면 전 자원중량(全資源重量 : 예를 들면 ton/ NM^2)이 구해진다.

(3) 현장에서 측정한 TS의 추정기술

어군탐지기에서 받아들여진 어류의 에코강도 I_e는 기본적으로 어류의 후방산란단면적과 진동자의 송수신기에 의한 지향성계수의 곱이고, $b^2(\Theta)$가 결정되지 않는 한 σ_{bs}를 구할 수가 없다.

$$I_e = kb^2(\theta)\sigma_{bs} \tag{10.31}$$

(10.31)식으로 부터 지향성계수의 영향을 배제하여 σ_{bs}를 구하는 것을 in situ(현장에서 측정한) TS의 추정이라고 부르고, 몇 가지의 방법이 고안되었다.

크게 나누어 보면, 다수의 단체에코의 강도분포로부터 통계적으로 지향성계수의 영향을 배제하여 반사강도의 분포를 추정하는 간접법, 이것을 보정하여 반가강도를 추정하는 직접법이 있다. 직접법은 최근에 눈부시게 발달하였고, 다른 유익한 정보도 얻을 수 있어 주목을 받고 있으며, 대표적인 방법으로써 <그림 10-9>에 나타낸 듀얼빔(Dual beam) 법, 스프리트빔(Split beam) 법, 이상(理想)빔 법 등이 있다.

듀얼빔 법은 같은 축상의 좁고 넓은 2빔을 이용하여, 고기의 에코레벨을 양빔으로 비교함으로써, 빔축으로부터의 방위를 얻어, 지향성계수를 보정하여 σ_{bs}를 구한다.

스프리트빔은 전기적으로 4분할 가능한 진동자를 이용하여, 어류 에코의 전기적

위상차를 물리적 방위각으로 변환하여 Θ를 직접 구하고, 지향성계수를 보정하여 σ_{bs}를 구한다.

이상빔 법은 특수한 진동자배열을 사용하여, 어떤 각도 범위 내의 감도가 일정의 지향성특성을 실현하고, $b^2(\theta) \fallingdotseq 1$ 이 되는 것을 이용하여 지향성계수의 보정을 필요로 하지 않는 σ_{bs}를 구하는 것이다. 반사강도는 에코적분 출력을 어군량으로 환산할 때의 스케일 팩터(Scale factor)일 뿐만 아니라 체장의 함수이므로 in situ *TS*의 추정은 현장에서의 체장 추정이나 어종 판별에 유효한 정보를 얻게 한다.

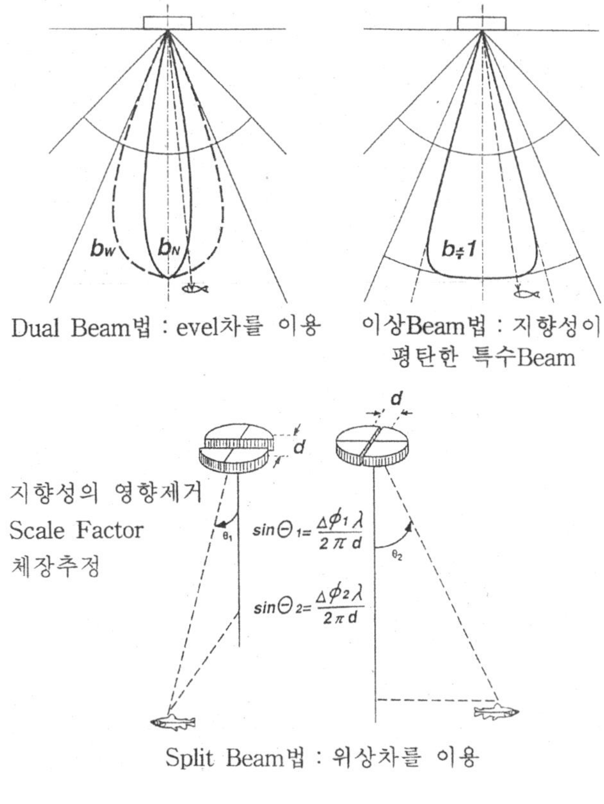

〈그림 10-9〉 빔의 종류

4) 음향조사의 실제와 문제점

(1) 조사 설계

효율적이고 신뢰성이 높은 음향자원조사를 위해서는 면밀한 조사 설계를 필요로 한다. 대부분의 조사목적은 특정 어종, 특정 해역의 자원 현존량의 추정일 것이다. 불완전한 데이터는 때에 따라서 치명적인 과오를 불러일으킨다. 언제(조사 시기), 어디에서(조사 해역), 무엇을(대상 어종) 대상으로 할 것인가를 충분히 검토하여 정선(Transector)의 길이, 방향, 간격, 선속 등을 설정한다.

예를 들면, 주야간 행동의 변화나 유영자세의 차이에 의해 반사강도가 변화하거나, 어떤 종의 어류는 산란기가 가까워지면 생식선이 발달하여 부레를 압박하여 반사강도가 저하한다. 또, 해역의 냉온, 수심의 깊고 낮음으로 인하여 어탐의 범위나 음속,

흡수계수 등의 파라메타의 변경이 필요로 하는 경우도 있다. 대상해역을 망라할 수 없을 때는 외삽, 내삽도 유효하지만, 그러기 위해서는 외양인지, 연안인지, 만내인지에 따라 방법도 다르게 된다.

대상 어종의 부레의 유무, TS 등의 측정한 데이터가 있는지, 부어인가 저서어인가, 군집성인가 분산분포인가, 여러 가지 방면으로 검토가 필요하다.

(2) 교정

어탐 장치의 특성은 특히 아날로그 회로에서의 지연시간의 변화를 일으킨다. 계절이나 해역이 다르면 감도나 음속, 흡수계수가 달라지므로, 조사 전에 미리 측정하여 두는 작업을 교정 작업이라고 합니다. 계량어군탐지기는 SV나 TS등의 절대레벨을 계측하는 측정기이므로, 언제 어떤 때에도 정확한 입출력관계를 얻을 수 있도록 교정이 필요하다.

어탐 장치에 속하는 파라메타로서는 초음파 주파수, 송파레벨, 펄스폭, 진동자 이득, 수신부 이득, TVG 특성 등을 들 수 있다. 이와 같은 전기음향교정〈그림 10-10. 상〉은 오실로스코프(Oscilloscope)나 하이드로폰(Hydrophone) 등의 측정기를 비롯하여 고도의 기술이 필요로 하고, 제작 메이커의 보수를 필요로 하기도 한다. 그러나 교정구를 이용한 종합교정〈그림 10-10. 중〉은 조사시에 사용자가 행하여야 하는 작업이다. 보통 이 교정은 진동자의 음축 상에 설치한 반사강도를 이미 알고 있는 금속구(동구, 스테인레스구, 텅스텐카바이트구 등)의 에코 레벨의 측정에 의해 행하여진다. 교정구의 반사강도 T_0는 다음 식으로 구해진다.

$$T_0 = 10\log\frac{a^2|f_\infty|^2}{4} \tag{10.32}$$

단, a는 반경, f_∞는 재질에 의해 결정되는 형상함수이다. 재질은 물리정수가 명확하고, 사용주파수 부근에서 변동이 적은 것이라야 한다.

다음의 문제는 “어떻게 진 동자의 음축상에 구를 위치시킬 것인가” 이다. 스프리트 빔은 진동자로부터의 방위각을 측정할 수 있으므로, 정확한 위치를 결정할 수가 있다. 듀얼 빔은 2빔의 에코레벨로 음축으로부터의 벗어난 정도를 파악할 수 있다. 단일 빔에서는 교정구를 음축상에 위치시키는 특별한 방법이 필요로 하게 된다.

진동자와 교정구간 거리는 최저 TVG의 작동수심 이상 필요로 한다(3~5m). 다행히, 항만내의 수심이 충분히 깊고, 선저로부터 해저까지 충분한 측정 공간이 있는 경우는 정박상태에서의 교정도 가능하다. 해상에서 교정을 해야 할 경우에는, 작업이 하기 쉬운 주간이 좋으며, 조류나 파랑이 작을 것과 교정을 방해하는 어군이 없는 곳 등의 조건을 갖추어야 한다.

3개의 낚시대를 잘 이용하여, 교정구를 음축상에 위치시켰다면, 적분기를 이용하여 교정구의 SV를 측정한다. TS와 수심이 주어지면, (6.21), (6.23)식을 이용하여 교정구의 에코에 대한 이론적인 SV가 구해지므로, 그것과 비교하며, 교정구의 수심을 바꾸어 가면서 측정한다.

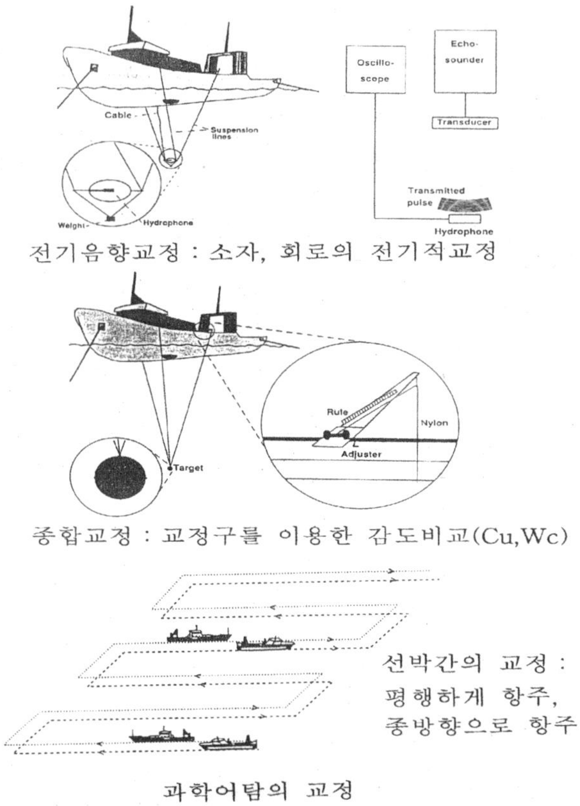

〈그림 10-10〉 전기음향 교정

수 dB의 차이가 있으면 적분기의 파라메타의 변경이 필요하게 된다. 10dB이상의 차가 있을 때에는 틀림없이 장치에 이상이 있으므로 제작 메이커에 의뢰하여 각부의 전기음향교정을 행하여야 한다.

교정은 음향기기를 최고의 정도에서 동작함과 동시에 조사 데이터의 신뢰성의 확인에 도움을 줄 것이다. 복수의 선박을 이용한 공동조사 등의 경우는 동일코스를 나란히 항해하여, 선박간의 교정〈그림 10-10. 하〉를 행하여 어군이나 음향산란층의 SV나 SA데이터를 상호 비교한다.

(3) 데이터 해석

음향 데이터의 해석에 의해 처음으로 유익한 정보를 얻을 수 있다. 단일어종의 경우, 계량어군탐지기는 주어진 반사강도에 따라서, 침로상의 SA나, SV의 수직분포,

어군밀도를 출력하고, 이것에 조사해역의 면적을 곱하면 전 개체수가, 나아가서 평균 체중을 곱하면 자원현존량을 구하게 된다. 그러나 혼합 어군이나 음향산란층 등이 있는 경우에는 음향 데이터의 선별이나 제적분, 분류작업 등이 필요로 한다.

이러한 작업이 조사 중에 선상에서 이루어지면 조사는 보다 더 능률적으로 이루어 질 것이다. 〈그림 10-11〉은 노르웨이 해양연구소에서 개발한 BEI라고 하는 음향 데이터 해석시스템의 표시 예이다. BEI는 워커스테이션을 호스트컴퓨터로 한 네트워크 시스템으로 계량어탐, GPS나 전자로그 등의 항해계기, ADCP나 CTD 등의 해양관측기기 등 기기 전부가 상호간의 인터 네트(LAN)에 접속되어 조사기간 중에 전 데이터를 자기디스크 등에 수록한다.

조사책임자는 매일 1회, 100메가바이트에 달하는 1일분의 음향 데이터의 사후처리를 행한다. 처리의 내용은 단위거리당의 에코그램을 컴퓨터 디스플레이상에 재현하여 노이즈의 제거, 해저 에코의 재식별, 어종판별, 체장추정 등을 행하며, 이러한 작업을 행한 데이터를 데이터베이스에 등록한다. 이러한 데이터 처리작업은 12시간으로 종료하지만, 작업도중에도 음향 데이터의 자동수록이 계속된다.

이러한 데이터 처리를 행하는 중에 중요한 것은 병행해서 실시한 트롤 데이터와 BEI화면상에 재현된 TS윈도우이다. TS윈도우에는 에코그램상에서 지정한 영역의 TS의 히스토그램이 다이나믹하게 표시되므로, 예망수심의 TS분포와 어획 데이터로부터 적합한 어종이나 체장의 확인이 가능하고, 거기에 맞추어 TS의 파라메타를 입력함으로써 어종별로 SA를 구할 수 있다.

BEI는 이러한 기능 이외에도 리포트 작성기능도 있어, 조사선(Transector)의 항

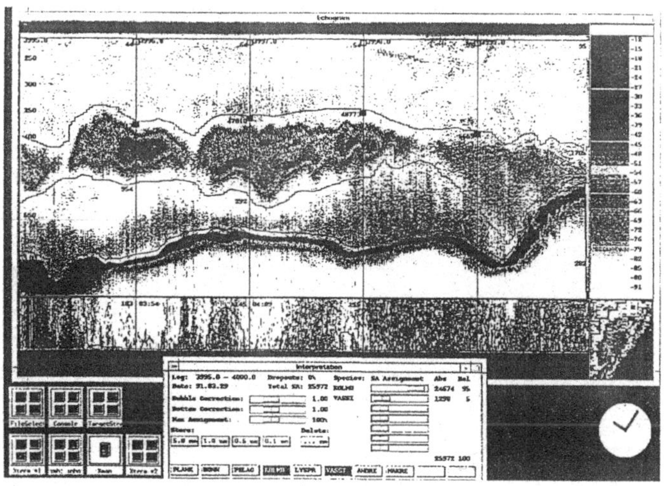

Computer Network, Work Station
Data수록, 처리, 해석, Data base, 화상처리,
TS Diagram, ADCP, CTD, Remote Sensing

〈그림 10-11〉 BEI 음향 데이터 해석 시스템

적도나 항적도 위에 SA를 표시하는 맵핑(Mapping) 기능도 있고, 해역별 어종별로 SA나 자원량 테이블을 작성할 수 있다. 조사 종료시에는 이러한 데이터를 기준으로 하여, 담당자가 어군의 분포나 어종조성, 체장조성의 해석에 대해 토의하여 하선시에는 완성도가 높은 리포트가 작성된다.

금후보다 더 고기능의 데이터 해석시스템이 개발되리라 믿고, ADCP나 CTD, 위성화상으로 부터 얻은 해양환경 데이터를 음향 데이터의 해석에 어느 정도 반영될 것인가, 어장이나 생물에 관한 정보의 데이터베이스를 어떻게 수록하여 융합해 갈 것인지가 음향조사기술을 발전시키는 열쇠가 될 것이다.

4. 잠재적생산량 추정법(Gulland가 1970년에 주장)

1) 어획량 추세로부터 외삽하는 방법

세계의 수산업이 연간 7% 정도로 계속하여 성장하던 1950년대와 60년대에 2~3년 후의 어획량을 예측할 때 사용하는 방법으로 그 동안의 어획량 추세를 연장하여 추정하는 방법이다. 그러나 1970년대부터는 환경요인에 의하여 어획량의 변동이 심하여 믿을 만한 추정치를 얻을 수 없게 되었다. 또한, 개개의 수산업도 서로 다른 성장율을 나타내므로 적용하기가 힘들어졌다.

2) 알려진 해역의 단위면적당생산량 추정치를 해당 해역에 외삽하는 방법

어류 생산량의 실제 추정치로부터 예측하는 방법으로 이론적으로는 그럴 듯하지만 정확성은 수산업생산량 분포에 대한 지식에 좌우된다. 예를 들면, Graham and Edwards(1962)는 1950년대 말 북대서양 수산업으로부터 계산한 평균생산량 22kg/ha 값을 사용하여 해양의 최대잠재생산량을 5,500만톤으로 추정하였는데, 그 후 계속적인 수산업의 발달로 그 해역에서의 잠재생산량이 3~4배로 증가하였기 때문에 수정하면 잠재생산량은 16,000~22,000만톤으로 계산된다. 이러한 값들이 세계의 모든 어장이 동일한 수준의 생산력을 가진다는 근거로 하나 실제에는 그러하지 않다.

3) 어업자원의 상태를 검토하고 잠재지속적생산량을 추정하여 합치는 방법

알려진 모든 어업자원에 대한 추정된 잠재생산량을 더한 결과 전통적으로 이용되고 있는 어종인 저어류와 부어류의 생산량은 FAO에 의하여 1억톤으로 예측되고 있다. 만약, 오징어와 남극 크릴자원도 더해진다면 잠재생산량은 수억톤으로 늘어나게 될 것이다. 1억톤으로 예측한 추정치는 모든 자원들이 최적의 자원량 수준에 있음을 가정하고 있으나 다종 어업에서는 모든 자원이 최적의 어획량을 생산하는 방식으로 관리될 수가 없으므로 비현실적이다.

4) 기초생산량 추정치로부터 연속되는 영양단계의 생산량을 추정하는 방법

먹이사슬(Food chain)을 연구하여 잠재생산량을 추정하는 방법으로 모든 어장을 상세히 조사하지 않고도 모든 가능한 잠재자원을 포함시킬 수 있다. Ryther(1969)는 해양을 기초생산 수준에 따라 3가지 해역(외해, 연안해, 용승역)으로 나누어 외해는 전체 해양의 90%를 차지하고 있으나 가장 낮은 기초생산력을 가지고 있고, 연안 해역은 세계 수산의 대부분이 이곳에서 이루어지고 있으며, 외해보다 2배의 생산력을 가지고 있지만 면적은 10% 정도밖에 안되며, 용승역은 가장 생산력이 높으나 면적이 아주 좁으며 드물게 발생한다고 하여 각 해역별로 먹이사슬에 있어서 영양단계의 수를 외해는 5, 연안역은 3, 용승역은 1.5이고, 또한 먹이가 한 단계에서 다음 단계로 전환되는 생태효율은 각각 10, 15, 20%라고 하여 계산한 결과 24,200만톤의 잠재생산량을 추정하였다. 여기에는 이용하기에 힘든 어종도 포함되어 있으므로 실제로 어선에서 어획 가능한 부분은 반으로 생각하면 12,100만톤이 될 것이다.

제 11장 수산자원의 관리

1. 관리의 목적과 의의

자원관리(Resource management)란 인위에 의해서 특정의 생물군이 감소하였던지 혹은 감소하고 있는 경우에 이 생물군을 바라는 양적·질적 수준으로 변화시키던지 또는 유지시키는 것을 말한다. 즉, 자원생물의 자연생산과정을 인간의 이용에 합당하도록 조절하는 것이다.

어획에 의해서 군의 양 또는 질이 변화되었다고 생각되었을 때는 어획의 규모 또는 방법을 바꿈으로써 대상 어군에 변화를 주는 것이 가능하다. 일반적으로 수명이 긴 어류(고래류 등을 포함)의 경우는 자연사망이 적으면서 거의 일정하므로 어업규제로써 회복이 가능하며, 관리효과를 기대할 수 있다. 그러나 단기간에 세대가 바뀌는 어군의 경우에는 초기감소나 가입 후의 자연사망이 크므로 유효한 관리를 행하기가 어렵다. 특히, 자원변동이 큰 어군에서는 관리의 효과를 전혀 기대할 수 없을 때가 많다. 다시 말하면, 자원변동이 그 어군의 자연적 변동 요인에 의해서 크게 지배되고 있을 때는 관리효과를 기대하기가 어렵다.

어업관리(Fisheries management)는 어업이라는 산업관리이며, 경제효과를 일반적인 목표로 한다. 어업관리의 주축으로 대상 자원의 관리가 포함되지만, 때로는 포함되지 않는 경우도 있다. 어업관리에는 대상 자원에 대한 자원관리 이외에 어선, 어장, 어법에 대한 경제효과 등이 포함될 것이다.

대상 자원을 관리하고, 어떠한 양적 또는 질적 수준으로 자원을 유지하는가의 기준은 어업관리 계획 중에 도출되어야만 한다. 어군 집단에서 물적 최대지속적생산량(MSY)을 올리는 것에 관리의 목표를 둘 수도 있고, 최대순경제이익(MEY)을 올리는 것에 목표를 둘 수도 있다. 또 감소된 자원을 빨리 회복·증대시키는데 당면의 목표로 할 수도 있고, 개개의 어업경영 입장에서 단위 기업 또는 노력당어획량을 일정한 수준 이상으로 유지하는 것이 필요할 때도 있을 것이다. 이상과 같은 이러한 목적의 어느 것을 선택하느냐 하는 것은 그 시점에서의 어업정책에 의해서 결정되어야 한다. 이 정책은 어업의 경제적·사회적 위치에 따라서 변화하는 것이므로 일률적으로 자원관리의 목표를 고정시키는 것은 곤란하다.

자원관리와 유사한 용어로 자원보존이 있다. 자원보존은 자연계의 생물군을 단지 있는 그대로의 상태로 유지하는 것이 아니고, 인간이 이것을 이용하는 입장에서 유지한다는 것으로 자원관리와 거의 동의어로 쓰여지고 있다. 즉, 자원을 관리함으로써 자원이 보존된다는 것이다.

자원함양이라는 용어는 일반적으로 번식조장이라고 부른다. 천연자원의 수탈적 이용에는 한계가 있다. 생물군을 대상으로 하는 경우에 적정 수준에서 이용을 계속하면 지속적으로 생산을 올릴 수 있으나 그 적정수준 이상의 수확은 기대할 수가 없다. 이러한 양적 한계는 개개 자원의 경우뿐만 아니라 특정의 수역을 단위로 했을 때나 전 세계적인 해양을 대상으로 했을 경우에도 마찬가지이다. 그러나 어느 공간에 서식하는 생물을 천연의 상태로 두고, 생물의 생산과정에 인위적 효과를 부여함으로써(예 : 치어와 치패 방류) 군의 재생산을 확대시켜 자연 그대로의 상태에서 얻어지는 최대지속적생산량 이상으로 생산의 증가를 기대할 수 있는 것도 적지 않다. 이러한 조치를 자원함양이라고 하며, 함양효과의 판정에는 자원학적인 식견이 필요하다.

2. 관리 방법

일반적으로 자원을 관리하는 방법으로는 Russell 방정식에서 나오는 가입, 성장, 자연사망과 어획사망의 4가지 요소에 의해 결정된다. 그러나 최근에는 자원변동에 영향을 주는 큰 요소 중에 환경요인이 들어가므로 위의 4가지 요소와 환경관리를 첨가한 5가지 요소에 대하여 설명하기로 한다.

1) 가입 관리

자원생물의 초기 발육단계에 있는 개체의 생존율은 미성어기나 성어기와 같은 가입 이후의 단계에 있는 개체의 생존율보다 월등하게 낮다. 따라서 알에서 부화되어 자어기 및 치어기를 거치는 동안의 성육을 보호하고 사망률을 낮추어 생잔 개체수를 높이면 가입량은 크게 증가할 것이다.

인공수정란의 방류나 인공부화 방류는 가입관리의 좋은 예이며, 이같이 종묘를 양적 또는 질적으로 증가시키는 방법은 과거 1세기를 거쳐서 세계 각국에서 널리 시행되고 있는 방법이다.

그러나, 자원의 양적 변동에 대한 지식이 불완전한데다가 자연에 있어서 생물사회의 평형을 무시하고 단순히 감소하였다는 이유만으로 이 방법을 시행하였기 때문에 이 방법의 효과판정에 대해서는 충분한 조사가 없는 경우가 많다. 종묘방류사업의 효과판정은 수산자원 연구의 새로운 분야로서 앞으로 중대시해야 할 것이다.

종묘방류가 적용되어 효과를 거둔 것은 북양의 연어와 송어 자원의 인공부화 방류사업이다. 대구의 인공수정란의 방류와 잉어, 빙어, 은어, 넙치와 도미의 인공부화 방류사업도 실시하여 성공을 거두었다. 어류 이외에도 전복, 가리비 등의 패류와 보리새우, 꽃게 등의 종묘방류사업도 성공을 거두고 있으나 아직은 초보단계에 머무르고 있는 실정이며, 어느 정도의 크기까지 키운 후에 방류하는 것이 생잔률을 크게 높일 수 있을 것이다.

번식을 목적으로 한 이식으로 자원관리 효과를 거둔 것으로는 잉어, 송어, 연어, 틸라피아 등이 있다.

자연산란장에 사소한 결점이 있어 자원의 자연적인 번식에 지장이 있을 때 약간의 인위적인 수단을 가하여 산란을 가능하게 하거나 조장시키는 것은 그 성격으로 보아 환경관리라기보다는 가입을 중시하는 관리 사업이라 할 수 있다. 인공산란장의 설치는 수위의 변화가 심하고, 연안 해역에 산란장이 될 만한 수초 등이 적을 때에 필요하다. 보통은 뗏목을 만들고, 여기에 알받이(어소)를 매달아서 물위에 띄운다. 해산어류의 경우에는 항아리를 넣어주기도 하고, 청어의 경우처럼 낡은 로프를 사용하여 인공산란장을 만드는 일도 있다.

조업의 시기나 장소, 어획 개체의 크기나 성별 또는 망어구의 규격 등에 제한을 가하는 것도 가입관리의 법적수단이라고 볼 수 있다.

체장제한을 통한 치어패의 보호는 자원생물 함양에 큰 효과를 가져온다. 자원생물을 어떤 크기에 달한 후에 어획하는 것은 어획량의 증가를 도모할 뿐만 아니라 생물이 성장하여 적어도 한번의 산란기회를 가지도록 하므로 후속자원을 유지하는데에도 크게 유효하다. 체장제한은 생물학적최소형, 즉 생물이 성장하여 최초로 산란할 수 있는 크기에 기준을 둔다. 그러나, 실제로는 어업경영의 면도 고려되므로 생물학적최소형이 기준에 맞지 않는 경우도 있다. 여러 나라에서는 많은 어족에 대하여 어획물의 체장을 제한하고 있으나 어망에 걸렸던 어류들이 도로 바다에 투기한 제한체장 이하의 소형 개체가 본래의 상태로 회복되는 지는 매우 의문스럽다.

망목제한으로 치어군을 보호하는 것은 체장제한보다 자원증가에 더욱 효과적이다. 망목의 크기는 어체의 크기에 대하여 강한 선택성을 나타내지만 어느 체장 이상의 것은 100% 어획되고, 그 이하의 것은 100% 도망가는 식의 선택성은 나타내지 않는다. 어류의 체장과 도피어 수와의 관계를 나타내는 도피율곡선을 나타내면 〈그림 11-1〉과 같다. 망목의 크기는 자원의 보호함양을 위해서는 확대되어야 하나 어업경영상으로는 축소되어야 하는 경우가 많다. 그러므로 적정망목이라는 것은 자원보호와 어업경영의 양면을 성립시킬 수 있는 망목을 뜻한다.

적정망목의 결정방법은 자원의 성질에 따라 다르나 개괄적으로 다음의 3가지 방법을 들 수 있다.

첫째, 통과율(도피율) 50%를 기준한 어획물의 평균체장, 평균연령 등을 생물학적최소형 이상으로 유지할 수 있는 망목을 구한다. (저인망, 트롤 등과 같은 예망류)

둘째, 생물학적최소형 이상의 이용가능 자원의 평균체장 또는 평균연령의 것을 어획할 수 있는 망목을 구한다.(자망)

셋째, 어망에 걸리는 효율이 가장 좋은 망목의 한계를 구한다.(자망)

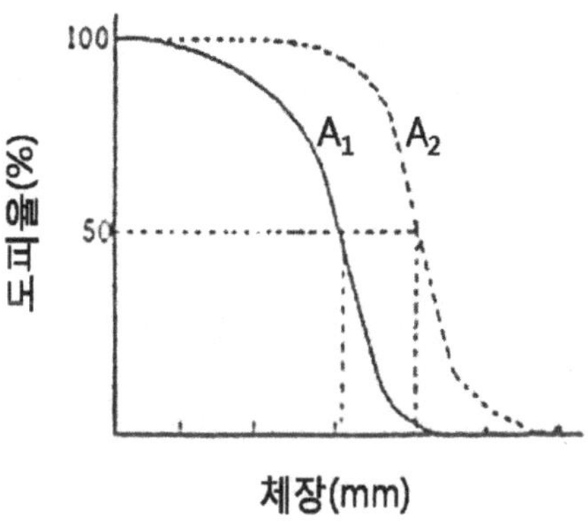

〈그림 11-1〉 도피율곡선의 변화
(A1: 망목 60mm , A2 : 망목76mm)

산란기간 중에 산란친어를 보호함으로써 가입을 관리하는 수단도 있다. 어기제한이 이에 해당하는 방법으로써, 소하성의 연어와 송어는 산란하기 위하여 소하하는 시기에 쉽게 어획되므로 이 방법이 특히 유효하다. 우리나라의 어업자원 보호령에는 많은 자원생물에 대하여 번식보호를 목적으로 금어기가 설정되어 있다.

어장제한도 과도어획의 방지뿐만 아니라 치어의 보호를 위해서 매우 효과적이다. 특히, 어획대상의 대형어와 가입이전의 소형어가 분리 서식하고 있는 경우나 예비자원의 성육장과 산란장을 보호하기 위하여 해당 수역에서 어업을 금지할 때가 많다.

2) 성장 관리

자원량의 증가요소로서 성장을 관리하는 데에는 자원생물에게 성장에 적합한 환경을 제공하는 방법이 사용되는 수가 많다. 전복에 있어서 냉수성 북방종을 난해역에 이식하여 성장을 촉진하는 것은 성장 관리의 좋은 예이다.

천연사료의 증가를 위하여 시비를 통해 영양염류를 증가시키는 것은 환경관리의 일부이기도 하지만 그 효과는 주로 성장에 나타나므로 성장 관리의 한 수단임이 틀림없다.

도시나 민가에서 나오는 오수의 적당한 유입은 연안 해역이나 내수면의 영양염류를 증가시켜 천연사료의 증가를 가져올 수도 있다. 그러나, 이 때에는 오물이 과도하게 들어가지 않도록 각별한 주의가 필요하므로 도시의 하수를 오물처리장에 모아 정화한 다음 수중에 유입시키는 것이 바람직하다.

수중의 수초를 제거하여 먹이생물의 발생에 필요한 영양염류를 절약하고, 광선의 투입을 조장할 수도 있다.

3) 자연사망 관리

생물은 서로 잡아 먹고 먹히는 생존투쟁을 하면서 안정된 사회를 유지하지만, 특별히 자원생물에게 해를 끼치는 생물에 대하여는 인위적으로 대책을 강구할 필요가 있는데, 자연사망을 관리하는 성격이 강하게 나타나는 경우는 매우 적다. 경쟁종 또는 천적으로부터 중요 재래종을 보호하기 위하여 외래생물의 이식을 규제하는 것이 좋은 예이다.

적조는 수중의 특수한 부유생물의 일시적인 대량 발생으로써 수질의 악화를 가져와 유용생물에게 해를 끼친다. 적조의 원인은 강우 또는 폐수에 의한 영양염류의 다량 유입, 염분저하, 금속이온 및 특수 유기물의 공급 등인 것으로 알려져 있으나 아직도 확실한 규명은 못하고 있는 실정이다.

4) 어업 관리

어업 관리는 현재 우리나라에서 실시하고 있는 제도들을 중심으로 살펴보기로 한다.

(1) 포획 또는 채취의 금지

정부는 수산자원의 번식과 보호를 위하여 필요하다고 인정되면 수산자원의 포획 또는 채취의 금지기간·구역·수심·체장·체중 등을 정할 수 있다. 〈표 11-1〉은 주요 수산자원에 대한 포획금지기간과 포획금지 체장을 나타낸 것이다.

〈표 11-1〉 주요 어종에 대한 포획금지기간 및 포획 금지체장

어 종	포획금지기간	어 종	포획금지체장
대 구	1월 1일 ~ 1월 31일	참 돔	24 ㎝ 이하
연 어	10월 1일 ~ 11월 30일	볼 락	15 ㎝ 이하
참조기(유자망)	4월 22일 ~ 8월 10일	넙 치	21 ㎝ 이하
참홍어	6월 1일 ~ 7월 15일	대 구	30 ㎝ 이하
대 게	6월 1일 ~11월 30일	농 어	30 ㎝ 이하
붉은 대게	7월 10일 ~ 8월 25일	방 어	30 ㎝ 이하
꽃 게	6월 16일 ~ 8월 15일	명 태	27 ㎝ 이하
닭새우	7월 1일 ~ 8월 31일	붕장어	35 ㎝ 이하
전 복	9월 1일 ~ 10월 31일	대 게	9 ㎝ 이하
새조개	6월 16일 ~ 9월 30일	꽃 게	6.4 ㎝ 이하
해 삼	7월 1일 ~ 7월 31일	전 복	7 ㎝ 이하

(2) 조업구역과 허가의 정수

수산자원의 번식·보호와 어업조정을 목적으로 주요 허가어업에 대하여 〈표 11-2〉와 같이 조업구역과 허가의 정수를 정하고 있다.

(3) 조업금지구역의 설정

수산자원의 번식과 보호를 위하여 어업의 종류에 따라 조업을 할 수 없는 구역을 설정하고 있는데, 〈그림 11-2〉는 주요 어업의 조업금지구역을 나타내고 있다. 조업금지구역이 설정되어 있는 어업의 종류는 대형 저인망어업, 대형 트롤어업, 중형 저인망어업, 중형 트롤어업, 대형 선망어업, 근해 자망어업, 기선권현망어업, 근해 안강망어업, 근해 형망어업 등이다.

〈표 11-2〉 주요 어업별 조업 구역과 허가의 정수

어업의 명칭	조업 구역	허가의 정수(건)
대형 저인망어업	서해·동중국해	외끌이 34, 쌍끌이 38
중형 저인망어업	동해·남해·서해	동해구 20, 서·남해구 36
대형 트롤어업	전국 근해	37
대형 선망어업	전국 근해	29
근해 자망어업	전국 근해	569
근해 안강망어업	전국 근해	199
근해 봉수망어업	전국 근해	55
기선권현망어업	경남·전남 해역	경남 54, 전남 14
근해 채낚기어업	전국 근해	618
근해 기타통발어업	전국 근해	159
근해 장어통발어업	전국 근해	40
근해 연승어업	전국 근해	479
잠수기어업	전국 연안	175

호 수	어 업 별	범 례
별표 1 부도	대형기선저인망어업 금지구역	-------
별표 2 부도	대형트롤어업 금지구역	———
별표 3 부도	중형기선저인망어업 금지구역	—·—·—
별표 6 부도	동해구트롤어업 금지구	—•—•—
별표 10 부도1	중형기선저인망어업 특별금지구역	+++++++

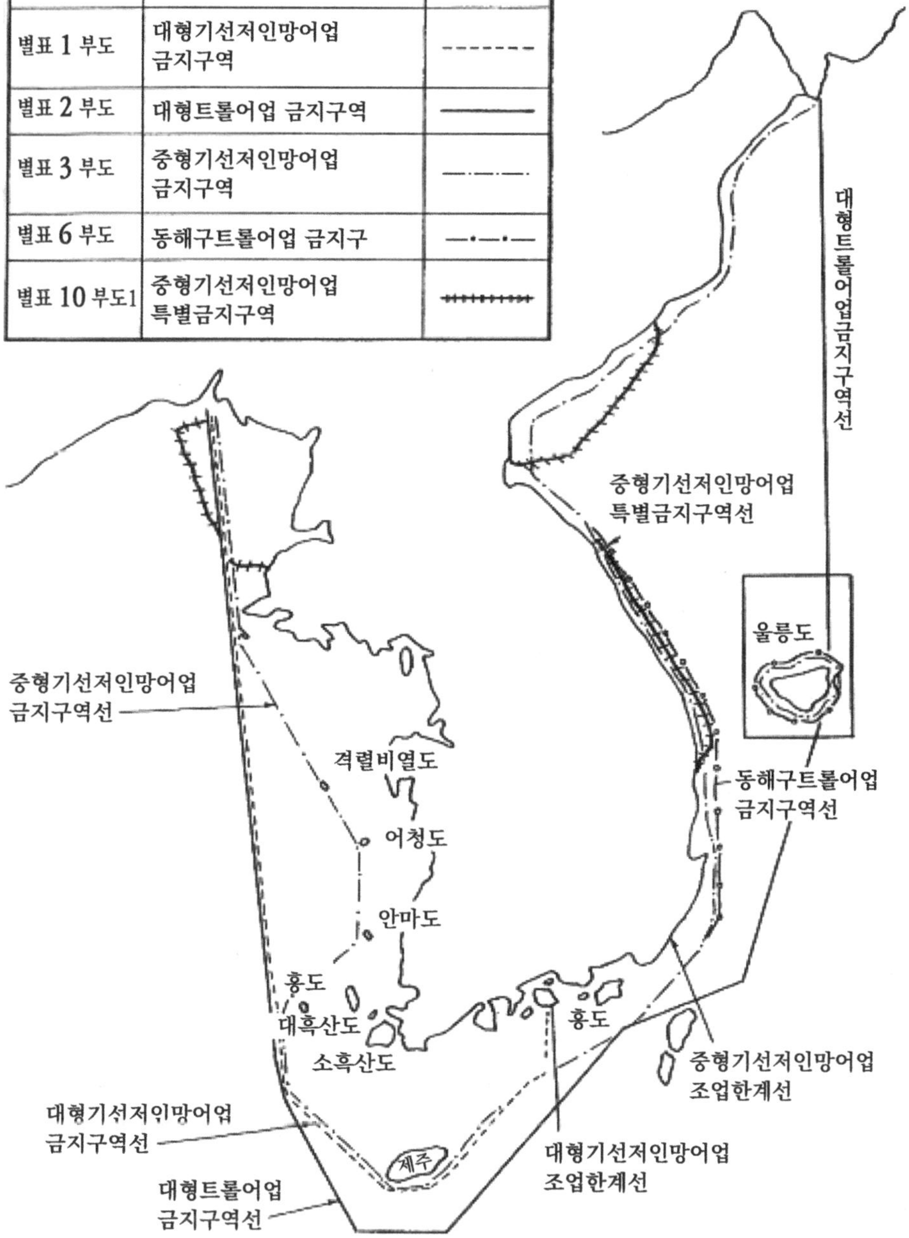

〈그림11-2〉 주요 근해 어업의 조업금지구역도

(4) 휴어기의 설정

수산자원 관리를 위한 기본계획 또는 시행계획에서 휴어기를 설정한 경우 또는 수산자원의 조사·평가를 실시한 결과 특정 수산자원의 관리를 위하여 필요한 경우에는 해역별 또는 어업별로 휴어기를 설정하여 운영할 수 있으며, 휴어기가 설정된 수역에서는 조업이나 해당어업을 하여서는 안 된다.

〈표 11-3〉 주요 어업별 어구의 그물코 제한

어업의 종류	사용금지 그물코 크기(㎜)
외끌이 대형 저인망어업	33 이하
쌍끌이 대형 저인망어업	54 이하
대형 트롤어업	54 이하
동해구 중형 트롤어업	43 이하
근해 선망어업	30 이하
근해 안강망어업	35 이하
근해 장어 통발어업	35 이하
대게 통발어업	150 이하
꽃게 통발어업	65 이하
기선권현망어업	5 이하
연안 조망어업	25 이하

(5) 어구의 사용 제한

정부는 수산자원의 번식·보호를 위하여 필요하다고 인정되면 어업의 종류별로 어구의 규모·형태·사용량 및 사용 방법, 어구 사용의 금지구역·금지기간, 그물코의 규격 등을 제한할 수 있다. 〈표 11-3〉은 주요 어업별로 설정되어 있는 사용금지 그물코의 크기를 나타내고 있다.

(6) 특정 어구의 제작·판매·사용금지

면허 또는 허가를 받거나 신고된 것 이외의 어구를 제작, 판매, 소지하거나 사용할 수 없다.

(7) 총허용어획량의 설정과 관리

정부는 수산자원의 회복 및 보존을 위하여 특히 필요하다고 인정되면 대상 어종 및 해역을 정하여 총허용어획량을 정할 수 있다. 이 경우 대상 수산자원량을 정밀 조사·평가한 결과와 그 밖의 자연적·사회적 여건 등을 고려하여야 한다. 한편, 시·도지

사는 지역의 어업 특성에 따라 수산자원의 관리가 필요하면 중앙정부가 설정하지 않은 수산자원에 대하여 총허용어획량을 설정하고 관리할 수 있다.

5) 환경관리

환경관리란 생물이 그 환경을 보존하려는 것을 인위적으로 돕는 것을 말한다.

따라서, 성육 환경의 개선책으로 연안에서는 어류의 안식처를 제공하기 위한 인공 돌밭의 축조를 하는 일이 많고, 굴과 해삼을 비롯한 여러 가지 유용 해조류의 부착 장소를 만들기 위하여 투석하는 일도 있다. 이러한 일은 그 생물의 부착시기나 식물의 포자 방출기에 시행함으로써 다른 무용 또는 유해 생물에게 부착의 기회를 주지 않도록 하여야 한다.

인공어초를 설치하거나 폐선을 침몰시키는 일 등도 성육장의 한 조성으로서 활발히 실시되고 있다. 해저의 암초 폭파와 콘크리트 바리기도 같은 효과가 있다. 갈이, 객토, 고르기 등은 저서생활을 하는 패류 생활장소의 개선책으로 중요한 방법이며, 돌 뒤집기, 갯닦기 등은 부착생물의 생활장소의 개선책이다. 물길을 만들어 패류나 해조류의 환경요소를 개선할 수 있고, 바다 숲을 조성함으로써 어류를 비롯한 유용 동물의 집합을 꾀할 수도 있다.

산업개발에 의하여 야기된 환경의 악화를 어떻게 처리할 것인가 하는 문제는 날로 심각성을 더하고 있다. 이같은 환경의 악화는 알과 자치어에 영향을 끼쳐 수산자원의 재생산력을 마비시킴으로써 가입의 요소를 압박한다. 뿐만 아니라 미성어와 성어에 대해서도 자연사망율을 촉진하고 성장을 저해하여 지역에 따라서는 자원의 고갈과 어장의 황폐에 결정적인 요소로 작용한다.

환경요소가 자원량에 끼치는 영향을 지금까지는 소홀히 다루어졌는데, 앞으로는 환경관리에 각별한 관심이 요망된다.

제 12장 수산자원 관리의 목표

대상 자원을 관리하고 어떠한 양적 또는 질적 수준으로 유지하는 가의 기준은 어업관리 계획 중에서 도출되어야만 한다. 어군집단에서 물적 최대지속생산량(MSY)을 올리는 것에 관리의 목표를 둘 수도 있고, 최대순경제생산량(MEY)을 얻는 것에 목표를 둘 수도 있으며, 감소된 자원을 빨리 회복·증대시키는데 당면의 목표를 둘 수도 있고, 개개의 어업경영 입장에서 단위기업 또는 노력당어획량을 일정 수준 이상으로 유지하는데 목표를 둘 수도 있다. 이상과 같은 여러 목적 중에서 어느 것을 선택하느냐 하는 것은 그 시점에서의 어업정책에 의해서 결정되어야만 한다. 이 정책은 어업의 경제적·사회적 위치에 따라서 변화하는 것이므로 일률적으로 자원관리의 목표를 고정시키기는 곤란하다.

1. 자원관리 이상과 목표로서의 MSY

어업은 사회적·경제적 행위이므로 그것의 바람직한 상태는 사회에 지속적인 최대의 이익을 가져오게 하는 것이라고 할 수 있다. 어업이 사회에 제공하는 이익 중에서 식료공급, 고용기회 제공, 어선과 어로기계 생산자에게 시장제공 등 여러 가지가 포함된다. 이러한 이익은 수익자의 집단에 따라 그 내용이 달라지고, 때로는 서로 대립하는 경우도 있게 되므로, 사회가 받는 전체 이익을 정의하기는 어렵지만, 전체의 이익을 최대로 하는 것이 가장 바람직하다는 데는 이의가 없을 것이다. 충분한 수요가 있다면, 어업은 물량적으로 생산이 클수록 좋다. 식량생산도, 고용증대도, 어로기계의 수요증가도, 어망제조도 어업의 생산이 확대됨으로써 기대할 수 있다. 어업생산을 최대로 하는 것은 수익자의 입장에 관계없이 총합적인 이상이며, 또한 목표가 된다고 해도 무방할 것이다.

어업생산을 최대로 높이는 것은 어선을 동력화 하고, 대형화 하면서, 그 수를 늘리고, 개량된 어구와 어법을 사용하여 보다 많이 잡으려고 하는 것으로는 달성되지 않음을 우리나라 어업생산량에서나 경험을 통하여 알고 있다. 즉, 과잉어업에 의한 자원의 생산성 저하와 그에 따른 어업생산량의 감소는 19세기 말 이후부터 현재에 이르기까지 전 세계의 어장에서 경험해오고 있다. 여기서 "가능한 한 많이 어획하기 위해서는 결코 많이 어획하려고 해서는 안된다, For more yield, never more catch."라는 논리에 접하게 된다. 이점에 있어서 수산자원학은 적당한 어획에 의하여 물량생산을 최고 수준으로 유지할 수 있다는 논리적 근거를 찾아내고, 1960년경에 와서는 최대지속적생산량(MSY) 이론을 완성하였다. 이제는 세계 각지에서 공해의 수산자원 이용에 관한 국가 간의 어업조약을 체결할 때 MSY는 어업에 있어서 하나의 이상으로 수용되고, 그것을 실현하고 유지하는 것을 어업조약의 목적으로 하게 되었다.

이와 같이 MSY는 자원관리의 이상이며, 목표가 되었음에도 불구하고, 실제 어업에서는 구체성이 없으며, 실제적으로 유효한 자원관리 지침이 될 수 없다는 지적이 나왔다. 어업이 발전하고, 어업상황이 복잡하여져서 이해관계가 복잡하게 얽히고, 남획문제가 세계의 주요 어장에서 자주 발생되었기 때문이다. MSY 개념에 대한 비판 중에서 자원관리의 이상으로서 MSY의 적합성에 대한 회의적인 견해를 간추리면 대략 아래와 같이 6가지로 정리된다.

① MSY 이론은 자원이 균일하다는 가정에서 출발하였으나, 동일계군 안에서도 이질적인 집단이 존재하고 있는 자원이 계속 발견됨에 따라 MSY를 실현시키는 목표는 실제적인 의미를 더 이상 갖지 못한다.

② 관리하고자 하는 대상자원이 다른 종 개체군과 공존공서(共存共棲)하고 있고, 어업은 이들 모두를 대상으로 할 때, 그 중의 한 개체군에 대한 MSY로서 어업규제나 어업지도를 하기는 불가능한데, 실제 그러한 어장이 많다.

③ MSY는 평형상태에서 실현될 수 있는 것이지만, 실제의 자원은 의도적으로 변화시키지 않더라도 환경변화 때문에 변동하며, 평형상태에 있지는 않다. 이렇게 계속 변하고 있는 자원에 대해서는 MSY 결정 방법이 아직 연구되지 않다. 자원에서는 시간 지연성이 있는데, 어떤 변화가 주어지면 그 영향이 나타날 때까지는 일정한 시간이 경과해야만 한다. 그러므로 현실적으로 남획이 발생하기 전에 이미 그 발생을 피할 수 없게 되는 경우가 많다.

④ MSY는 물량적인 생산만 취급하고 있기 때문에, 생산을 위하여 소요되는 경비에 관한 문제는 무시되고 있다. MSY 부근에서는 어획노력이 추가되어도 어획량은 별로 증가되지 않는다. 등어획량곡선에서 보면 MSY를 이루기 위하여 필요한 마지막 10%의 어획량 증가를 위하여 노력량을 2배로 증가시켜야만 한다. 이러한 경우 MSY의 90%를 얻는데 경비의 절반이 쓰이고, 나머지 절반의 경비로는 겨우 10%의 어획을 얻는데 쓰는 셈이다. 이렇게 비싼 대가를 지불하면서 MSY를 달성하여야만 하는가라는 의문이 생긴다. 그리고 자원은 물량적인 생산 외에 관광자원으로서의 가치라든가, 자연보호와 건전한 생태계 유지라는 것은 돈으로 환산할 수 없는 이익이 있으나 MSY에서는 이러한 것들의 이익은 무시되고 있다.

⑤ MSY 추정은 많은 경비를 들여서 긴 기간에 걸쳐 자료를 수집하고 해석해야만 한다. 그리고 자료를 해석하는 방법에 따라 MSY의 추정치 값이 차이가 생길 수 있는데, 이럴 경우에 이해관계가 있는 집단(어업자 또는 국가) 사이에 대립이 생기며, 지원관리를 실시하기가 곤란해 질 수 있다. 자원관리를 위한 어업규제는 그 자원을 이용하는 모든 어업자에게 공평하게 실시되지 않으면 실효를 거둘 수 없다. 그 때문에 국가 간에 MSY를 관리의 목표로 하는 국제조약을 체결하여도 실제로는 남획이 진행되는 경우가 있게 된다.

⑥ MSY가 단기적으로는 유용하여도, 자원관리의 궁극적인 이상은 되지 못한다. 어느 자원이 남획되었다고 하더라도, 만일 어업이 그대로 안정되고, 어업자들의 불만이 없다면, 굳이 어선척수 감축 등의 규제를 하는 것이 반드시 필요한 것은 아닐 것이다. 어업자들의 요청도 없고, 자원도 아직 덜 개발되어 있고, 시장수요도 그다지 없는데도 그 자원의 MSY를 실현시키겠다고 한다면 사회적인 가치로 볼 때 별 의미가 없다고 하겠다.

이상과 같이 MSY는 자원관리의 이상과 목표로서 그다지 유용하지 않다고 하는 비판이 있지만, MSY는 생물학적(자원학적)으로 명확히 정의되는 이론을 바탕으로 하기 때문에 그 개념은 물질량이라는 개관적인 기준으로서 의미를 갖는다고 하겠다.

2. 자원관리 목표로서의 MEY

MSY에 대한 비판이 일게 되자 생산비용을 도입한 최대순경제생산량(MEY) 개념이 자원관리의 목표로서 주목되었다. 이 개념은 1953년 Gordon에 의해 제기되었지만, 그 당시는 사람들이 MSY 개념에 매료되어 있었으므로 별로 관심을 끌지 못하였다. 그러나 1970년대에 어업개발이 부진하고, 전 세계의 어장에 남획이 확대되자 이 개념을 주목하게 되었다. 앞에서 설명한 바와 같이 MSY 실현의 마지막 단계에서 약간의 어획량을 더 얻기 위해서 많은 어획노력 경비를 투입하는 것은 비합리적이다. MSY를 목표로 삼았더라도 그 목표의 탄력적인 운용이 필요한데, MSY 보다도 조금 낮은 수준인 MEY가 오히려 합리적일 수가 있다. 그러나 MEY도 MSY처럼 평형상태를 전제로 하고 있고, 또 계산하기가 어렵다. MSY는 생물학적으로 정의되었기 때문에, 인간과는 무관한 객관성이라도 지니고 있지만, MEY는 경제적인 개념이기 때문에 나라마다 사회마다 경제적인 조건에 영향을 받으므로 객관성이 결여된다. 나라마다 어획물 가격이 다르고, 한 나라에서도 경제상태의 변화에 따라 오르내리며, 생산비, 어구어법의 기술수준, 각국의 임금수준에 따라 일정하지 않다. MEY 수준은 수시로 변하므로 이러한 개념을 자원관리의 구체적인 목표로 삼기는 곤란하며, 국가 간의 어업협정에서 합의에 도달하기는 더욱 곤란하다. 따라서 MEY도 하나의 이상이다.

3. 자원관리 목표로서의 OY

이것은 생물학적인 조건과 사회·경제적 조건을 포함하는 여러 가지 조건을 총합적으로 판단하여 최적생산량(OY, Optimum Yield)을 확실히 정의하자는 의도이다. MEY는 그 준거(準據)가 불명확하기 때문에 공해자유의 원칙을 적용하는 국제적 협약의 대상에서는 적용할 수 없으나, 1970년대 후반부터 시작된 200해리 경제해역 시대에는 연안국의 가치관을 그 해역에 입어하고자 하는 외국 어선에 강제로 적용시킬 수 있게 되었으므로 그 의미를 가질 수 있다.

연안국의 가치관을 강제로 적용시킨다고 해도, 연안국의 내부에도 여러 가지 가치관이 존재하기 때문에, 한 국가 안에서 하나의 합의를 얻기 위해서는 그만한 합리성을 갖춘 객관적 규준(規準)이 필요하다. OY는 MSY를 기준으로 삼고, 여러 조건을 적용하여 수정한 것인데, 이해 관계자 사이의 합의를 얻기 위하여 조직과 절차를 거치는 OY는 이러한 조직과 절차를 중요시한다. MSY를 기준으로 하면서도 여러 조건을 고려하여 이것을 수정하고, 그 수정된 것에 대해 관계자의 합의를 얻기 위한 절차를 정한 점이 MSY나 MEY와 다르다.

OY의 수정과정에 고려되는 조건으로서 생태계의 개념과 자원이용법의 다양화, 비가역적 변화의 배려, 안전계수의 도입, 대상 이외의 자원에 주는 영향을 고려한 점이 특이하다. 생산력이 비약적으로 증대하고, 가치관이 다양화 하면서, 사회기구가 복잡해져 가고 있는 최근의 사회변화는 OY의 개념의 도입을 촉구하고 있다.

4. 자원관리 목표로서의 ABC

현재는 인간이 바다에서 어류를 잡고 싶은 만큼 잡을 수 있는 능력을 보유하게 됨에 따라 연간 얼마나 잡을 것인가를 결정해야하는 단계까지 왔다. MSY는 어획 가능한 최대치를 의미하므로 이것을 연간어획계획량으로 설정한다면 어느 해에 해양환경의 변화에 따라 가입량이 감소될 경우, 계획된 어획이 시행될 때 자원은 지나친 어획압력을 받게 될 것이다. 이러한 사태가 발생할 가능성을 내포하는 관리방식은 이상적인 방식이라고 할 수 없다.

적정수준의 가입량을 보장할 수 있는 재생산력을 구현시키기 위해서는 우선 그에 상응하는 산란친어 자원이 확보되어야 할 것이다. 바람직한 재생산력을 구현할 산란친어 자원군을 유지하는데 지장을 주지 않는 연간어획량을 생물학적허용어획량(ABC, Acceptable Biological Catch)이라고 한다. ABC를 결정하기 위해서는 자원의 연령조성, 성비, 성숙도 조성, 산란규모, 치어생존율 등의 생물학적 자료에 기초하여 가입예상량을 추정할 수 있는 모델이 만들어져서 검정을 거쳐야 하고, 어획이 친어

자원량에 미치는 영향도 검토되어야만 한다. 그리고 ABC를 한번 결정하여도 계속하여 자원의 상태를 조사하여 이미 결정된 수치를 바꿀 필요가 있는 지를 확인해 나가야 한다. 생물학적 특성은 어종마다 계군마다 다르므로 대상자원에 따라 각양각색의 추정모델이 요구된다.

ABC는 MSY를 초과하지 않는 양이 되며, 경제적·사회적 요구를 감안하여 OY를 심의 결정하는데 기준으로 사용될 수 있다.

ABC의 "Acceptable"은 "받아드릴 수 있는, 수락할 수 있는"의 뜻을 갖는 단어이므로 "생물학적허용어획량"이라고 해석하기보다는 다음에 설명하는 TAC(총허용어획량)와 구별하기 위하여 "생물학적수긍어획량"으로 하는 것이 바람직하다고 할 것이다.

5. 자원관리의 실제적 기준으로서의 TAC

1) TAC의 개념과 필요성

세계의 각종 어업자원을 최적수준으로 유지하고 최대의 지속적생산량을 확보하기 위하여, 관련 연안수산국과 수산관련 국제기구는 과다어획을 방지하고 자원증대를 위한 법규와 제도를 마련하고 시행하여 왔으나 오늘날 세계 도처의 어장에서는 어업자원이 급격히 감소되어 어업생물의 양과 질의 상태가 지극히 나빠져 어업경영이 어려워지고 있다는 말을 많이 듣고 있다. 개별 연안국이나 국제기구의 자원보존을 위한 노력의 결과, 그 효과가 나타나서 어업자원의 상태가 과거와 같거나 비슷한 정도로 회복되었다는 정보는 들어보기 어려운 실정이다.

일부 어종에 있어서는 자원관리 노력을 기울인 결과 효과가 있어, 자원을 MSY 수준으로 유지하면서 최적생산이 보장되고 있는 예도 있기는 하다. 북태평양의 넙치자원과 연어 자원이 미국과 캐나다의 협정을 통한 공동의 노력에 의해 잘 관리되고 있다.

과거의 많은 어업관련 국제협정이 어업자원의 최대지속적생산관리 유지나 자원의 적정수준유지를 협정체결의 목적으로 하고 있으나 그 목적을 달성했다고 보여지는 국제협정은 찾아보기 힘든 실정이다.

국제포경위원회(IWC)의 설치목적은 세계 고래자원의 적정수준 유지에 있다고 하나 조약체결 후 근 50년이 지난 오늘날에 와서는 많은 어종의 고래자원이 멸종상태에 있거나 위태로운 상태에 있어 상업포경을 전면적으로 금지 시키고 있으며, 캐나다 동부의 북대서양 어업조약기구(NATO)는 어업자원이 MSY 수준유지를 설립목적으로 하고 있으나 동수역의 중요 어업자원인 대구에 대하여는 자원상태가 지극히 불량하여 어획금지 조치를 취하는 한편, 이 어업에 종사하던 어민들에게는 실업수당까지 지급하고 있는 실정이다.

이론적으로는 어획노력량이나 어기 및 조업구역 제한 및 망목규제 등 전통적인 방법으로도 효율적인 어업관리가 가능할 수도 있으나 이를 위해서는 막대한 비용이 수반하는 감시(Monitoring) 및 감독(Surveillance) 기능에 빈틈이 없어야 한다. 그 넓은 바다에서 어업지도선이나 감시선 몇 척으로 감시한다는 것은 불가능한 일이다. 어업의 준법정신이나 벌칙의 강화로 불법어업을 근절시킨다는 것은 말로써는 가능하나 실제로는 어려운 일이다.

이와는 달리 어획량 총량규제에 의한 어업관리제도인 TAC(Total Allowable Catch, 총허용어획량)는 과학적인 조사 자료에 근거한 어획대상 어종에 대한 정확한 자원량 추정, 총허용어획량의 결정과 어획량 보고의 정확성 등 문제점이 있기는 하나, 이러한 문제점들을 해결할 능력이 있으면, 시행에 있어서 경비가 적게 들고 절차도 비교적 간단하여 어업관리에 가장 효율적인 제도가 될 수 있을 것으로 생각된다.

TAC 방식에 의한 어업관리제도는 과거에도 많은 국제 어업관리에 활용되어온 제도인데, 그 이유는 우선 적용이 용이하고, 비용을 절약할 수 있으며, 그 효율성이 높다는데 있다.

1982년 UN 해양법에 의한 배타적경제수역(EEZ, Exclusive Economic Zone) 제도의 도입에 따라 TAC는 어업관리제도 중 가장 핵심적이고 없어서는 안 될 제도로 등장하였다. 이것은 연안국의 EEZ 수역 내 어업자원을 관리함에 있어서 가장 효과적일 것이라고 판단한 세계적 어업관리 분야의 학자 및 전문가와 실무자들에 의하여 채택된 제도이므로 앞으로 오랜 기간 동안 TAC를 주축으로 한 어업총량 규제방식에 의한 어업관리제도는 국제사회에서는 물론 국내 업계에서도 개선되고 보완되면서 계속 발전해 갈 것이다.

우리나라는 1995년 12월 30일 수산업법 개정 시 "총어획량의 설정" 조항 이 신설되었고, 1999년 4개 어종에 대하여 시범적으로 실시하여 10년이 지났는데도 대상어종이 크게 증가하지 못하고 있는 실정인데 비하여 일본은 1998녀에 10개 어종에 대하여 실시한 이후 현재에는 25개 어종으로 우리보다는 앞서고 있다.

우리나라는 수산자원들에 대한 TAC 안을 작성을 위하여 어업자와 과학자, 행정관료들이 참여하는 수산자원 평가심의위원회를 국립수산과학원에 두도록 하고, TAC의 결정과 공표, 배분, 할당의 담당은 중앙수산조정위원회에서 맞도록 하는 등 실행체계를 마련하였으며, 광역시와 도지사가 담당해야할 세부시행 계획서도 수립하였다.

2) TAC 어업관리의 특징과 운영방향

하나의 단위자원(종)에 대한 어획량을 총량적으로 관리하는 방식을 취하는 TAC 관리제도는 개별국가 차원이 아니라 국제적 차원의 공통되는 어업관리 방식이다. 이 방식은 어업관리자와 어업생산자의 공동 목표인 어획량 허용치를 설정하여 어업생산자에게 배분하고, 어획량이 목표치에 이르면 어업을 종료시키는 제도이다.

이 방법에서는 과학적인 방식에 의하여 TAC 설정의 기초가 되는 자원량을 추정하고, 다양한 방법에 의한 자원평가를 수행하여 최대지속적생산량(MSY)과 생물학적허용어획량(ABC) 등을 과학적으로 산출한다. UN 해양법 협약서에는 1년을 단위로 어업자원을 평가하여 매년 초에 당해 연도의 TAC를 설정하도록 규정하고 있다.

우리나라의 연근해 어업관리를 위하여 도입되는 TAC가 성공적으로 운영되기 위해서는 다음과 같은 순서에 따라 준비가 이루어져야만 할 것이다.

첫째, 어업관리의 기본계획을 명확하게 수립하여야 한다.

기본계획에는 ① 관리목적을 분명하게 명시, ② 대상어업의 관리를 위한 시행방법과 목표를 설정, ③ 관리수단을 적용하거나 조정하는 방법, ④ 관리체계를 재평가하는 방법, ⑤ 모니터링과 실제 시행방안 등이 반드시 포함되어야만 한다.

둘째, TAC 대상어종을 선정하는 것이다. 궁극적으로는 모든 어업에서 이용하고 있는 전 어종에 대해 TAC를 산정하여 관리를 하여야만 되겠지만, 실시 초기에는 전 어종을 대상으로 할 수 없으므로 우선 몇 개의 어종을 선정하여 시범적으로 실시하는 것이 합리적일 것이다. 선정기준으로는 경제적인 가치, 자원의 규모(자원량), 모니터링과 시행의 난이도 등이 이용될 것으로 보인다.

셋째, 대상어종들에 대한 TAC를 결정하는 것이다. TAC를 결정하기 위해서는 먼저 자연과학적인 방법에 의하여 생물학적허용어획량을 추정하여야 하며, 이를 기초로 하여 합리적인 과정을 갖춘 TAC 결정체계를 수립하여야 한다.

넷째, 결정된 TAC를 할당하는 것이다. 할당하는 방법에는 여러 가지의 모델들이 개발되어 현재 사용되고 있다.

다섯째, 할당된 TAC 대상 어업을 모니터링하고 관리하는 것이다. 이 방안으로는 옵저버 제도를 비롯하여 여러 가지 종류의 수단들이 사용되고 있다.

3) 우리나라의 TAC 어업관리 현황

선진국에서 채택하여 시행하고 있는 직접적인 자원관리 방법인 총허용어획량(TAC)에 의한 어업관리제도는 이미 그 효율성이 입증되었기 때문에 우리나라에서도 고갈된 수산자원을 회복시키고, 어업을 지속시키기 위해서는 이 제도의 도입이 불가피하였다.

우리나라는 TAC 도입을 위한 제도를 마련하기 위하여, 200해리 EEZ 시대에 맞는 수산업법을 1996년에 개정하여 수산자원보존 및 관리를 위한 총허용어획량의 설정을 제도화하였다. 이에 따라 개정된 수산자원보호령에서는 주요 제한사항으로 포획, 채취금지기간 대상 22종, 포획금지체장 대상 23종을 선정하였으며, 한편으로는 총허용어획량의 설정 및 관리에 관한 기본계획을 수립하고, 관리 대상자원을 선정하여 어종별 총허용어획량 수준을 결정·운영하도록 하고 있다. 또한, 총허용어획량의 결정, 할당, 포획 및 채취실적의 보고, 지도, 단속 등에 관한 세부사항도 규정하고 있다.

TAC 어업관리의 대상수역은 〈그림 12-1〉과 같이 우리나라의 EEZ와 한일어업협정의 중간수역, 한중어업협정의 과도수역이다.

TAC 어업관리의 대상어종은 다음과 같은 3가지 기준에 입각하여 선정하여야만 한다.

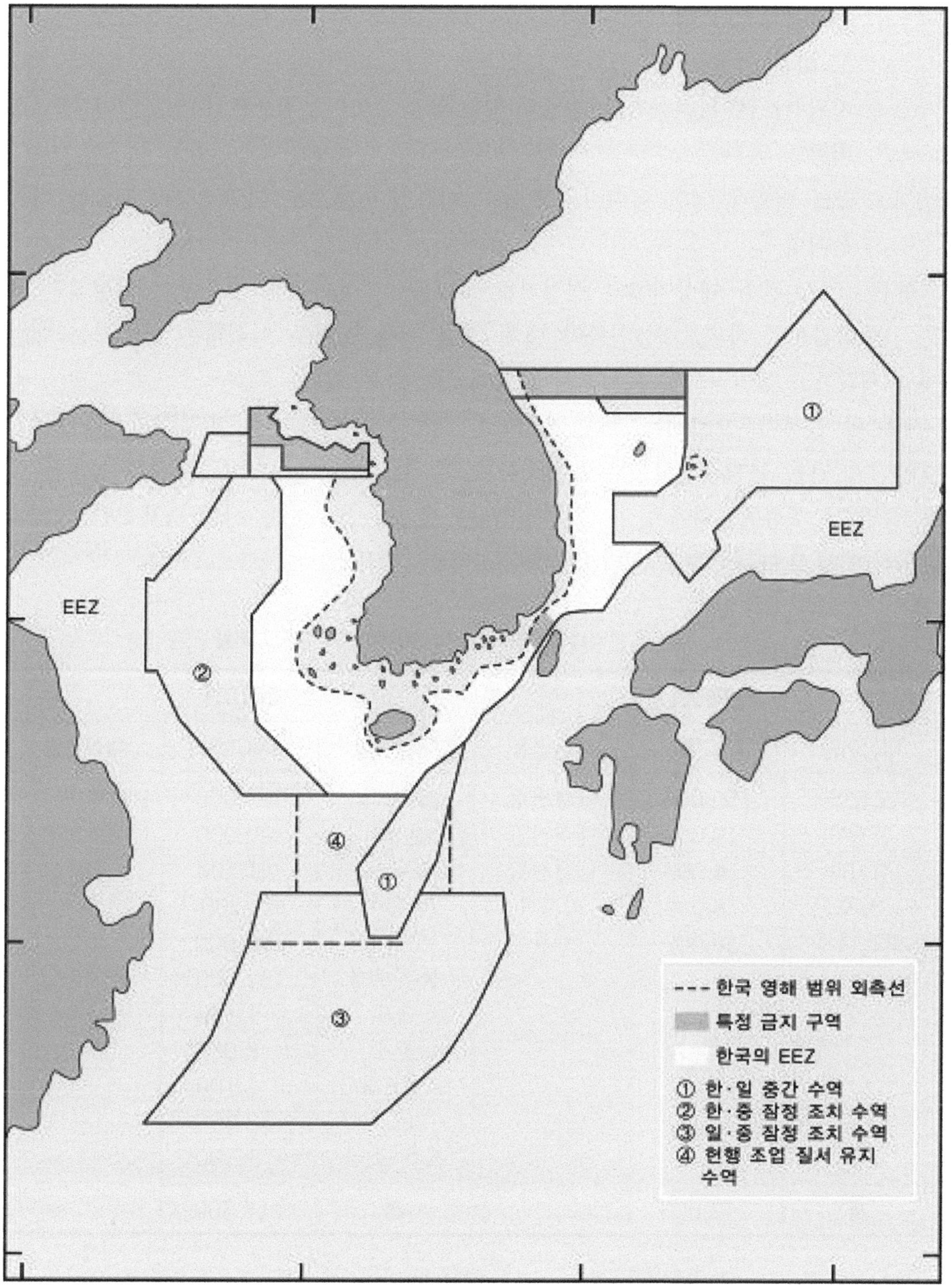

〈그림 12-1〉 한국·중국·일본 사이의 어업협정수역도

① 어획량이 많고 경제적 가치가 큰 어종으로서 인접국 어선과 공동으로 이용하고 있는 어종
② 자원감소로 보존관리가 필요하거나 업종 간의 분쟁으로 어업조정이 필요한 어종
③ 단일 어업에 의한 어획비율이 높아 비교적 분쟁으로 어업조정이 필요한 어종 등이다.

한편, TAC 관리 대상어업의 선정기준으로서는 대상어종에 대하여 어획실적이 높은 근해어업으로 하되, 대상어종에 대해 일정 비율 이하로 어획하는 어업자는 대상에서 제외하고 장기적으로 혼획율을 제한하도록 하고 있다.

TAC의 결정기준으로서는, 매년 6월까지 국립수산과학원에서 과학적인 근거에 입각한 TAC안을 농림수산식품부에 제출하면, 총허용어획량 심의위원회에서 심의를 한 후 중앙수산조정위원회에서 TAC를 결정하는데, 이 경우에는 사회·경제적인 요인을 감안하여 결정하도록 하고 있다.

〈표 12-1〉 우리나라 1999년도와 2010년도의 TAC 현황

1999년			2010년		
대상어종	**TAC(톤)**	**대상업종**	**대상어종**	**TAC(톤)**	**대상업종**
고등어	150,000	대형선망	고등어	169,000	대형선망
전갱이	19,000	대형선망	전갱이	20,000	대형선망
정어리	4,000	대형선망	도루묵	1,500	
삼치	8,000	미지정	참홍어	200	주낙
붉은대게	36,000	근해통발	오징어	180,000	
			붉은대게	31,000	근해통발
			대게	1,300	
			꽃게	8,000	
			개조개	2,100	
			키조개	2,700	
			제주 소라	1,500	
계	217,000		**계**	417,300	

TAC의 배분과 할당방법을 보면, 기본계획에 의거 시도별 또는 업종별 생산자 단

체에 배분하는데, 생산자 단체가 구성되어 있지 않거나 단체에 소속되지 않은 어업인에 대해서는 시도에 배분하며, 업종별 생산자 단체나 조합이 구성된 업종은 단체 또는 조합에 배분한다. 배분된 TAC는 업종별 조합장이나 지구별 조합장으로부터 소속 어업자별 할당계획서를 제출받아서 할당한다. TAC의 70%까지는 어업자들에게 균등 배분하고, 유보분량(Reserve)은 어선별 조업실적을 감안하여 추가로 할당한다.

어업자는 어획물 양육 시 공동어시장이나 수협위판장 등에 어획상황을 설명하는 어획실적보고서를 제출하고, 이 보고서는 소속수협과 농림수산식품부장관 또는 시도지사에게 보고된다. 농림수산식품부장관은 각 대상어종별로 포획량의 합계가 배분량의 50%와 80%에 이르면 공포해야 한다. 어업자별로는 어획량의 할당이 80% 이상 초과 시에는 조업위치와 함께 어획량을 매일 보고해야 한다. 이를 위한 어업감시는 어장 또는 양육장에서 어업감독 공무원이 담당한다.

우리나라의 TAC 제도 추진사항을 보면 1998년에는 준비단계로서 고등어를 대상으로 대형 선망수협에 일정기간(1998. 9. 16 ~ 10. 30) 동안 TAC를 할당하여 어업자별 어획량 할당, 어획량 보고, 분배량 초과 우려시 어획실적 공표, 감시·감독 등 TAC 제도의 예행연습을 실시하여 그 과정에서 노출된 각종 문제점을 파악 및 분석한 바 있다. 1999년 1월 1일부터는 시범실시 단계로써 고등어, 정어리, 전갱이, 삼치, 붉은 대게 등 5종을 대상어종으로 선정하여 시행중에 있다.

실제 시행단계로써 2001년 이후부터는 시범실시 결과를 토대로 이용한 어종을 우선적으로 선정하여 실시하고, 연차적으로 대상 업종을 점차 확대하여 2010년도에는 11개 어종에 417,300톤으로 우리나라 연근해어업 생산량의 32.4%에 해당한다.

4) TAC 추정방법

구미 선진국에서 오래 전부터 시행되어 오는 제도인 TAC 제도를 도입하기 위해서는 먼저 TAC의 추정방법을 고찰해 볼 필요가 있다. TAC의 추정에 앞서 먼저 최대지속적생산량(MSY)과 생물학적허용어획량(ABC) 등을 자연과학적인 방법에 의해서 추정해야만 한다. 이들의 추정을 위해서는 다음과 같은 정보나 자료가 필요하다.

① 해역별, 어종별 자원생태학적인 정보

② 해역별, 어업별, 어종별 통계자료

③ 자원역학적인 지식과 분석시스템

MSY와 ABC가 추정이 되면 사회·경제적인 여건을 고려하여 TAC를 결정하게 된다. 〈표 12-2〉는 미국의 베링해 명태 자원에 대한 1996년 TAC 추정방법과 TAC의 추정 예를 나타낸 것이다. TAC를 추정하려면 수많은 생물의 생태적인 자료와 해양에서의 수산자원 조사결과뿐만 아니라 첨단의 학술적인 자원평가 모델들을 동원해서 먼저 자원량을 조사하고, MSY와 MSY 시 자원량(BMSY) 및 순간어획사망계수(FMSY), ABC와 이때의 순간어획사망계수(FABC) 등을 추정해야만 한다.

따라서, TAC의 산정과 관련되는 업무를 추진하기 위해서는 많은 인력과 예산이 필요하다.

〈표 12-2〉 미국 베링 해 명태 자원의 TAC 추정방법과 추정 예

조사항목	추정방법 및 모델	추정치
자원량	과학어탐법, 트롤조사법 연령구조모델(코호트븐석법) 자원합성모델	738만톤
최대지속적생산량(MSY) 및 MSY 시 원량(BMSY), 어획사망계수(FMSY)	잉여생산량모델 시뮬레이션모델 지연차분모델	MSY : 188만톤 BMSY : 600만톤 FMSY : 0.38/sus
생물학적허용어획량(ABC) 및 ABC 시 어획사망계수(FABC)	가입당생산량모델 가입당생산량모델	CABC : 129만톤 FABC : 0.30/년
총허용어획량(TAC)	사회·경제적인 요인을 고려 ABC 수준 이내에서 결정	129만톤 (1996년 TAC)

TAC를 도입하기 위한 조건으로는 수산자원의 생태학적인 지식 및 정보의 축적과 연구, 자원역학적인 분석시스템의 개발, 어업정보의 조기습득을 위해서는 이미 1996년 1월부터 시행되고 있는 근해 및 원양어업의 조업동태의 관련된 규칙을 효과적으로 활용하면 가능하리라고 본다.

5) TAC 제도의 문제점

TAC 관리제도가 모든 것을 해결할 수 있을 것으로 생각되지만, 이 역시 문제점들이 많이 있는데, 이를 나타내면 아래와 같다.

① 과학적인 자원조사가 결여되어 있거나 체계적인 자료가 부족한 국가에서는 TAC 산정이 매우 어렵다는 점
② 올림픽 방식에 의한 경쟁조업은 어업자로 하여금 강도 높은 조업을 실시하여 비용효과만 증대시킬 우려가 있다는 점
③ 선택성 어업에 대한 자원낭비와 경제성, 혼획 어획물의 해양투기 가능성
④ 어업자의 TAC 제도에 대한 자발적인 참여와 규정준수 문제
⑤ TAC 제도 도입에 따른 기득권 어업자의 반발
⑥ 보고의무 미이행과 새로운 비용발생 문제

이상과 같은 문제점들은 TAC 제도에 IQ 또는 ITQ 제도를 병행함으로써 일부 보완이 가능해진다고 한다.

우리나라의 현재 연건 하에서 TAC 제도를 확대하는 데는 몇 가지의 문제가 있다. 우선, 우리나라 주변 수역은 전형적인 온대 해역으로 어획대상 종이 200여종으로 어종별 선택어획이 어렵다는 점을 들 수 있다. 또한, 어선의 크기가 작고, 어업의 종류가 다양해서 근해어업은 21종, 연안어업은 8종인데, 구획어업 12종을 합치면 20종이나 되므로 어업별 어획량의 할당이 어렵다.

TAC를 설정하려고 해도 엄청난 시간, 인력, 경비가 소요될 것이고, 어획실적 보고체계와 보고된 어획량 통계의 처리를 위한 컴퓨터 시스템과 어민들에게 통고체제 구축에도 많은 노력과 경비가 소요될 것으로 전망된다. 특히, 우리나라의 행정조직에 의한 어업감시 기능은 취약한 것으로 알려져 있으므로 어획실적의 감사, 선별양육, 패기, 부정양육 등을 단속하기 위한 기능을 수행하기 위해서 옵저버시스템의 도입이 필수적인데, 여기에 역시 많은 경비와 인력이 필요하다. 마지막으로 우리나라 주변 수역은 일본과 중국이 같은 어업자원에 대해서 경쟁적으로 조업을 하고 있으므로 우리나라만의 TAC 실시는 무의미하며, 쌍무적인 협정으로 효율적인 자원관리를 하거나 UN 해양법 협약의 정신에 입각하여 지역국제 어업관리기구의 설립이 필요한 것으로 보인다.

6) TAC의 배분과 할당

TAC 제도의 실시를 위해서는 허용어획량의 배분과 할당이라는 문제가 대두된다. TAC에 의한 어업자원 관리를 이미 경험하고 있는 국가들이 채택하고 있는 배분방법으로 개별할당에 의거한 어업관리제도인 IQ(Individual Quota)가 현재 많이 채택하고 있으므로 이 제도를 간단히 소개한다.

IQ제도란 TAC의 일정부분을 어획하는 권리를 개별대상(어업자별, 어선별, 기업별, 공동체별)에게 할당하는 어업관리 방법을 의미한다. 이 제도의 목적은 자원을 보존하면서 어업자 간의 어업경쟁을 없앰으로써 어업으로부터 과잉 어획능력을 배제하고 어업의 경제적 합리성을 추구하는데 있다. 이 제도의 도입배경을 보면 총허용어획량에 의한 어획량 규제제도에서는 올림픽방식의 어업경쟁이 불가피하다. 따라서 단기간의 집중어획과 과도어획에 의한 자원감소, 과잉어획능력의 증대, 어업자의 저 수입으로 자원보존 문제와 사회·경제적인 문제 병존 등 많은 문제가 발생하게 되므로 이에 대한 대책으로 도입되고 있다.

IQ 제도 가운데 할당받은 부분의 얼마를 양도가능하게 허용해주는 제도를 ITQ (Individual Transferable Quota)라 한다.

IQ 제도를 현재 채택하고 있는 국가를 보면, 캐나다는 대부분의 어업에 채택하고 있으며, 네덜란드, 노르웨이, 덴마크, 영국, 아일랜드는 일부 어업에만 도입하고 있다.

ITQ 제도는 뉴질랜드와 아일랜드에서 거의 전면적으로 채택하고 있고, 캐나다, 호주, 미국, 이탈리아, 네덜란드는 일부 어업에만 도입하고 있다.

TAC 제도가 안고 있는 약점(올림픽방식)을 보완하기 위하여 개인에게 할당량을 주는 개별허용어획쿼터제(IFQ : Individual Fishing Quota) 어업으로 발전하였고, 최근에는 미국, 뉴질랜드 등 많은 OECD 회원 어업국에서 ITQ 어업으로 발전하여 그것을 시행하는 어업국이 확대되고 있는 추세이다.

제 13장 수산자원의 조사

어업생물에 관해서는 먼저 이용과 관리가 되는 단위 개체군, 즉 계군의 조사가 기본이 된다. 예를 들면, 조사하려는 계군을 다른 계군과 구별해 내는 일(계군분석), 계군을 구성하는 개체의 연령을 판정하는 일(연령사정), 살아있는 개체에 표지를 붙여서 본래의 생활구역에 되돌린 후 다시 어획하여 계군의 속성을 알기 위한 여러 자료를 구하는 일(표지방류) 등은 그 어느 것도 뺄 수 없는 작업이다.

계군분석은 각각의 자원을 조사하기 위한 출발이고, 연령사정 및 표지방류는 응용범위가 넓은 중요한 조사 사항이다. 또한, 이러한 조사를 통해서 알아 낸 계군의 속성들이 어업에 어떠한 작용을 하는가를 조사하기(자원 해석) 위해서는 어획량, 어획노력량, 조업해역 등에 관한 어획통계가 필요하다.

1. 계군분석

단일 계군을 가지는 수산자원은 극히 드물고, 거의 모든 수산자원은 수 개의 계군으로 분리되어 생활하는 것이 보통이다. 어떤 어업자원이 그 자원의 종 개체군을 구성하는 여러 계군 중에서 어떠한 계군에 속하고 있는 지를 확인하는 것이 계군분석이다.

계군분석은 계군간의 구별을 밝히는 것이 기본이므로 생물을 계통적으로 분류하는 경우 종의 동정과 똑같은 원칙적인 생각에 따라 행해진다. 계통분류가 생물의 역사로서 과거를 취급하는데 비하여 계군분석은 어디까지나 현재를 문제로 한다.

계군분석에 있어서 종 동정의 기준으로 되는 분류형질에 상당하는 것을 계군형질이라 한다. 분류형질이 모두 유전형질인데 비하여 계군형질은 반드시 유전형질만은 아니다. 계군이 다르면 유전자 조성도 다른 만큼 계군형질의 대부분은 유전형질이겠지만, 실용성이 있다면 환경에 의한 변이의 형질이라도 무방하다. 또한, 형태적인 형질과 마찬가지로 생태적인 형질도 유효한 것이 많다.

계군분석은 동일종에 속하는 2개 또는 그 이상의 생물집단 간에 일정 수준 이상의 차이가 없는 가를 확인하는 방식으로 진행된다. 차이가 있으면 각각 별개의 계군에, 차이가 없으면 어느 것도 동일계군에 속하는 것으로 간주하게 된다. 이와 같은 판단의 근거가 되는 것이 계군형질이다. 본래 계군형질이 나타내는 변이의 정도는 종이 나타내는 개체변이의 범위 내에 존재하므로 미소한 차이를 보인다.

다시 말하면, 계군형질은 계군의 속성과 관련되는 것으로서 개체변이의 위치를 나타내는 평균값과 변이의 정도를 나타내는 분산으로서 구체적으로 표시할 수 있다. 따라서 계군분석에 있어서 구별은 생물 통계상의 검정결과에 근거를 두고 판단하는 일이 많으며, 또 그렇게 하지 않으면 안된다. 주된 계군 형질은 어류자원의 경우 척추골수, 지느러미의 기조수, 측선의 비늘수, 체부분간의 길이의 비, 혈액형, 포란량, 난경 등 분류형질과 같은 형질 이외에 기생충의 종류 및 기생률 등이 있다. 어황의 주기성과 변동에서 나타나는 차이도 마찬가지로 계군의 형질로서 유용하게 쓰일 수 있는 경우도 있다,

이와 같은 형질에 의한 계군분석은 앞에서 설명한 바 있으므로 생략한다.

2. 표지방류

어류를 포획하여 몸의 적당한 부위에 표지를 한 뒤 원래의 생활환경 속에 방류하여 다시 포획하는 것은 자원 동태를 연구하는데 있어서 중요한 수단으로 쓰이고 있다.

방류된 어류의 재 채포지점 및 수량, 방류기간 중의 성장량에 관한 자료는 각 자원의 계군, 회유경로와 이동속도, 분포범위, 귀가성, 연령 및 성장도, 자원량, 자연 및 어획 사망량 또는 인공부화방류 등을 추정하는데 귀중한 자료를 제공해 준다.

표지방류는 19세기 초부터 산발적으로 시도되었으나 조직적인 연구방법으로 채택된 것은 20세기 초부터이다. 표지방류를 실시 할 때에는 사전에 표지방법과 마리수, 때와 장소 및 회수방법 등을 검토해야 한다.

표지방법에는 크게 나누어 절단법(체부분 표지법, Marking), 염색법(착색법, Painting or Staining), 인묵법(문신법, Tattooing), 부착법(표지표법, Tagging), 미량원소에 의한 표지법, 초음파 및 전파표지법(Biotelemetry), 유전자분석법 등이 있는데, 이들에 대하여 상세히 살펴보기로 한다.

표지방류에는 위와 같은 방법들이 이용되고 있는데, 이 때 표지를 선택하는 경우 아래의 사항들이 고려되어야만 한다.

ⓐ 표지를 필요로 하는 시간의 장단을 고려하여 표지종류를 결정할 것
ⓑ 표지목적의 특수성을 감안할 것
ⓒ 어체의 크기 및 생태를 고려할 것

등이 있다.

또, 표지를 결착하는데 있어서 고려하여야만 할 사항은 아래와 같다.

ⓓ 방류할 어체는 손상이 적어야 하므로 방류할 어류가 어떠한 어법에 의하여 포획되었는가를 검토해서 방류할 대상의 어류를 결정할 것
ⓔ 연구조사에 필요한 사항인 어체측정, 기록 및 방류어에서 재료를 채취하는 것 등에 대하여 준비할 것
ⓕ 표지결착에 필요한 기구, 즉 수조, 표지어의 고정기 그리고 표지의 종류에 따라서는 Plier, Pincette, 장갑 등을 갖출 것 등이 있다.

재포 보고는 다음과 같은 사항에 대한 명확한 보고를 받아야만 한다.

ⓐ 재포자 명
ⓑ 재포 위치
ⓒ 재포 일자
ⓓ 재포 어구
ⓔ 표지표의 형
ⓕ 기호 및 번호(표지표에 이미 기입되어 있음)
ⓖ 재포 개체의 체장 및 체중
ⓗ 재포 당시의 어획물 및 기타 사항

등이 있으며, 그 외도 비늘의 채집이 있으면 좋다.

표지방류 조사에 도입되는 오차의 원인은 상당히 많은데, 중요한 것들을 나열하면

아래와 같다.

ⓐ 방류한 마리 수가 너무 소수일 때
ⓑ 표지결착 작업에 의한 폐사
ⓒ 표지의 영향(성장에 미치는 것 등)
ⓓ 표지표가 붙기 때문에 일어나는 고유군에서의 이탈
ⓔ 외적에 포식되기 쉽기 때문에 일어나는 사망
ⓕ 표지의 탈락
ⓖ 발견에서의 누락
ⓗ 보고에서의 누락

등이 있다. 이러한 여러 가지 오차를 줄이기 위해서는 많은 주의가 필요하다. 특히, 어업에 종사하는 자의 도움 없이는 실행이 곤란하므로 이들의 적극적인 도움이 요망된다.

1) 절단법(체부분 표지법)

어류의 적당한 부분에 절단, 아공, 소작(燒灼), 전모(剪毛) 등으로서 표지하는 방법인데, 이는 표지표를 사용하지 않기 때문에 표지표 등에 의해서 어체를 손상하는 일이 없고, 조작이 간편하고 능률적이라는 것, 인건비 이외의 경비를 요하지 않는다는 것 등의 장점이 있다. 그러나 절단부분이 재생하기 때문에 표지인식이 명확하게 되지 않는 경우가 있다는 점과 표지표가 붙어있지 않기 때문에 발견율이 낮다는 결점이 있다.

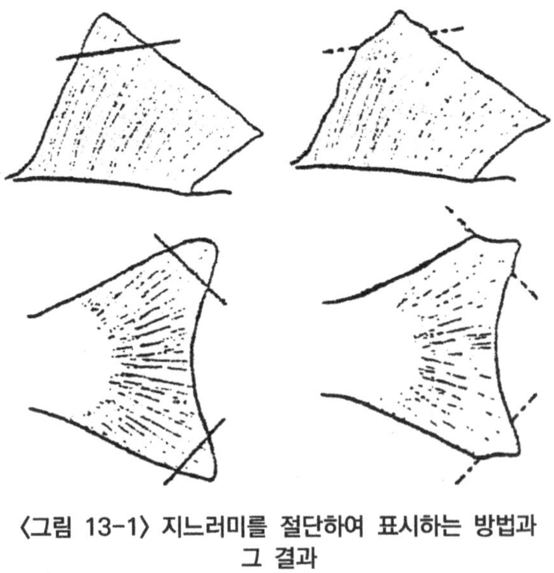

〈그림 13-1〉 지느러미를 절단하여 표시하는 방법과 그 결과

어류에서는 〈그림 13-1〉과 같이 꼬리지느러미의 상단, 뒷지느러미, 등지느러미, 주아감딱지뼈의 후단 부분

을 절단하고, 갑각류에서는 복부의 말단 부분 또는 제 5각을 절단한다. 연어류와 같이 기름지느러미가 있는 경우에는 기름지느러미를 절단하는 것이 좋다.

절단법을 보완하기 위해서는 체부분을 2개소 혹은 그 이상의 부분을 절단하는 수단도 행해지고 있다.

해표류에서는 아공법, 전모법, 소인법 등이 행해지고 있으며, 그 외의 절단법으로써 이각(耳殼)이 과거에는 사용되었으나 현재에는 사망의 우려가 있어 사용하지 않는다. 아공법은 뒷 발의 갈퀴에 Punch로서 구멍을 내는 방법이며, 용이하고 능률적인 방법이다. 전모법은 머리 부분의 털을 깍아서 표시하는 방법으로 가을에 전모하면 4개월 정도는 유효하다. 소인법은 낙인(烙印)을 찍는 방법으로 한번 소인하면 물개에서는 20년 이상 유효하다.

패류에서는 패각의 외부에 문자 또는 기호를 치과용 선반기로써 각인하여 표지하면 효과적이다.

또, 새우의 경우 미기의 일부를 절단하는 방법이 이용되고 있으며, 오징어의 경우 기부에 구멍을 뚫는 방법을 시도한 바 있으나 오징어의 공식의 습성 때문에 실패하였다.

2) 염색법(착색법)

어류 등의 몸에 페인트 또는 에나멜을 바르거나 혹은 색소류로써 염색하여 표시하는 방법이고, 해표류에서는 페인트나 에나멜을 분사기로써 분사하여 표시하며, 또 낙지의 경우에는 2%의 Methylen blue 또는 Trypan blue 1,000배 수용액을 색소의 피하에 주사하는 방법이 효과적이다.

새우에서는 색소를 주입하는 방법과 염색하는 방법이 실용화되어 있으며, 또 염색한 이료를 먹여서 염색하는 방법도 연구되고 있다.

패류에서는 패각에 페인트나 에나멜을 바르는 것도 단기간의 표지에서는 매우 유효하다.

3) 인묵법(문신법)

어류의 복면 백색 부분에 기호를 문신하여 표지하는 방법이다. 이 방법은 1929년에 은뱀장어의 좌측 복면에 침으로 먹물을 사용하여 문신한 것이 최초이다.

그리고 1954년에 Hicking은 전기 진동침을 사용해서 가오리, 가자미, 상어 등의 복면 백색 부분에 문신하여 표지하였다.

문신은 가자미류는 용이하나 가오리류에서는 표피가 단단하여 곤란하며, 문신한 색소는 시간의 경과에 따라 차츰 소산하거나 표피 조직에 덥히므로 장기간의 표지에는 적당하지 않다.

4) 부착법(표지표법)

부착법은 금속, 합성수지, Celluloid 등으로 만든 표지표(Tag)를 어체의 어느 부분에 고착 또는 삽입하는 방법이다. 표지표법의 종류는 매우 다양하나 표지를 부착시키는 위치에 따라 체외 표지법, 체내 표지법 및 이 두 표지법의 장점을 취한 외부 표지가 붙은 체내 표지법의 3가지로 대별된다.

체외 표지법은 우리나

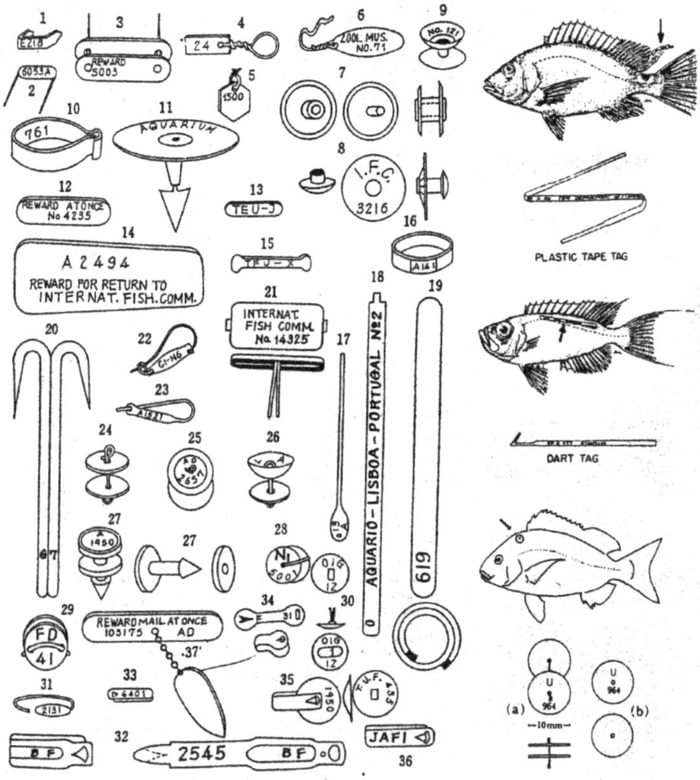

〈그림 13-2〉 여러 가지 종류의 표지표

1~3	Archer	16~19	Collar	28	Round norway
4~6	Atkins	20	Hock	29	Sturgeon
7~9	Bachelor-button	21	Opercle clip	30	LØfting
10	Heincke ring	22~23	Safety pin	31	Ring
11	Barb	24~26	Petersen	32~36	Strap
12~15	Belly tag	27	Heincke stud	37	Internal anchor

라에서는 현재 가장 널리 사용되고 있으며, 표지표를 어류에서는 보통 등지느러미의 기저(鰭底), 꼬리지느러미의 기저, 미병부(尾柄部), 기름지느러미 등의 각 부분에 부착시킨다. 그리고 다른 동물에서는 발에, 기타의 경우에는 체부분에 부착시킨다.

체내 표지법은 〈그림 13-2〉와 같은 금속으로 된 표지표를 어류의 체 내에 삽입하여 표지하는 방법인데 구미의 국가들에서는 청어, 정어리, 고등어, 고래 등에 이 방법을 사용하고 있다.

다른 체내 표지법으로는 형광색소를 체내에 주입하여 자외선을 이용하여 검출하는 방법이 있고, 또 자성을 띤 금속판을 체내에 삽입시켜 전자석으로 검출하는 방법도 있다.

이 방법의 장점은 장기간의 표지에 적합하다는 것, 삽입구가 아물게 되면 표지의 탈락이 전혀 없다는 것, 몸 외부에서의 저항이 없으므로 어체를 손상시킬 위험이 없다는 것 등이 있다. 단점으로는 외견적으로 표지가 없으므로 검출이 곤란하다는 것이다.

외부 표지가 붙은 체내 표지는 〈그림 13-3〉과 같이 앞에서 설명한 2가지의 방법을 절충한 것으로 체내의 표에 끈을 붙여 그 말단에 작은 표를 달아서 표지표를 외부에서 발견할 수 있도록 고안된 것이다.

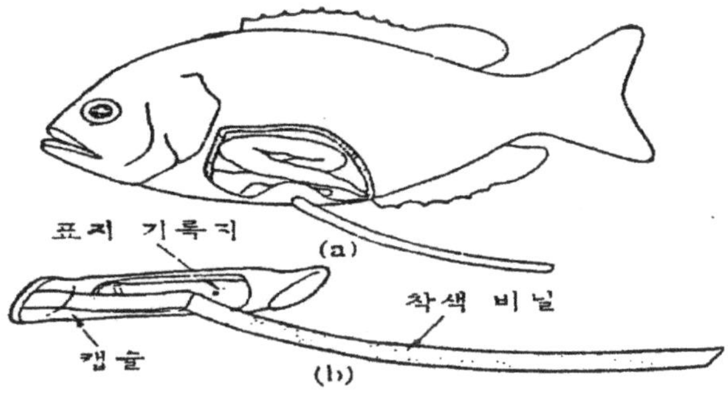

〈그림 13-3〉 체외 표지와 체내 표지의 중간형 표지법

어류 등에 상처를 주거나 이물질을 부착시키는 것은 어류 등에게 여러 가지 악영향을 준다. 예를 들면, 표지를 부착시키기 때문에 그 후의 성장률이 나빠지거나 사망률이 높아지는 등의 악영향이 생긴다. 〈그림 13-4〉와 같이 표지로 인하여 사망률이 높아지는 경향은 일정 기간까지 현저하게 나타난다.

5) 미량 원소에 의한 표지법

미량 원소에 의한 표지법에는 방사화 분석법과 염광 분석법이 연구되고 있다. 방사화 분석법은 Zn^{65},Co^{60} 등의 방사성 동위원소를 표지로 하는 방법이며, Zn^{65}(반감기 250일)의 염화물 $Zn^{65}Cl_2$ 의 수용액을 근육 내에 주사하여 표시한다.

염광 분석법은 Strontium을 어류에서는 비늘 및 골 조직에 침착시켜 표지로 하여 염광 광도계로써 염광 분석하는 방법이다.

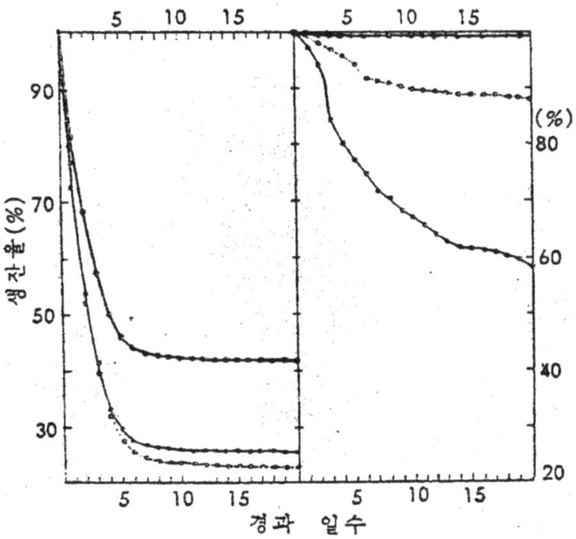

〈그림 13-4〉 체내 표지된 멸치의 생존율의 일변화

6) 초음파, 전파표지법 및 유전자 분석법

초음파 및 전파표지법은 초음파 또는 전파를 발신하는 발신기를 어류에 장착시켜 이것에서 오는 신호를 수신 장치로 수신하는 방법이다. 초음파 표지는 어류와 갑각류에 주로 이용되는데, 표지하는 방법은 어체 위에 장착하는 방법, 표지를 어류가 예인하는 방법, 표지를 복강 내에 삽입하여 체내에 장착시키는 방법 등 3 가지가 있다.

유전자 분석법은 최근 남해안의 거제도 부근에서 인공부화 방류한 대구들이 회유하여 북양으로 가 서식하다가 다시 산란하기 위하여 거제도 부근의 해역으로 돌아오는가를 밝혀내기 위하여 조사하고 있는 방법이다. 이 방법은 방류하는 대구 어체의 일부분을 떼어 유전자구조를 밝혀서 저장하였다가 몇 년이 지난 후 겨울철에 거제도 등지에서 잡히는 대구 어체의 일부분(지느러미 등)을 떼어 유전자구조를 밝혀서 동일한 것이 있는가를 밝혀내어 방류효과를 입증하려고 하고 있다.

3. 표본제작과 형태측정

계군분석, 연령사정, 표지방류 등의 조사에는 어체의 체중, 체장 등을 비롯한 여러 가지를 측정하여야 하며, 또한 관찰 및 보관을 위하여 표본을 제작하고 처리하는 작업이 따르게 마련이다.

수산자원의 조사와 연구에 사용되는 표본은 생선 상태의 시료를 제외하고는 관찰 또는 측정에 지장이 없도록 적절히 처리·보관되어야만 한다. 표본의 종류에는 어체(전체) 표본과 부분 표본이 있다.

1) 표본제작법

생선은 방치하면 부패하므로 물리적 또는 화학적인 방법으로 처리하여 보관하여야만 한다. 그러나 이 때 물리 또는 화학적 변화를 일으켜 측정 대상 형질이 원상태와 달라지며, 변화율은 처리방법, 약품의 종류와 농도, 보존기간과 조건 또는 생물 종류와 크기에 따라 다르다.

따라서 고정 표본을 만들 때에는 미리 그 변화율을 알아서 변화가 가장 작은 방법을 택하여야만 한다. 일반적으로 체장의 변화는 체중보다 훨씬 작다.

다음에는 수산자원 연구에 가장 긴요한 표본제작법 몇 가지를 소개한다.

(1) 전체 표본

① 포르말린 고정법

포르말린은 방부력이 강하고, 가장 경제적이며, 체색의 보존력이 뛰어나지만 석회질을 침식하고 중합하여 흰색 앙금을 형성하는 결점이 있다.

농도는 5~10% 용액이 가장 알맞으며, 시판되는 포르말린(포름알데히드 함유량이 35%의 것)을 4~6배로 회석하여 사용한다. 그러나 소형어는 4~5%, 중형 이상은 10%가 적당하다.

다수의 표본을 일시에 제작할 때에는 체형이 난잡하게 비틀어지지 않도록 대형 용기에서 고정한 후 소형의 용기에 옮기는 것이 좋다.

포르말린 중에는 포름산이 포함되어 있어 석회질을 침식하기 때문에 갑각류 등의 표본은 중성 포르말린 용액 또는 포르말린 알코올 용액을 사용하는 것이 좋다.

〈중성 포르말린 용액의 제조방법〉

시판되는 포르말린 용액은 PH 3.2~3.4이므로 원액 1,000㎖에 시판되는 암모니아(28% 용액) 27㎖를 가하여 산을 중화시켜 PH 7.0의 중성에 가깝도록 조정하여 사용한다.

〈포르말린 알코올 용액의 제조방법〉

70%의 시판되는 알코올 용액 95와 포르말린 원액 5의 비율로 혼합하여 사용한다. 포르말린 고정의 경우 보존액은 흰색 앙금이 되므로 6개월에서 1년마다 새로운 포르말린 용액으로 바꿀 필요가 있다.

〈표본 변화율과 보정계수〉

표본을 장기간 고정 보관할 때 어체가 큰 것은 10% 전후의 변화가 일어난다. 고정 전의 생시체장(또는 체중)을 l, 고정 후 일정기간 후의 체장을 l'라 하면, 변화율 d와 보정계수 c 는 각각 다음과 같다.

$$d = \frac{l - l'}{l}, \quad c = \frac{l - l'}{l} + 1 = \frac{2l - l'}{l}$$

또한, 원체장은 $l = c\,l'$이다.

② 냉동냉장법

저온으로 표본을 동결 또는 냉장하는 방법이다. 건조로 인한 색체와 중량의 변화가 포르말린 고정법에 비하여 심하므로 장기보관 시에는 밀봉용기에 넣어 저장하는 것이 좋다. 어류의 혈액과 또는 혈청의 보관은 주로 이 방법에 의한다.

(2) 부분 표본

이 표본은 계군의 생태적 특성과 연령사정 등에 사용되는 비늘, 등뼈, 이석, 생식샘, 위, 머리뼈 및 그 밖의 생체조직의 표본 등을 말한다.

① 비늘

비늘은 제 1등지느러미와 가슴지느러미 및 배지느러미로 포위되는 몸 중간 부위에서 1마리당 10~20매를 채취한다. 어종에 따라서 비늘 위에 성장선이 가장 잘 나타나고, 또 재생비늘이 적은 부위를 검토하여 결정한 후 일정한 부위에서 비늘을 채취하여야 한다.(〈그림 6-6〉)

자원 연구에서 대형어를 대상으로 하는 경우 특히 각 지느러미 기부 또는 측선 등을 기준하여 비늘을 채취하는 위치가 결정되어 있는 어종도 있다. 보통 비늘은 성장은 좋으나 변이가 심하므로 채취하지 않는다. 채취한 비늘은 황산지에 싸서 건조시킨 다음 보존하거나 5%의 중성 포르말린 용액을 담은 병에 넣어 보관한다.

이 때 표본 번호, 채취 장소, 채취 연월일, 체장, 성별 등을 기입한 표본 기록표를 넣어둔다. 비늘은 관찰에 앞서 5~10%의 수산화나트륨(또는 수산화칼륨) 용액에 5~10분 동안 담가 부착물을 깨끗이 제거한다.

② 이석

내이에서 집어낸 이석(좌우 2개)은 그대로 보존하거나 또는 물, 글리세린, 알코올 등에 넣어 저장한다. 관찰의 정확을 기하기 위하여 전기 연마기나 숫돌에 갈아서 두께가 0.2~0.3mm의 얇은 판상 표본을 만든다. 이것을 다시 알리자린으로 염색하면 관찰은 더욱 쉽게 된다.

③ 등뼈

a. 등뼈 계수용 표본

대형어는 반신을 제거하고, 등뼈를 노출시켜 알리자린 알코올 용액으로 직접 염색하여 계수한다. 중소형어의 경우에는 X선 사진법과 투명염색 표본을 만들어 계수한다. 이 방법으로 등뼈뿐만 아니라 어류의 골조직 전반에 걸쳐 계수관찰이 용이하다.

b. 연령사정용 표본

보통 제 10번 등뼈에서 시작하여 5~10개의 등뼈를 사용한다. 근육을 제거하고 3~5% 수산화나트륨 용액에 1~2주야를 담가둔 후 수세, 탈수(알코올로), 탈지(벤젠으로)하여 표본으로 한다.

④ 난소 표본

난소 안의 알 수와 난경을 측정하기 위한 난소는 좌우 난소를 상하지 않도록 배를 갈라 완전히 집어내어서 고정한다.

신선한 난소는 4%의 포르말린 용액에 고정하는 수도 있으나, 이 때에는 난소 조직이 경화하여 알의 분리가 매우 어려워질 뿐만 아니라 난경이 수축 또는 팽창하여 측정이 부정확하게 되므로 길손 용액을 사용하는 것이 좋다.

〈길손 용액의 제조방법〉

60% 알코올 용액	: 100 ㎖
염화제이수은	: 20 ㎎
80% 질산 용액	: 15 ㎖
물	: 880 ㎖
아세트산	: 18 ㎖

위의 용액에 난소를 넣고 15분 동안 잘 흔들어 준 다음 1주야 방치한 뒤 용기를 세게 흔들어 알을 분리시킨다. 그리고 난소의 결체조직을 제거하여 알코올로 씻고 알을 95% 알코올 용액 속에 보존한다.

2) 형태측정법

자원상태의 파악에 보편적으로 요청되는 것이 어획물의 체장조성이다. 개체의 크기를 대표하는 체장을 측정하는 이외에 계군분석의 목적으로 어체 각 부분의 크기, 즉 두장, 각 지느러미 간의 간격, 지느러미의 길이, 체고 등을 정확하게 측정하여야 한다.

(1) 체장 측정법

체장의 측정은 어종에 따라 측정이 용이하고, 측정 오차가 작은 측정 부위가 선택되어야 한다. 체장의 측정방법에는 〈그림 13-5〉, 〈그림 13-6〉과 같이 몇 가지가 있다.

① 전장(Total length, TL)

입 앞 끝에서 꼬리지느러미 말단까지의 길이이다. 위턱이나 아래턱 중 어느 한쪽이 돌출해 있는 어종(새치, 학꽁치 등)에 있어서는 돌출하지 않은 입 끝을 기준으로 한다. 실고기와 같이 꼬리지느러미의 끝이 실 모양을 한 것은 끊어질 염려가 있으므로 측정에서 제외된다.

② 가랑이체장(Fork length, FL)

입 앞 끝에서 꼬리지느러미 중앙 오목 부까지의 길이를 말하며, 미차체장이라고도 한다.

③ 피린체장(Snout length, SL)

입 앞 끝에서 비늘이 덮여있는 말단까지이며, 멸치의 체장은 국제적으로 이것을 사용하도록 통일되어 있다.

④ 표준체장(Standard length or Body length, BL)

입 앞 끝에서 등뼈가 끝나는 지점까지의 길이를 말한다. 그러나 이것은 외부로부터 꼬리 기점을 찾기가 어렵기 때문에 꼬리 기부의 육질을 제거하거나 핀을 꽂아 측정 위치를 외부에서 확인한 후 측정해야 하므로 불편하다. 보통은 이 길이를 체장(Body length)이라고 한다.

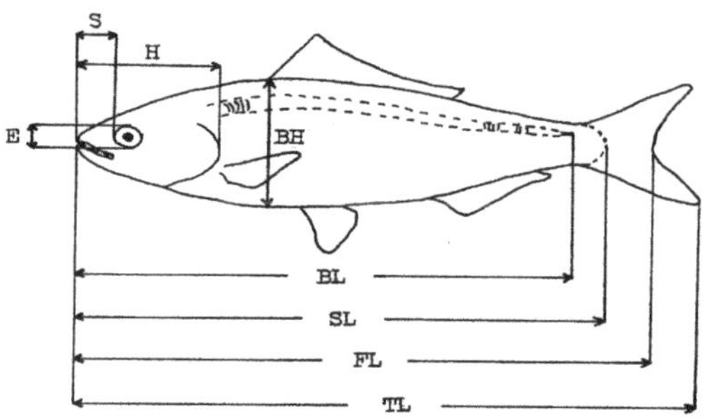

〈그림 13-5〉 어류의 체장측정 방법

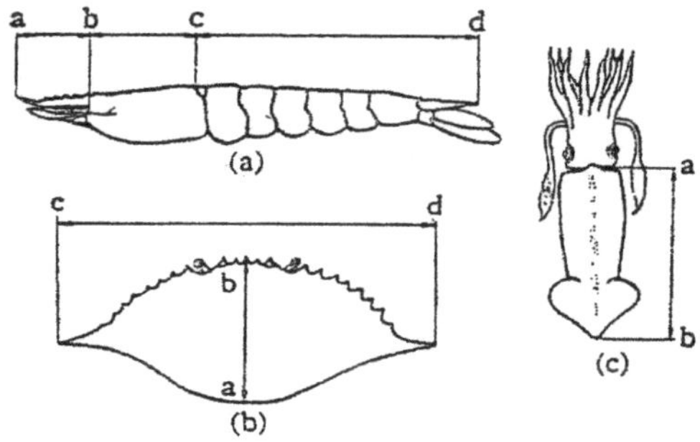

〈그림 13-6〉 무척추동물의 체장 등의 측정 부위

⑤ 새우류 체장

전장은 이마뿔 첨단으로부터 꼬리마디 말단까지이고[〈그림 13-5(a)〉의 ad], 두흉갑장은 눈구멍 후연에서 등쪽 두흉갑 후단까지의 길이[〈그림 13-5(a)〉의 bc]를 말한다.

⑥ 게류의 체장

두흉갑장의 전연과 후연의 각 중앙부를 연결하는 길이[두흉갑장 : 〈그림 13-5(b)〉의 ab]와 두흉갑의 최대폭[두흉갑폭 : 〈그림 13-5(b)〉의 cd]을 측정하는 2가지 방법이 있다.

⑦ 오징어류의 체장

오징어류는 체장 대신에 동장을 측정한다. 이것은 외투막 등쪽 전단에서 후단까지의 길이[〈그림 13-5(c)〉의 ab]를 말한다. 문어류는 보통 전장을 사용한다.

(2) 측정기기

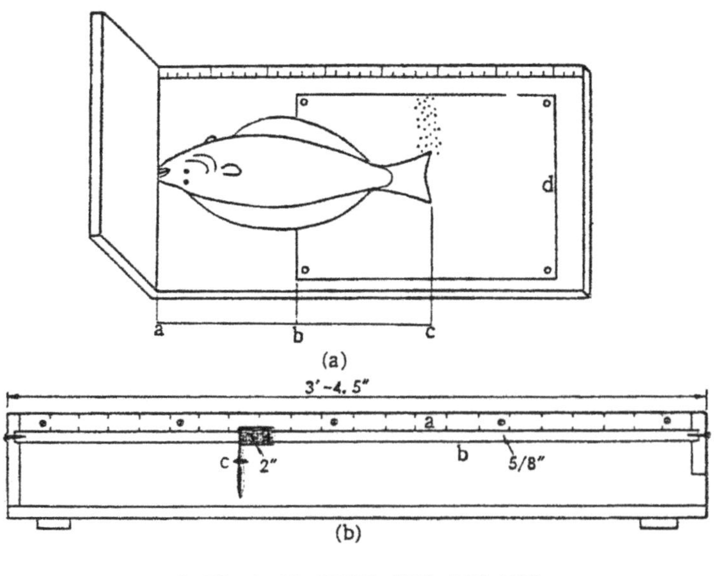

〈그림 13-6〉 어체의 체장 측정 기구

소형 어종의 체장과 어체 각 부분의 길이 측정에는 디바이더 등이 사용되고, 비교적 큰 어종에는 〈그림 13-6〉과 같이 캘리퍼스 또는 어체 측정판을 사용한다.

단순히 체장조성을 조사하기 위해서는 셀루로이드 판을 이용하는 것이 능률적이다. 즉, 어체 측정판의 체장 기준선으로부터 일정한 거리에 셀루로이드 판(두께 0.3~0.5mm)을 고정시켜 두고, 각 어체의 체장 끝에 맞추어 송곳으로 구멍을 뚫어 각 어체의 체장을 표시한다. 한마리당 하나씩의 구멍이 각 어체의 체장을 대표하게 되나 일정한 간격 간의 구멍 수를 헤아리면 곧 체장 체급별 어체의 돗수분포를 손쉽게 파악할 수 있다.

참 고 문 헌

교과부, 2011. 해양생산기술(상).

교육인적자원부, 2003. 어업(상).

교육인적자원부, 2005. 어업(상).

김무상, 2003. 어류의 생태, 아카데미 서적.

김수암, 1991. 수산자원 평가론, 우성문화사.

김용술, 1997. 수산자원학, 신흥출판사.

문교부, 1982. 자원 · 어장.

박홍양 외 14인, 1995. 어류생물학, 정문각.

조규대 · 양용림, 1985. 쓰시마 난류역에서의 선망 어장 환경, 한국어업기술학회지 21(1) 41-61, 태화출판사.

장창익, 1991. 수산자원 생태학, 우성문화사.

장창익 · 이상고, 2002. 어업관리학, 세종출판사.

金基柱 · 孔 永, 1987. 水産資源學, 太和出版社.

金容億, 1978. 魚類學, 太和出版社.

金鎭乾, 2000. 底層漁法學, 有一文化社.

李昊在, 1999. 漁業計測工學, 太和出版社.

李秉錡, 1981. 漁法學原論, 太和出版社.

李秉錡 外 2名, 1981. 沿近海漁業概論, 太和出版社.

鄭文基, 1977. 韓國魚圖譜, 一志社.

張志元, 1983. 漁業機器學, 新韓出版社.

張志元 · 徐斗玉, 1982. 漁具工學, 新韓出版社.

久保伊津男, 1961. 水産資源各論, 恒星社厚生閣.

日本水産學會, 1979. 漁具의 漁獲選擇性, 恒星社厚生閣.

日比谷 京 外 2名, 1988. 沿岸水産資源の開發.

長谷川 彰, 1985. 漁業管理, 恒星社厚生閣.

川崎 健 外 2名, 1980. 魚 -その資源・利用・經濟, 恒星社厚生閣.

川上太左英, 1981. 漁業解析入門, 恒星社厚生閣.

川崎 健, 1981. 浮魚資源, 恒星社厚生閣.

青山恒雄, 1980. 底魚資源, 恒星社厚生閣.

平山信夫, 1991. 資源管理型漁業, 成山堂書店.

和田光太, 1992. 水産資源と漁獲力, 水産社.

찾 아 보 기

1.

1분자 반응식 ………… 103

B.

Bertalanffy 성장식 ………… 109,150

Beverton과 Holt의 어획이론 ………… 148

C.

Condition ring ………… 91

Cover net 법 ………… 74

D.

Delury 방법 ………… 168

Discard ………… 122

I.

in situ TS의 추정 ………… 179

IQ 제도 ………… 210

ITQ 제도 ………… 210

J.

Jupon 법 ………… 74

L.

Lee현상 ………… 96

Logistic 성장식, Compertz 성장식 ………… 108

M.

Masking effect ………… 74

MSY ………… 133,144

R.

Russell의 가설 ………… 142

Russell의 방정식 ………… 55

S.

Strontium ………… 218

T.

TS윈도우 ………… 183

TVG ………… 177

U.

UN 해양법 협약서 ………… 203

W.

walford의 방법 ………… 113

ㄱ.

가랑이체장 ······ 223
가입 ······ 64
가입곡선 ······ 79
가입관리 ······ 188
가입당 어획중량 ······ 151
가입량 최대이용 이론 ······ 148
가입연령 ······ 65
감독(Surveillance) ······ 202
감시(Monitoring) ······ 202
강제요인 ······ 37
개별허용어획쿼터제(IFQ) ······ 210
개성장 ······ 98
개체군 ······ 19
개체유지단계 ······ 101
경비곡선 ······ 156
계군 ······ 20
계군분석 ······ 211
계군의 속성 ······ 21
계량어군탐지기 ······ 170
계통군 ······ 20
과학어군탐지기 ······ 170
구조적잡성 ······ 17
국제포경위원회(IWC) ······ 202
군거밀도 ······ 100
군성숙 체장 ······ 59
군성장 ······ 98
굳비늘 ······ 90
극한체장 ······ 99
기립도 ······ 77
기립조성 ······ 72
기하급수적 증대 ······ 45
길손 용액 ······ 222

ㄴ.

나망 ······ 81
난각란 ······ 62
난생어 ······ 61
난태생어 ······ 61
난황 ······ 102
남획 ······ 158
냉동냉장법 ······ 220

ㄷ.

단위 개체군 ······ 45
단위노력당어획량 ······ 44,144
대망행동 ······ 79
도래시간 ······ 171
도피율곡선 ······ 189
동장 ······ 224
동주장 ······ 81
동화작용량 ······ 109
두흉갑장 ······ 224
두흉갑폭 ······ 224
둥근비늘 ······ 90
듀얼빔 ······ 179
등가이상 ······ 176
등생산량곡선 ······ 151

ㄹ.

라인 트랜섹트(Line transect)법 …… 165
로지스틱 증대 …… 51
린상(비늘모양) …… 31

ㅁ.

망목제한 …… 189
맵핑 …… 184
먹이망 …… 121
먹이사슬 …… 17,185
목시법 …… 163
무난각란 …… 62
무유구란 …… 62
물량곡선 …… 155
미차체장 …… 83
밀도효과 …… 53
밀집란 …… 62

ㅂ.

박물학 …… 16
반사강도(TS) …… 173
발육단계 …… 39,101
방사화 분석법 …… 218
방양밀도 …… 101
방패비늘 …… 90
방형구법 …… 165
배타적경제수역(EEZ) …… 202
변동계수 …… 160
변동성 …… 17
보정계수 …… 220
복원력 …… 139
부분관찰법 …… 164
부유란 …… 21
부착법 …… 216
부화율 …… 140
북고남저 …… 30
분리난 …… 62
비만도 …… 32,84
비첨착란 …… 62
빗비늘 …… 90

ㅅ.

사망률 …… 45,114
산란기 …… 32
산란기호 …… 90
산란상태 …… 31
산란수 …… 54
산란장 …… 59
산란회유 …… 40
상대성장 …… 31,98
상호조업식법 …… 74
색이기 …… 103
색이회유 …… 41
생리적 수명 …… 22
생물학적최소형 …… 37,78,189
생물학적허용어획량(ABC) …… 200
생시체장(또는 체중) …… 220
생식기 …… 103

생식력 ··· 57
생존율 ··· 57,114
생태적 수명 ··· 22
생활주기 ··· 39,101
선택계수 ··· 77
선택곡선 ··· 75
선택성 ··· 72,80
선택역 ··· 78
선택폭 ··· 78
성비 ··· 27
성성숙 연령 ··· 59
성숙 연령 ··· 59
성숙 ··· 58
성육회유 ··· 41
성장 ··· 97
성장곡선 ··· 98
성장선 ··· 31
성장성 ··· 90
소인법 ··· 215
소작 ··· 214
소하미수 ··· 154
송파강도 ··· 174
수산생물 ··· 14
수서생물 ··· 14
수신부 ··· 171
수온 ··· 37
수파강도 ··· 175
순간어획사망계수(FMSY) ··· 208
순경제이익 ··· 156
스케일 팩터 ··· 180
스프리트빔 ··· 179

ㅇ.

아공 ··· 214
알받이 ··· 188
양식 ··· 97
양식생물 ··· 15
양적 반응 ··· 139
어구가입 ··· 64
어군탐지기 ··· 170
어업관리 ··· 186
어업생물 ··· 15
어업조약기구(NATO) ··· 202
어장가입 ··· 64
어탐법 ··· 170
어획노력량 ··· 144
어획사망 ··· 116
어획사망계수 ··· 123,152
어획사망률 ··· 152
어획최적수온 ··· 38
어획통계법 ··· 168
에코 적분기 ··· 178
에코강도 ··· 179
에코전압 ··· 176
연간평형어획량 ··· 149
연급별연령조성 ··· 23,134
연도별연령조성 ··· 23,134
연령사정 ··· 90,211

연령조성 ······ 23
연령형질 ······ 89
연륜 ······ 90
염광 분석법 ······ 218
염색법 ······ 215
오렌지라피 ······ 39
옵저버시스템 ······ 209
외형수입곡선 ······ 156
월동기 ······ 103
위성화상 ······ 184
위연륜 ······ 90
유구란 ······ 62
유기회유 ······ 40
유보분량(Reserve) ······ 207
유영관성력 ······ 81
유인요인 ······ 37
유전자조성 ······ 28
유전자분석법 ······ 218
윤경 ······ 95
음향강도 ······ 174
음향산란 ······ 173
음향탐지기 ······ 44
이각 ······ 215
이동성 ······ 18
이상빔 ······ 180
이석 ······ 89
이입 ······ 22
이출 ······ 22
이화작용량 ······ 109
인공산란장 ······ 188
인묵법(문신법) ······ 213
인문 ······ 90
일산 ······ 122
일주륜 ······ 95

ㅈ.

자기조절 기구 ······ 139
자연증가율 ······ 50
자연사망 ······ 120
자연사망계수 ······ 123, 151
자연사망률 ······ 150
자연증가량 ······ 128
자원관리 ······ 186
자원량 추정 ······ 163
자원역학 ······ 16
자원함양 ······ 187
자율갱신성(자율경신성) ······ 17
재생산곡선 ······ 153
재생산 ······ 142
재포미수 ······ 166
적정망목 ······ 189
적정어획량 ······ 143
적조현상 ······ 141
전 자원미수 ······ 179
전 자원중량 ······ 179
전모 ······ 214
전모법 ······ 215
전사망계수 ······ 115

전수조사법 …… 163
전장 …… 223
절단 …… 214
절단법 …… 214
절대성장 …… 98
점착란 …… 21,64
정선 …… 180
조사 설계 …… 180
조사선 …… 183
종 개체군 …… 19
종묘방류 …… 188
종족유지단계 …… 101
주파수의 음(Coherent) …… 171
증식 …… 97
지속적생산량 …… 158
지수곡선 성장식 …… 105
지역 체군 …… 19
진동자 …… 172
질적 반응 …… 133

ㅊ.

처녀자원 …… 128
척추골수 …… 29
천적 …… 121
체내표지법 …… 216
체외표지법 …… 216
체장성장식 …… 111
체장제한 …… 189
체장조성 …… 25
체적후방산란강도 …… 176
체적후방산란계수 …… 176
체절적 형질 …… 29
체중성장식 …… 111
초기감소(감모) …… 63
총량 추정법 …… 163
총산란량 산정법 …… 167
총허용어획량(TAC) …… 202
최대순경제이익(MEY) …… 186
최대잉여생산 이론 …… 143
최대지속적생산량(MSY) …… 144,186
최대순경제이익 …… 156
최대잉여재생산 이론 …… 153
최대자연증가량 …… 130
최적생산량(OY) …… 199
최적체장 …… 80
추체 …… 92
출생률 …… 45
치환선 …… 154
침성란 …… 21,61
침성란 …… 62

ㅋ.

코스민비늘 …… 90

ㅌ.

탁월연급군 …… 25,69
태생어란 …… 61
통과율(도피율) …… 189

ㅍ.

파타고니아 이빨고기 ······ 38
펄스 음 ······ 171
편평석 ······ 91
평균체장 ······ 160
평균체중 ······ 160
평형연령분포 ······ 24
평형상태 ······ 144
평형연령조성 ······ 134
평형자원량 ······ 134
포란수 ······ 61
포란양 ······ 140
포르말린 고정법 ······ 219
포물선 성장식 ······ 107
표류성 치자 ······ 63
표본 변화율 ······ 220
표시부 ······ 171
표준체장(체장) ······ 223
표지방류 ······ 212
표지방류미수 ······ 166
표지재포법 ······ 166
표지표(Tag) ······ 216
플랑크톤 네트 ······ 167
피린체장 ······ 223

ㅎ.

행동 개체군 ······ 19
확산감쇠 ······ 172
회귀미수 ······ 154
회유 ······ 39
후방산란단면적 ······ 173
휴지대계수 ······ 31
흡수감쇠 ······ 172
흡수감쇠계수 ······ 172
흡수계수 ······ 181

저자 장 충 식

- 부경대학교 어업과 졸업
- 부경대학교 대학원 수산학 석사, 수산학 박사 학위 취득
- 부경대학교 어업과 조교
- 경상대학교 전임강사, 조교수, 부교수, 교수
- 경상대학교 해양과학대학 학과장, 실습과장, 부학장, 학장역임
- 한국어업기술학회 회장역임
- 한국수산과학총연합회 회장역임
- 현 경상대학교 해양경찰시스템학과 교수
- 현 동해어업관리단 조정위원

해광
출판
해기

수산자원학

2021년 6월 5일 인쇄 정가 20,000 원
2021년 6월 15일 발행

저 자 장충식
편 집 송영미 ⓣ
발 행 인 조준형 http://www.hgbookpub.com
발 행 처 해광출판사 E-mail : munbookcokr@naver.com
주 소 부산광역시 중구 해관로 41-1 (중앙동2가)
전화번호 (051) 253-0001 팩스 (051) 245-1187
등 록 제 2012-000005호

해광출판사에서는 여러분의 소중한 원고와 함께 할 기회를 기다리고 있습니다. 책으로 엮을 원고나 아이디어가 있으신 분들은 이메일 munbookcokr@naver.com로 책에 대한 간단한 개요와 원고 전체 또는 일부를 연락처와 함께 보내주십시오.

ISBN 979-11-91274-40-0